TECHNIKA
BÜCHER DER PRAXIS

HERAUSGEGEBEN VON DR. R. SACHTLEBEN

BAND 5

DIE PEKTINE
UND IHRE VERWENDUNG

VON

DR. BEATRIX HOTTENROTH

INSTITUT FÜR LEBENSMITTELTECHNOLOGIE
MÜNCHEN

MIT 36 ABBILDUNGEN

VERLAG VON R. OLDENBOURG
MÜNCHEN 1951

Inhaltsverzeichnis

Vorwort

Das reiche Tatsachenmaterial, das in den vergangenen anderthalb Jahrzehnten über die Pektinstoffe zutage gefördert wurde, hat zu einer weitgehenden Klärung der Anschauungen über den Aufbau und das Verhalten dieser Stoffe geführt. Da in der deutschen Literatur zur Zeit kein modernes, umfassenderes Werk vorhanden ist, welches die Gewinnungsverfahren und Eigenschaften sowie die einschlägigen Meßmethoden und Verwendungsarten von Pektinen und Pektinenzymen schildert, wurde das vorliegende Büchlein auf Wunsch des Oldenbourg-Verlages von mir mit dem Bestreben verfaßt, eine kurze Einführung und Übersicht über dieses Wissensgebiet nach dem heutigen Stand der Erkenntnisse zu bringen. Das Buch soll dem Praktiker, der auf dem Pektingebiet tätig ist, die derzeit gebräuchlichen Arbeitsmethoden schildern und dem Wissenschaftler, der sich mit den Pektinstoffen befassen möchte, eine übersichtliche Darstellung der jüngsten deutschen und ausländischen Arbeitsergebnisse vermitteln. Ich möchte wünschen, daß es mir trotz der Schwierigkeit, die in dem Vorhaben liegt, sowohl dem Praktiker als auch dem wissenschaftlich tätigen Chemiker zu genügen, einigermaßen gelungen ist, beiden etwas Nützliches zu geben.

Allen, die mich mit ihrem Rat unterstützten, sage ich meinen Dank. Insbesondere danke ich Herrn Direktor Dr. habil. Rudolf Heiss für die verständnisvolle Hilfe während der Abfassung des Buches, sowie Fräulein Dr. Luitgard Görnhardt für manchen wertvollen Hinweis bei der Durchsicht der Korrekturen. Den Herren, Professor Dr. H. Deuel, Zürich, und W. E. Baier, Ontario, Calif., danke ich für die Zusendung zahlreicher Sonderdrucke. Frau Ilse Gumbrecht war mir bei der Niederschrift des Manuskriptes in dankenswerter Weise behilflich.

München, Juli 1950

Beatrix Hottenroth,
geb. Netzer

I. Einführung: Das Pektin als Naturstoff

Im Jahre 1824 berichtete der französische Forscher Braconnot[1]) von einer im Pflanzenreich weit verbreiteten, schon früher gelegentlich beobachteten gallert-bildenden Substanz und gab ihr in Anlehnung an das griechische Wort πηκτός = „geronnen, erstarrt", den Namen Pektinsäure. Damit war das Pektin, dieser merkwürdige Stoff, zum erstenmal als Träger der Gelierwirkung pflanz-licher Säfte angesprochen und für Forschung und Praxis in das Blickfeld des Interesses gerückt worden.

Heute verstehen wir unter dem Pektin jenes aus pflanzlichem Material ge-wonnene zähflüssige oder pulverförmige Produkt, das auch im großen Maßstab erzeugt wird und für viele Industriezweige, insbesondere aber für die Lebens-mittelindustrie, zu einem wichtigen Geliermittel geworden ist. Ein Jahrhundert eingehender Forschungsarbeit hat ergeben, daß diese wasserlösliche, gel-bildende Substanz zu einer Gruppe von hochpolymeren Verbindungen gehört, die wir heute unter dem Namen „Pektinstoffe" zusammenfassen, und daß diese Pektinstoffe nach ihrem Aufbau und ihrem Verhalten den hochpolymeren Kohlenhydraten nahestehen.

1. Die Verwandtschaft zu den hochpolymeren Kohlenhydraten

Um die Verwandtschaft zu dieser großen Klasse von Naturstoffen verständ-licher zu machen, sei kurz einiges über die Kohlenhydrate, soweit es im Zu-sammenhang mit dem Pektin von Interesse ist, vorausgeschickt.

Die Kohlenhydrate bestehen aus Kohlenstoff, Wasserstoff und Sauerstoff und sind in der Form von Zuckern oder hochmolekularen Verbindungen, wie Stärke und Cellulose, allgemein bekannt. Von den einfach gebauten Zuckern, auch Monosacchariden genannt, interessieren uns in bezug auf das Pektin vor allem die Arabinose, die Xylose, die Galaktose und die Glucose oder der Trauben-zucker. Wenn wir das Kohlenstoffatom mit C, das Wasserstoffatom mit H und das Sauerstoffatom mit O bezeichnen, so stellt sich das Molekül eines einfach gebauten Kohlenhydrates als eine Kette von Kohlenstoffatomen dar, die Was-ser- und Sauerstoffatome im gleichen prozentualen Verhältnis 2:1 trägt, wie es im Wasser, H_2O, vorhanden ist. Das Kohlenhydratmolekühl ist also im einfachsten Falle durch die Summenformel $C_mH_{2n}O_n$ darstellbar. Die Moleküle sind bekanntlich die kleinsten einheitlichen Bestandteile einer Substanz und die Atome die letzten Bausteine, aus denen sich das Molekül zusammen-setzt.

Die Pentosen

Arabinose und Xylose, die später noch des öfteren genannt werden, enthalten in ihrem Molekül fünf Sauerstoffatome und werden daher nach dem griechischen Wort penta = fünf als Pentosen bezeichnet. Ihre Strukturformel bietet folgendes Bild:

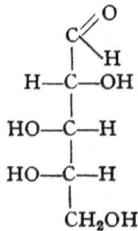

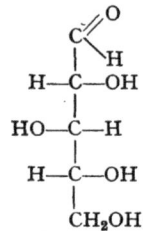

l-Arabinose   d-Xylose

Die kleinen Buchstaben d und l beziehen sich auf den räumlichen Bau der Moleküle, die wir uns ja nicht als flächenhafte Gebilde, sondern als dreidimensionale Körper vorzustellen haben. In den oben dargestellten und in den noch folgenden Projektionsformeln der Moleküle drückt sich der Unterschied zwischen der d- und l-Form in der Weise aus, daß die d-Form bei den Pentosen am vierten bzw. bei den Hexosen am fünften Kohlenstoffatom von oben das H-Atom links trägt und die OH-Gruppe rechts. Bei der l-Form ist es gerade umgekehrt *).

Die Hexosen

Galaktose, Mannose und Glucose enthalten in ihrem Molekül 6 Sauerstoffatome und tragen daher nach dem griechischen Wort hexa = sechs den Namen Hexosen. Der Bau ihrer Moleküle sei hier wiedergegeben:

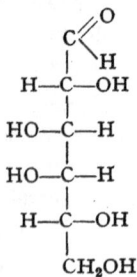

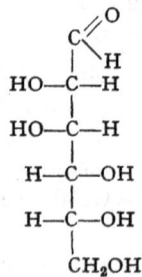

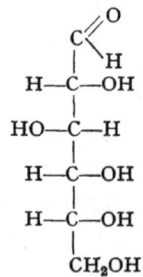

d-Galaktose   d-Mannose   d-Glucose

Die Beobachtung des optischen Verhaltens von Lösungen der Monosaccharide führte zu der Erkenntnis, daß sowohl die d- als auch die l-Modifikation

---

*) Für die genaue Ableitung der Konfigurationsformeln wird auf die Fachliteratur verwiesen.

jeweils in einer *a*- und *β*-Form vorkommen können, die sich ineinander umlagern und sich in einigen speziellen Eigenschaften voneinander unterscheiden. Um diese Verhältnisse exakter zum Ausdruck zu bringen, gibt man den Formeln auch folgende Gestalt:

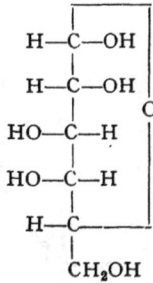

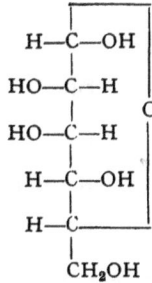

a-d-Galaktose   a-d-Mannose   a-d-Glucose

Die entsprechenden *β*-Formen unterscheiden sich von den hier wiedergegebenen *a*-Formen dadurch, daß die H- und OH-Gruppen am ersten oberen Kohlenstoffatom gegenseitig ihre Plätze wechseln.

Um den räumlichen Bau der Moleküle noch klarer zum Ausdruck zu bringen pflegt man den zuletzt wiedergegebenen Formeln auch eine ringförmige Anordnung zu geben, die für Galaktose und Glucose folgende Gestalt annimmt:

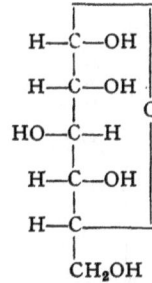

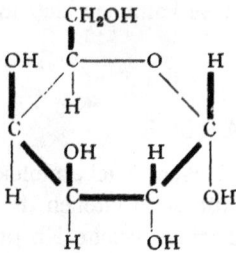

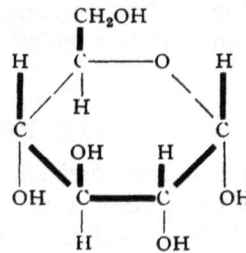

a-d-Galaktose   a-d-Glucose

Dabei sind die Ringe senkrecht zur Papierebene zu denken, die dicken Striche nach vorne, die dünnen nach hinten liegend. Die H- und OH-Gruppen, welche oberhalb des Ringes stehen, sind mit ihm durch starke Striche verbunden, die, welche sich unterhalb befinden, mit schwachen. Alle drei genannten Formeltypen kehren in der Pektinliteratur häufig wieder.

Die Galakturonsäure

Da bei der späteren Besprechung der Zusammensetzung des Pektins die Galakturonsäure häufig genannt werden wird, so sei auch sie hier schon erwähnt. Sie ist zwar selbst kein Zucker, leitet sich aber von einem solchen ab und gehört somit ihrer Natur nach in diese Reihe. Wenn wir ihre Formel, die auf dreifache Weise hier wiedergegeben ist, mit den oben dargestellten Galaktoseformeln vergleichen, so sehen wir, daß der strukturelle Unterschied zwischen Galaktose und Galakturonsäure darin besteht, daß das sechste Kohlenstoffatom eine verschiedene Besetzung trägt, und zwar —OOH an Stelle von —H$_2$OH.

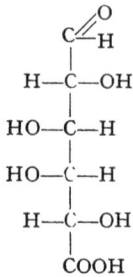

d-Galakturonsäure   α-d-Galakturonsäure

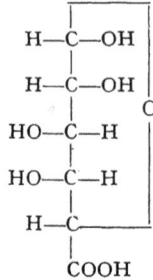

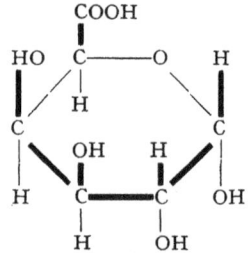

Die COOH-Gruppe ist bekanntlich charakteristisch für eine organische Säure, und damit ist also die Galakturonsäure eine Säure der Galaktose. Von anderen Zuckern kennt man auch Säuren dieser Art. Man faßt sie unter dem Namen Uronsäuren zusammen. Die Galakturonsäure existiert in einer d- und l-Form[2, 3]). Die natürlich vorkommende Galakturonsäure ist die d-Modifikation. Beim Erhitzen mit Säure geht sie unter Abspaltung von CO$_2$ in l-Arabinose[4]) und in Furfurol[4a]) über. Wie die Galaktose kann sie sich am Aufbau hochpolymerer Stoffe beteiligen.

DIE POLYSACCHARIDE

Vereinigen sich zwei, drei oder mehr der einfachen Zuckermoleküle unter Wasseraustritt zu einem neuen größeren Molekül, so entstehen die Di-, Tri-, und schließlich die hochmolekularen Polysaccharide, welche Körper von beträchtlicher Molekülgröße darstellen.

Die Pentosane

Durch Verkettung der Pentosen, Arabinose und Xylose, allein oder untereinander, entstehen die Pentosane, Araban und Xylan. Beide Polysaccharide sind hier deshalb wichtig, weil sie mit dem Pektin in enger Gesellschaft vorkommen, wobei das Araban sogar lange Zeit als Bestandteil des Pektins galt, eine Auffassung, die später abgelehnt wurde, heute aber von einigen Forschern wieder vertreten wird[5]). Das Araban kommt in vielen Pflanzengummis, z. B. im Gummi arabicum, im Kirschgummi und in Rüben vor. In aus Erdnuß gewonnenem Araban wurde gefunden, daß sich die noch unbekannte Zahl seiner l-Arabinosereste wahrscheinlich in folgender Anordnung zusammenfügt[6]):

14

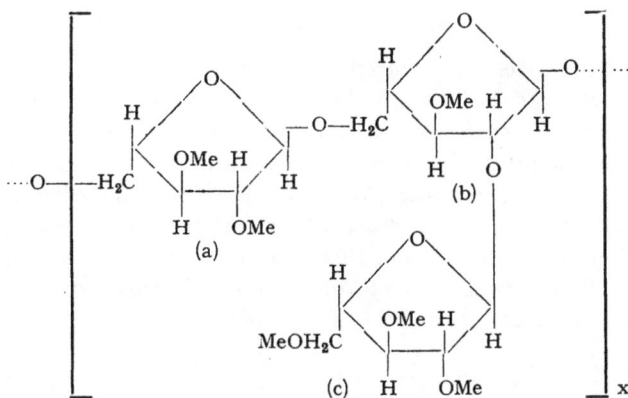

a) 2,3-Dimethyl-l-arabinose, (b) 3-Methyl-l-arabinose, (c) 2,3,5-Trimethyl-l-arabinose

Araban

Die zum Zweck der Konstitutionsermittlung methylierten OH-Gruppen (OMe-Gruppen)
zeigen an, daß sie nicht als Verknüpfungsstellen der Arabinoseringe dienen

Die Bezeichnung „x" deutete darauf hin, daß das in Klammern befindliche
Bruchstück in dem großen Arabanmolekül x-mal aneinandergereiht ist, wobei
die punktierten Linien als Verknüpfungsstellen dienen. In den Pflanzengummis
scheinen die Arabinosereste auch noch mit der bereits erwähnten Galakturonsäure verbunden zu sein[6]).

Das Xylan, das zweite der genannten Pentosane, kommt ebenfalls häufig in
Begleitung des Pektins vor. Es ist der Hauptbestandteil des sogenannten Holz-
gummis und wird in vielen Holzarten, in Stroh und in Jute angetroffen. Auch
die Orangenschalen enthalten Xylan. Der Aufbau seines Moleküls ist deshalb
interessant, weil sich an ihm nicht nur Xylosereste, sondern auch ein Arabinose-
rest beteiligen[6]).

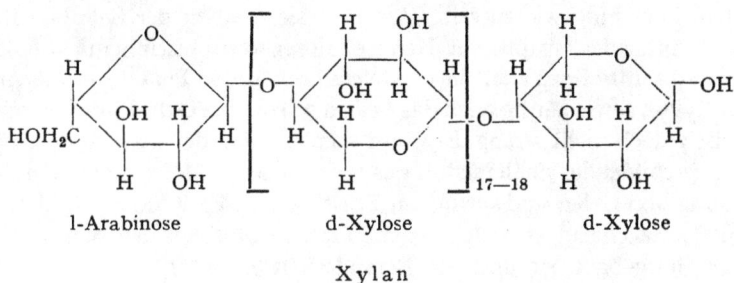

l-Arabinose   d-Xylose   d-Xylose

Xylan

Das Mittelglied dürfte 17- bis 18mal im Molekül vertreten sein, und letzteres
bildet wahrscheinlich durch „Aggregation", d. h. Zusammenlagerung, mit
gleichartigen noch viel größere Makromoleküle[6]). Daneben wurde auch gefunden, daß das einzelne Xylanmolekül sich aus einer größeren Anzahl, und
zwar aus 150 Grundgliedern zusammensetzt[7a]).

15

Die Hexosane

Von den Polysacchariden, die sich aus Zuckern mit 6 Sauerstoffatomen aufbauen, sind Stärke und Cellulose die bekanntesten. Bei beiden finden wir als letzten Baustein die Glucose. Die Stärke findet sich oft in beträchtlicher Menge in Wurzeln, Knollen und auch Früchten und gerät bei der Gewinnung des Pektins meist in sehr unerwünschter Weise in die Extraktionsflüssigkeit. Die Cellulose dahingegen dient den Gewächsen als Gerüstsubstanz. Sie bildet den Hauptbestandteil der Zellwände der Pflanzen und ist in ihnen vermutlich mit dem Pektin verbunden. In ihrem Molekül reihen sich Glucosereste kettenförmig aneinander und lassen folgendes Formelbild entstehen:

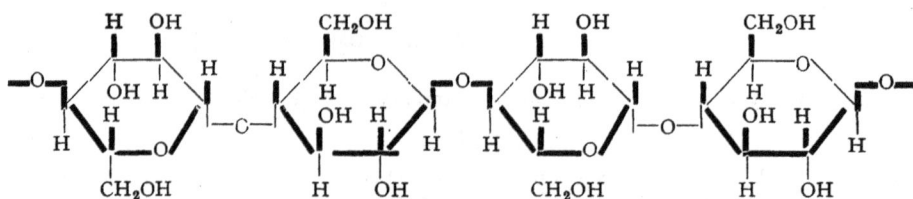

Cellulose

Im ganzen enthält das Molekül wahrscheinlich 3200 miteinander verknüpfte Glucosereste, doch ist diese Zahl wechselnd, je nach dem Ausgangsmaterial, aus welchem man die Cellulose gewinnt[7]).

Die Hemicellulosen

Gegenüber der Bedeutung der Stärke und Cellulose treten andere, ebenfalls aus Zuckern mit 6 Sauerstoffatomen aufgebaute Polysaccharide, wie das Galaktan, aus Galaktose-Resten und das Mannan aus Mannose-Resten bestehend, in den Hintergrund. Da sie aber ebenfalls häufige Begleitstoffe des Pektins sind, soll auf ihre Zugehörigkeit zu dieser Gruppe von Naturstoffen wenigstens kurz hingewiesen sein. Man faßt sie, weil sie der Cellulose ähnlich sind, auch unter der Gruppe der Hemicellulosen (griechisch hemi = halb) zusammen und zählt hierzu auch die vorstehend genannten Pentosane, das Araban und das Xylan, sowie häufig auch das Pektin selbst. Die Definition der Hemicellulosen ist jedoch nicht streng. Erwähnt sei noch, daß der Agar-Agar ein quellbarer, gallertbildender Schleimstoff aus verschiedenen Meeresalgen, der bei der Herstellung von Gelen und syrupösen Flüssigkeiten Verwendung findet, ebenfalls ein Polysaccharid ist, welches zu mindestens 55% aus dem Monosaccharid Galaktose aufgebaut ist und als Besonderheit noch organisch gebundenen Schwefel, wahrscheinlich als Schwefelsäure, enthält[6]).

DAS PEKTIN

Wie weitgehend sich nun das Pektin an die eben beschriebene große Klasse der Kohlenhydrate, insbesondere an die Polysaccharide anschließt, geht aus der Betrachtung seiner Strukturformel hervor[8,8a]).

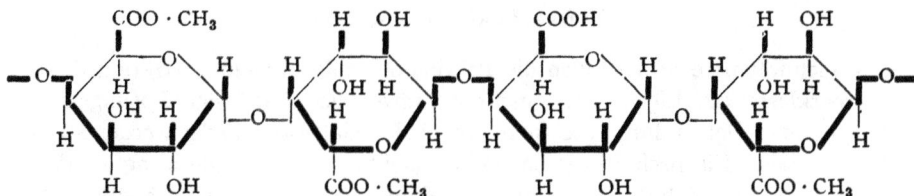

Pektin
(Methoxylierungsgrad, Grad der Veresterung mit Methylalkohol, 75%)

Aus dem Vergleich mit der weiter oben abgebildeten Celluloseformel ist ohne weiteres der prinzipiell ähnliche Bau der Moleküle zu erkennen. Als Baustein dient hier ein monosaccharidähnlicher Körper, und zwar die vorstehend erwähnte d-Galakturonsäure, die zu einem großen Molekül von wechselnder Kettenlänge aneinandergefügt ist. Die einzelnen Glieder der Pektinkette tragen daher Säuregruppen, $(-C\underset{OH}{\overset{O}{\diagup}}$ — Gruppen, auch Carboxylgruppen genannt), von denen ein gewisser Teil mit Methylalkohol verestert ist. Das Pektin ist also eine teilweise mit Methylalkohol veresterte Polygalakturonsäure. Da bei der Vereinigung zweier Galakturonsäureglieder jeweils ein Molekül Wasser austritt, nennt man das Pektin auch eine polymere, teilweise mit Methylalkohol veresterte Anhydrogalakturonsäure. Verbindungen dieser Art, deren Grundbaustein aus Galakturonsäure oder einer ähnlich gebauten Uronsäure besteht, faßt man auch unter dem Namen P o l y u r o n i d e zusammen. Die neuerdings als Verdickungsmittel verwendete Alginsäure, deren Molekül sich aus Mannuronsäureresten aufbaut, gehört auch in diese Gruppe.

Die wechselnde Länge der Pektinkette und der unterschiedliche Gehalt an Methoxylgruppen (-OCH$_3$-Gruppen) sind u. a. die Ursachen dafür, daß wir es nicht mit einem einzigen Pektin, sondern mit verschiedenen Pektinen zu tun haben, denn es ist leicht einzusehen, daß Moleküle von verschiedener Länge und verschiedenem Veresterungsgrad sich in ihren Eigenschaften voneinander unterscheiden. Tatsächlich enthalten auf einfache Weise gewonnene Pektinlösungen Teilchen von den verschiedensten Kettenlängen; sie sind, wie man sagt, polymolekular (polydispers), und nur die großen Moleküle darin sind für die Verwendung des Pektins als Geliermittel wichtig. Die oben dargestellte, teilweise mit Methylalkohol veresterte Polygalakturonsäure kann außerdem je nach ihrem Vorkommen mit Arabanen oder Galaktanen verbunden oder eng vergesellschaftet sein, sie kann an ihren freien Säuregruppen Salze bilden oder auch durch ihre OH-Gruppen Esterbindungen, insbesondere mit Essigsäure, eingehen, woraus sich eine Vielfalt der Arten und Eigenschaften ergibt. Infolgedessen ist es richtiger, für die in den verschiedenen Ausgangsmaterialien vorkommenden und daraus gewonnenen polygalakturonsäurehaltigen Stoffe, sofern sie sich nicht eindeutig definieren lassen, die umfassendere Bezeichnung „Pektinstoffe" zu gebrauchen und den Namen „Pektin" strenggenommen nur auf eine genauer definierte Substanz, auf die von Ballaststoffen befreite oder hinlänglich befreite, teilweise oder völlig mit Methylalkohol veresterte Polygalakturonsäure selbst anzuwenden.

2. Das Pektin als Kolloid

Als hochpolymere Stoffe teilen die Pektinstoffe mit anderen Vertretern dieser Körperklasse die Eigenschaft, mehr oder weniger zähflüssige Lösungen zu bilden, aus welchen durch geeignete Mittel eine Gallerte gebildet werden kann. Da von dieser Eigenschaft, der das Pektin nicht nur seine Entdeckung, sondern auch seine ausgedehnte Anwendung verdankt, im folgenden noch öfters die Rede sein wird, so sei ganz kurz einiges über den Zustand derartiger Lösungen gesagt. Wir nennen sie kolloidal und die Stoffe, die solche Lösungen leicht bilden, Kolloide, weil diese Eigenschaft zuerst am Leim, dessen griechischer Name „Kolla" ist, beobachtet wurde (Graham 1861). In diesen Lösungen sind die gelösten Teilchen nicht so fein aufgeteilt oder dispergiert, wie z. B. in einer einfachen Salz- oder Zuckerlösung, in der wir neben dem Wasser nur noch Ionen, die elektrisch geladenen Atome oder Atomgruppen bzw. die noch verhältnismäßig kleinen Moleküle des gelösten Stoffes vorfinden. Sie sind andererseits auch nicht so grob wie die einer Suspension von Sand oder Ruß, sondern nehmen eine Zwischengröße ein, die dadurch erreicht werden kann, daß man die molekular-dispersen Stoffe zur Zusammenlagerung bringt oder andererseits die grobdispersen Stoffe feiner zerteilt. Prinzipiell kann also jeder Stoff diese Zerteilungsform annehmen, und damit bedeutet „kolloid" weniger eine Eigenschaft als einen Zustand (Wo. Ostwald). Nachdem aber die hochpolymeren Kohlenhydrate durch die besondere Größe ihrer Moleküle bei der Auflösung ohne jegliches Zutun schon Teilchen bilden, die die charakteristischen Dimensionen kolloidaler Teilchen besitzen, darf von ihnen schlechthin als von „Kolloiden" gesprochen werden. Ihrer Mittelstellung zwischen den grobdispersen und den molekulardispersen Körpern ist es zuzuschreiben, daß die kolloidalen Teilchen, deren Größe etwa $^1/_{10\,000}$ bis $^1/_{1\,000\,000}$ mm beträgt, mikroskopisch nicht mehr, aber z. B. noch mit dem Ultramikroskop sichtbar gemacht werden können. Auch genügen gewöhnliche Papierfilter nicht mehr, sie von ihrem Lösungsmittel abzutrennen, man muß hierzu die Ultrafilter verwenden. Zu den charakteristischen Eigenschaften der kolloidalen Lösungen gehört auch die, daß sie nicht mehr oder nur noch sehr schwach diffundieren, d. h. sie vermischen sich bei längerem Stehen nicht oder kaum merklich mit dem darüber geschichteten reinen Lösungsmittel. Sie sind auch nicht mehr dialysierbar, weil die kolloidalen Teilchen schon zu große Dimensionen besitzen, um durch eine Membran in das reine Lösungsmittel hindurchzuwandern. Von diesem Umstand wird bei der Reinigung kolloidaler Lösungen oft in der Weise Gebrauch gemacht, daß man sie in eine Haut aus Pergamentpapier, Fischblase oder Cellophan bringt und diese in reines Wasser hängt. Die molekular gelösten Stoffe und die Ionen der Salze, mit denen das Kolloid verunreinigt ist, wandern dann durch die Membran in das Wasser ab und lassen die kolloidale Lösung rein in ihrem Beutel zurück. Auch bei dem Pektin findet diese Reinigungsmethode gelegentlich Verwendung.

Der Umstand, daß die kolloidalen Teilchen mehr oder weniger starke, gleichsinnige elektrische Ladung tragen, durch die sie sich gegenseitig voneinander abstoßen, und die Tatsache, daß sie häufig hydratisiert, d. h. mit einer Hülle von Wassermolekülen umgeben sind, die von ihnen festgehalten wird und ihre gegenseitige Annäherung verhindert, sind verantwortlich dafür, daß die kolloidale Lösung als solche beständig bleibt. Werden die kolloidalen Partikel aber ihrer Ladung oder ihrer umhüllenden Schicht von Wassermolekülen (Solvathüllen) beraubt, so verlieren sie die Fähigkeit, sich schwebend in ihrem Lösungsmittel zu halten, sie vereinigen sich, sie koagulieren. Sofern man nun diesen Vorgang so leitet, daß sich die Partikel wohl gegenseitig nähern, aber nicht berühren können, kommt es durch die nunmehr stärker wirksamen Anziehungskräfte der Teilchen zur Ausbildung mehr oder minder stabiler Strukturen, wobei die Solvathüllen der Kolloide sowie beträchtliche Teile des Lösungsmittels von dem aufgebauten Gerüst eingeschlossen werden. Die auf diese Weise entstandenen flüssigkeitshaltigen, formbeständigen und elastischen Massen bezeichnet man als (Nebenvalenz)-Gele oder Gallerten. Der Entzug der elektrischen Ladung der kolloidalen Teilchen kann dadurch bewerkstelligt werden, daß man die kolloidale Lösung, die auch „Sol" genannt wird, mit einer Salzlösung versetzt, die entgegengesetzt geladene Ionen enthält. Dabei kommt es zum Ausgleich der positiven und negativen Ladungen zwischen den Ionen und den kolloidalen Partikeln, und letztere scheiden sich als Gel ab. Die gegenseitige Annäherung und anschließende gelförmige Abscheidung der kolloidalen Teilchen kann nach dem vorstehend Gesagten z. B. auch durch Hinzufügen von wasserentziehenden Mitteln erreicht werden, da durch diese ihre schützende Hülle von Wassermolekülen entfernt wird.

Es ist also möglich, das Pektin, welches ein negativ geladenes Kolloid ist, aus seinen Lösungen durch Zufügen der positiven Ionen von Metallsalzen zu entladen und zur Gelierung zu bringen. Unter gewissen Voraussetzungen gelingt dies schon durch Zufügen von Kochsalz, besser aber noch mit Calciumchlorid, Aluminiumchlorid und Schwermetallsalzen. Alkohol und Aceton wirken als wasserentziehende Mittel koagulierend. Auch die Bildung der für die Marmeladen- und Süßwarenbereitung so wichtigen Pektingelees, die in Gegenwart von Zucker und Säure entstehen, erklärt man durch ein Zusammenwirken der beiden genannten Vorgänge.

Die aus kolloidalen Lösungen entstehenden Gele können reversibel oder irreversibel sein, d. h. sie können manchmal durch Vermischen mit dem reinen Lösungsmittel oder auch durch Wärme wieder gelöst werden, manchmal jedoch nicht mehr. Was das Pektin anbelangt, so erhält man durch Alkohol und Aceton sowie bei der Gelbildung in Gegenwart von Zucker und Säure reversible Gele. Die durch Elektrolytzusatz entstandenen Pektingele können in den meisten Fällen in Wasser nicht wieder gelöst werden, wobei zu bemerken ist, daß das Pektin neben den genannten Gelen auch noch andere Gele (Hauptvalenz-Gele) zu bilden vermag, deren Entstehen eine chemische Umsetzung, z. B. eine Salzbildung vorausgeht. In jedem Falle hat aber das Auftreten eines gelartigen Körpers das Vorhandensein oder die Herausbildung von Teilchen kolloidaler Größenordnung zur Voraussetzung.

In diesem Zusammenhang soll hier kurz auf den Unterschied zwischen den Bezeichnungen „Gel" und „Gelee" aufmerksam gemacht werden. „Gel" ist der weitere Begriff, während man den Ausdruck „Gelee" nur auf zu Genußzwecken (mit Fruchtsäften) zubereitete Gele anwenden sollte. Strenggenommen, dürfte ,,Gelee'' nur für die Gelees gelten, die der Obstverordnung genügen, also nur für solche, die höchstens einen Wassergehalt von 42% besitzen.

3. Das Entstehen der Kohlenhydrate und die mutmaßliche Bildung der Pektine

Die Frage nach der Entstehung des Pektins in der Pflanze ist eng mit der Frage nach der Bildung der Kohlenhydrate verknüpft. Es ist verständlich, daß die Forschung diesem bedeutsamen Vorgang seit langem ihr besonderes Interesse zuwandte, aber das Geheimnis, das über ihm lastet, konnte bis heute noch nicht gänzlich enthüllt werden. Schon seit geraumer Zeit weiß man, daß die Pflanze während ihres Assimilationsprozesses Kohlensäure aus der Luft aufnimmt und diese in ihrer winzigen Zelle zum Aufbau von Zucker und Stärke verwendet, wobei Sauerstoff in Freiheit gesetzt wird. Man weiß auch, daß dem grünen Blattfarbstoff, dem Chlorophyll, hierbei eine bedeutsame Rolle zukommt, und daß die Energie für diese Umwandlung anorganischer zu organischer Substanz von dem Sonnenlichte geliefert wird. Im allgemeinen pflegt man diese Photosynthese in folgender Bruttoreaktionsgleichung zum Ausdruck zu bringen:

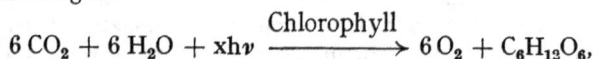

$$6\,CO_2 + 6\,H_2O + xh\nu \xrightarrow{\text{Chlorophyll}} 6\,O_2 + C_6H_{12}O_6,$$

wobei $h\nu$ die Lichtenergie — man spricht von Lichtquanten — bedeutet, und x ihre Menge, die für die Umsetzung notwendig ist. Über die Art und Weise, wie das Chlorophyll in den Reaktionsmechanismus eingreift, herrschte lange Unklarheit. Man weiß heute, daß die Photosynthese aus zwei Teilreaktionen besteht, dem lichtabhängigen photochemischen Prozeß und der lichtunabhängigen chemischen Dunkelreaktion (Blakman-Reaktion). Aus neueren Arbeiten von Hill[9]), Warburg[10]), Brown[11]), Ruben[12]) u. a. geht hervor, daß die Aufgabe des Chlorophylls darin besteht, mit Hilfe des Sonnenlichtes das Wasser in Wasserstoff und Sauerstoff zu spalten, wobei der Sauerstoff frei wird, der während der Assimilation von der Pflanze an die Atmosphäre abgegeben wird. Die lichtunabhängige Reaktion besteht darin, daß das aus der Luft aufgenommene Kohlendioxyd in Carbonsäuren eingebaut wird, welche durch den bei der Lichtreaktion gleichzeitig gebildeten Wasserstoff anschließend reduziert werden[13]). Eingehende Untersuchungen von Wood und Werkman, Ochoa[14]) u. a. sprechen dafür, daß der Aufbau der Kohlenhydrate rückläufig über dieselben Zwischenprodukte führt, die bei ihrem Abbau während des Atmungsprozesses durchschritten werden. Demnach stellt die Photosynthese eine direkte Umkehrung des Atmungsvorganges dar. Calvin und Benson[15]), welche radioaktive Kohlensäure anwandten, konnten feststellen, daß der radioaktive Kohlenstoff sich schon nach 30—90 Sekunden Belichtungszeit in Verbindungen, die nur 3 Kohlenstoffatome enthalten, wie Phosphoglyzerinsäure und Triosephosphat, wiederfinden läßt. Aus der Phosphoglyzerinsäure bilden sich Hexosephosphate, und zwar zunächst Fruktose-6-phosphat, dann Glucose-1-phosphat, und aus beiden geht als erstes freies Kohlenhydrat der Rohrzucker hervor.

Über die Wege, die weiter zu den hochpolymeren Kohlenhydraten, insbesondere zum Pektin, führen, ist noch nichts bekannt. Die Pektinstoffe werden hauptsächlich in jungen, noch im Wachstum befindlichen Geweben gebildet[16]), wobei auch das Spurenelement Bor eine Rolle spielen soll. Ripa vermutete, daß die Pektinstoffe in jugendlichen Zellwänden aus der Cellulose entstehen[17]); jedoch dürfte dies erst durch Abbau und Neuaufbau möglich sein, da die Cellulose aus Glucoseresten, das Pektin aber aus Galakturonsäureresten aufgebaut ist. Die Richtung dieser Umwandlungen, denen die Zell- und Gewebebestandteile ständig unterworfen sind, hängt jeweils von der Aufgabe ab, die diese Stoffe in dem von der Natur gelenkten Organismus zu erfüllen haben.

Die Fermente

Die mannigfaltigen Veränderungen, der Aufbau, Abbau und Umbau, sind an die Tätigkeit zahlreicher Fermente geknüpft, die meist sehr spezifisch nur eine bestimmte, für sie charakteristische Reaktion bewirken. Unter den Fermenten oder Enzymen versteht man Stoffe, die von der lebenden Zelle gebildet werden und den Charakter von Katalysatoren haben, d. h., kleinste Mengen von ihnen beschleunigen oder verursachen und lenken chemische Umsetzungen, nach deren Ablauf sie immer wieder zur Auslösung der gleichen Reaktion befähigt sind, es sei denn, daß mit der Zeit Bedingungen entstehen, durch die sie irreversibel verändert werden. Sie bestehen gewöhnlich aus zwei Anteilen, einer spezifisch gebauten, aktiven Gruppe und einem kolloidalen Träger, der ein Eiweißstoff ist. Gegen höhere Temperaturen sind sie sehr empfindlich, da durch diese der kolloidale Träger zerstört wird. Obwohl sie vom lebenden Organismus gebildet werden, können sie auch losgelöst von ihm ihre Wirkung entfalten.
Die für das Pektin wichtigen Enzyme werden im folgenden mehrfach erwähnt und im Kapitel über Pektinenzyme näher beschrieben werden.

4. Das Vorkommen der Pektinstoffe

Die Pektinstoffe kommen in den Wurzeln, Stengeln, Blättern und in den fleischigen Früchten höherer Pflanzen vor. Besonders reich an ihnen sind die Apfeltrester (Preßrückstände der Obstsaftfabrikation), das Albedo der Citrusfrüchte, die Zuckerrüben und die Kronen der Sonnenblumen, die auch als Ausgangsmaterialien für ihre Gewinnung dienen. Daneben finden sie sich auch gelöst in verschiedenen Obstsäften, denen sie ihre Gelierkraft verleihen. Der Sitz der Pektinstoffe ist einerseits in den Zellwänden, vornehmlich in der primären Zellmembran jugendlicher, noch in der Entwicklung befindlicher Gewebe[16, 18]). Unter der primären Zellmembran versteht man die äußerste, sehr dünne Schicht der Pflanzenzellen. Die Pektinstoffe dienen hier sowohl als Gerüststoffe, als auch ihres quellfähigen Charakters wegen zur Regelung des Wasserhaushaltes der Pflanze. Andererseits kommen sie auch in der Mittellamelle, d. h. in der Schicht, die sich zwischen den Zellen befindet, vor und stellen hier, wie schon von Payen (1824)[19]) vermutet, eine Art Kittsubstanz zwischen den einzelnen Zellen dar. In beiden Arten des Vorkommens haben wir es mit in kaltem Wasser unlöslichen Stoffen zu tun, die man früher, ohne ihre

Pektin-Gehalt und pH-Wert einiger Früchte

	bestimmt als rohes Calcium-pektat [28]	durch Al-koholfäl-lung best. % [29]	Güte des Pektins [29]	pH-Wert [29]
Äpfel				
Maximum	1,31	1,110	⎫ sauer: hoch	2,9—3,3
Minimum	0,49	0,366	⎬ süß: mittel	3,5—3,8
Mittel	0,75	0,605	⎭ Holzapfel: hoch	2,9
Damaszener Pflaumen (steinfrei)				
Maximum	1,52		hoch	3,0
Minimum	0,95			
Mittel	1,15			
Grüne u. goldene Pfl. (steinfrei)				
Maximum	1,02			
Minimum	0,67			
Mittel	0,80			
Rote u. gemischte Pfl. (steinfrei)				
Maximum	1,21	0,910	mittel	3,3
Minimum	0,54	0,140		
Mittel	0,82	0,840		
Reineclauden (steinfrei)				
Maximum	1,03			
Minimum	0,86			
Mittel	0,95			
Victoria Pflaumen (steinfrei)				
Maximum	1,07			
Minimum	0,61			
Mittel	0,81			
Schwarze Johannisbeeren				
Maximum	1,67			
Minimum	0,63			
Mittel	1,08	0,850	hoch	3,0
		0,260		
Rote Johannisbeeren		0,554		
Maximum	0,67			
Minimum	0,44			
Mittel	0,58			
Stachelbeeren				
Maximum	1,19			
Minimum	0,50		hoch	2,8—3,2
Mittel	0,81			
Brombeeren				
Maximum	0,85	0,837		
Minimum	0,22	0,350	mittel	3,2—3,6
Mittel	0,59	0,532		
Himbeeren, rote				
Maximum	0,87	0,778		
Minimum	0,37	0,130	mittel	3,4
Mittel	0,53	0,539		

	bestimmt als rohes Calcium-pektat [28])	durch Al-koholfäl-lung best. % [29])	Güte des Pektins [29])	pH-Wert [29])
Erdbeeren				
Maximum	0,78	0,779		
Minimum	0,36	0,240	mittel	3,4
Mittel	0,53	0,533		
Pfirsich				
Maximum		0,966		
Minimum		0,680	gering	3,4—3,6
Mittel		0,777		
Kirschen (steinfrei)				
Maximum	0,40			
Minimum	0,11		gering	2,6—4,0
Mittel	0,24			
Trauben				
Maximum		0,340		
Minimum		0,181		
Mittel		0,284		
reif			mittel	3,2
unreif			hoch	3,0

Eigenschaften näher zu kennen, summarisch mit dem Namen „Protopektin" bezeichnete, was so viel wie Urpektin oder Muttersubstanz der löslichen Pektin-stoffe bedeuten soll. Beobachtungen von Branfoot[20]) und Bonner[21]) u. a. deuten aber darauf hin, daß die in der Mittellamelle befindlichen Pektinstoffe anderer Natur sind als die, welche sich in der primären Zellmembran abgelagert befinden. Viele Erfahrungen sprechen dafür, daß die Schicht zwischen den Pflanzenzellen wasserunlösliche Calciumsalze und vielleicht auch Magnesium-salze des Pektins und der Pektinsäure, d. h. des teilweise bzw. völlig von methylalkoholischen Gruppen freien Pektins, beherbergt. Die in der primären Zellmembran abgelagerten, ebenfalls wasserunlöslichen Pektinstoffe be-zeichnet man heute noch mit Protopektin. Über seine Natur ist noch nichts Endgültiges bekannt, da es bis heute noch nicht gelungen ist, es unverändert aus der Pflanze zu gewinnen. Einige Forscher, wie Sucharipa[22]), sehen darin eine Verbindung mit Cellulose in der Weise, daß die Methoxylgruppen des Pektins durch Cellulosegruppen ersetzt sind. Hengleins[23]) Anschauung geht dahin, daß das Pektin im Protopektin über Calciumbrücken und Phosphor-säurebrücken mit Cellulose und anderen Polysacchariden verknüpft ist. Auch eine rein mechanische Verfilzung mit Cellulose wird vermutet[24]). Bonner[25]) sowie Schneider und Bock[8]) schreiben die Unlöslichkeit des Proto-pektins hauptsächlich der besonderen Größe seines Moleküles zu. Auf die Viel-zahl der erwogenen Möglichkeiten der Verknüpfung oder Vernetzung wird in Kapitel III, A 5 näher eingegangen werden.

Wie schon gesagt, befinden sich in der Pflanze, insbesondere in reifen Früchten, neben den wasserunlöslichen Calciumsalzen des Pektins und der Pektinsäure in der Mittellamelle und dem Protopektin der Zellwände, aber noch die löslichen Pektinstoffe, die aus dem unlöslichen Protopektin durch fermentativen Abbau entstehen [26], [27]). Durch diesen Prozeß gelangen lösliche Pektinstoffe in die Obst- und Pflanzensäfte und verleihen diesen ihre für uns so wertvolle Gelierfähigkeit. Für die Gestaltung des Pflanzengewebes ist dieser Abbauvorgang auch insofern von Wichtigkeit, als durch ihn die Zellwände ganz oder zum Teil gelöst werden und Platz für neue Leitungsbahnen für den Wassertransport geschaffen wird.

Der enzymatische Abbauprozeß macht aber bei den löslichen Pektinstoffen nicht halt. Sie werden, wie wir später noch bei den Pektinfermenten besprechen werden, z. B. beim Überreifwerden von Früchten, noch weiter zersetzt, wobei sie immer mehr an Molekülgröße einbüßen und schließlich ihrer Geliereigenschaft völlig verlustig gehen. Nicht in allen Pflanzenteilen erleidet das Protopektin aber einen Abbau in lösliche Pektine. Die Art der Umwandlung hängt ganz von der Art des Gewebes ab. Das Protopektin kann beim Altern des Gewebes, z. B. beim Verholzen, auch in Hemicellulosen übergeführt werden. Da aus der Galakturonsäure durch CO_2-Verlust l-Arabinose entsteht, wurde häufig ein direkter Übergang in Araban angenommen, der aber von Hirst[6]) damit widerlegt wird, daß das Pektin Pyranose-Ringe (6er-Ringe) und eine gerade Kette besitzt, während Araban aus Furanose-Ringen (5er-Ringen) und verzweigten Ketten besteht. Demnach wäre auch für diesen Übergang Abbau und dann Neuaufbau erforderlich. Ehrlich vermutete mit dem Verholzen auch einen Übergang in Lignin, einen Bestandteil des Holzes, der aber nach neuer Auffassung keine Wahrscheinlichkeit für sich hat. Daß auch die Pektinstoffe der Mittellamelle einen Abbau erleiden, wird an der von Carré aufgezeigten Erscheinung deutlich, daß beim Überreifwerden der Früchte die einzelnen Zellen sich voneinander lösen. Die Pektinstoffe nehmen also auch hier ab, verlieren ihre Fähigkeit, als Kittsubstanz zu dienen, und das Zellgefüge fällt auseinander. Das Entstehen und die Zersetzung der Pektinstoffe sind also eng mit dem Lebensablauf der Pflanze verknüpft.

Wenn wir das Vorstehende kurz zusammenfassen, so ergibt sich, daß uns die Pektinstoffe als nahe Verwandte der hochpolymeren Kohlenhydrate in der Pflanze in folgenden Formen begegnen:

1. als wasserunlösliches Protopektin in den Zellwänden,
2. in Form der wasserunlöslichen Salze des Pektins und der Pektinsäure, insbesondere als deren unlösliche Calciumsalze in der Mittellamelle,
3. als lösliche und bereits im Zellsaft gelöste Pektine bzw. als deren lösliche Salze.

Das verbreitete Vorkommen der Pektinstoffe im Pflanzenreich, und die Neigung der löslichen Pektinstoffe zur Gallertbildung, die sie ihrem kolloidalen Charakter verdanken, bilden die Voraussetzung für die ausgedehnte praktische Verwendung, von der später gesprochen werden soll.

II. Geschichtlicher Überblick

Die erste Nachricht über eine wasserlösliche, gelierfähige Substanz in Säften stammt von Vauquelin[30]) aus dem Jahre 1790. Wie schon eingangs gesagt, war es dann Braconnot[1, 31]), welcher die allgemeine Verbreitung dieses Stoffes im Pflanzenreich nachwies, seine Bedeutung als gelierendes Agens und seine saure Natur erkannte und ihm einen diesen Eigenschaften entsprechenden Namen gab. Er nannte ihn Pektinsäure, da er zunächst diese und nicht das Pektin selbst isolierte.

Braconnot begann seine Untersuchungen damit, daß er weitgehend zerkleinerte Pflanzenteile mit schwacher Natronlauge oder Sodalösung auskochte und aus dem Absud durch Zufügen von Salzsäure die Pektinsäure zur Abscheidung brachte. Diese Pektinsäure, das durch alkalische Verseifung völlig seiner Methoxylgruppen beraubte Pektin, hat auch nach der neuesten Nomenklatur ihre Bezeichnung behalten. Gleich zu Beginn dieser kurzen geschichtlichen Übersicht muß darauf hingewiesen werden, daß infolge der lange Zeit unbekannten chemischen Struktur der Pektinstoffe eine große Verwirrung auf dem Gebiet ihrer Namengebung entstand, die dem Uneingeweihten das Verständnis der diesbezüglichen Literatur sehr erschwert. So sind die gleichen, auf ähnliche Weise isolierten Substanzen von den verschiedenen Forschern mit verschiedenen Namen belegt, oder für verschiedene Produkte ähnliche Bezeichnungen gewählt worden. Im folgenden wird, soweit es nötig ist, neben dem geschichtlichen Namen stets der nach der neuen Nomenklatur gültige angeführt werden.

Braconnot isolierte nicht nur die Pektinsäure, sondern auch das Pektin selbst, das er, wie es noch heute geübt wird, durch Alkoholfällung aus den Pflanzensäften gewann. Er erkannte auch die praktische Bedeutung dieser Gele und bereitete z. B. aus Mohrrüben mit Zucker wohlschmeckende Gelees, die große Beachtung fanden und als Erfrischungsmittel für Kranke empfohlen wurden. Seine Arbeiten richteten sich außerdem auf den Sitz des Pektins in der Pflanzenzelle, auf die Schwermetall- und Ammoniumsalze der Pektinsäure und auf das Verhalten der letzteren gegenüber Schwefel- und Salpetersäure. Er beobachtete auch schon die Gallertbildung, welche gelegentlich beim Vermischen von zwei verschiedenen Fruchtsäften eintrat und welche, wie später bewiesen wurde, einer enzymatischen Veränderung der Pektinstoffe zuzuschreiben ist. Die grundlegenden Arbeiten Braconnots gaben seinen Zeitgenossen und Nachfolgern die Anregung zu einer intensiven Beschäftigung mit dem neugefundenen Stoff. So gab Payen[19,32]) zur Zeit Braconnots Veröffentlichungen heraus, in denen er auf die Rolle der Calciumverbindungen der Pektinstoffe als Kittsubstanz zwischen den Pflanzenzellen hinwies. Da man das Pektin damals noch für eine einfacher gebaute Substanz hielt, hoffte man durch die Elementaranalyse Aufklärung über den Molekülbau zu erhalten. Regnault[33]) analysierte die Silber-, Kupfer- und Bleisalze der Pektinsäure und Gay-Lussac zersetzte letztere bei 200° C mit Kalilauge, wobei er Oxalsäure erhielt. Solche einschneidenden Reaktionen konnten jedoch bei dem komplizierten Bau des Pektinmoleküles und bei der Vielfältigkeit der Pektinstoffe die Lösung des gestellten Problems nicht erbringen.

Der nächste wesentliche Beitrag zur Kenntnis über die Pektinstoffe wurde von Frémy[34]) geleistet, der nach den bereits bekannten löslichen Pektinstoffen sowie der Pektinsäure und ihren Salzen, das Protopektin, von ihm noch Pektose genannt, entdeckte. Er machte die Beobachtung, daß im Saft unreifer Äpfel fast kein Pektin vorhanden ist, daß man aber durch Kochen der Früchte mit Wasser einen Absud gewinnen kann, der es in reichlicher Menge enthält. Diese Erscheinung deutete er ganz richtig damit, daß in der unreifen Frucht ein unlöslicher Stoff vorhanden sein müsse, der durch Kochen in lösliche Pektinstoffe übergeführt würde. Er brachte diesen Vorgang auch mit dem Reifen der Frucht in Zusammenhang, bei welchem durch die Einwirkung von Enzymen, durch Wärme und durch die Gegenwart der Fruchtsäuren aus dem unlöslichen Protopektin die löslichen Pektinstoffe entstehen, die der Frucht Saftigkeit und eine gewisse Weichheit verleihen. Im Anschluß an die Entdeckung des Protopektins erwiesen Frémys Arbeiten auch, daß das Pektin keine einheitliche Substanz ist, sondern daß man je nach der Gewinnungsweise verschieden geartete Pektinstoffe erhalten kann. Bei schonender Behandlungsart erhielt er solche, die annähernd neutral reagierten und nur mit Schwermetallsalzen Niederschläge gaben, und bei der Einwirkung von schwachen Säuren andere, die sauer reagierten und sich schon mit Bariumchlorid zur Fällung bringen ließen. Frémy nannte seine verschiedenen Produkte „neutrales Pektin", „Metapektin", „Parapektin" und „Pektosinsäure". Ein schonend gewonnenes, reines, weitgehend verestertes Produkt wird heute Pektin schlechthin genannt, die mit Bariumchlorid fällbaren Stoffe sind Pektine mit geringerem Veresterungsgrad, und das völlig seiner methylalkoholischen Estergruppen beraubte Pektin ist die Pektinsäure.

Neben der Darstellung der oben genannten verschiedenen Pektinprodukte waren Frémys Bemühungen auch darauf gerichtet, von Beimengungen freies, reines Pektin herzustellen, was bei einem kolloidalen Stoff, wie das Pektin einer ist, eine äußerst schwierige Aufgabe darstellt. Es gelang ihm weiterhin die Entdeckung des ersten Pektinenzymes, der Pektase, die er für die bereits von Braconnot erwähnte Erscheinung der Gallertbildung, welche gelegentlich bei der Vermischung von Frucht- und Pflanzensäften auftritt, verantwortlich machte. Er bewies den enzymatischen Charakter dieses Vorganges dadurch, daß er die Säfte vorher erhitzte, wodurch das Enzym zerstört wurde und seine sonst beobachtete Wirkung ausblieb. Frémy widmete auch den Fruchtgelees, welche durch Zufügen von Zucker entstehen, seine Aufmerksamkeit und wies als erster auf die Wichtigkeit der Gegenwart von Säure bei ihrer Bildung hin. Auf ihn geht auch die Beobachtung zurück, daß stark pektinhaltige Pflanzenteile durch hartes Wasser nicht weichgekocht werden können, da der Kalk mit den Pektinstoffen wasserunlösliches Calciumpektat bildet. Wie bekannt, kann das Auftreten dieser beim Kochen von Gemüsen sehr unliebsamen Erscheinung durch Zufügung von Natriumbicarbonat oder Soda vermieden werden, weil hierdurch lösliche Alkalipektate entstehen.

Interessant ist es auch, daß man schon in der damaligen Zeit damit begann, sich mit dem Pektingehalt der Zuckerrübe zu befassen, dessen störender Einfluß bei der Sirupgewinnung Frémy bereits bekannt war. Unter seinen Nachfolgern hat dann vor allem Wiesner[35] auf die Bedeutung der Pektinstoffe in der Zuckerindustrie aufmerksam gemacht. Ihrem Vorhandensein ist es letztlich zuzuschreiben, daß an Stelle des früher üblichen Kochverfahrens, bei welchem sie in reichlicher Menge in den Rübensaft gelangten und die Kristallisation des Zuckers verhinderten, die Diffusionsmethode eingeführt wurde, die ein schonenderes Auslaugen der Schnitzel erlaubt und das starke Aufquellen und damit Undurchlässigwerden der Zellwände der Rüben vermeidet.

Von den Zeitgenossen Frémys hat sich auch Chodnew[36] mit dem Rübenpektin beschäftigt, allerdings mehr im Hinblick auf das Wesen des Protopektins, das er für Calciumpektat hielt, eine Auffassung, die in der Pektinliteratur sehr häufig wiederkehrte und viel umstritten wurde. Fresenius[37] unterzog sich dann mit seinen Schülern der mühevollen, bis heute noch nicht eindeutig gelösten Aufgabe, den Protopektingehalt in zahlreichen Obstsorten zu bestimmen. Aus den umfangreichen Arbeiten Chodnews ist noch zu erwähnen, daß er der erste war, welcher beobachtete, daß die Pektinstoffe bei der Behandlung mit verdünnter Schwefelsäure zuckerartige Substanzen liefern. Zweifellos war er dabei auf die Abbauprodukte der Arabane und Galaktane gestoßen, der Hemicellulosen, die das Pektin begleiten.

Wie schon früher gesagt, wurden diese Hemicellulosen lange Zeit für Bestandteile des Pektins gehalten, und die Auffassung, daß sie nicht nur Ballaststoffe sind, sondern auch in chemischer Bindung mit ihm verknüpft sein können, wird heute noch vertreten[5]. Während Chodnew seiner letztgenannten Beobachtung nicht weiter nachging, gelang es Scheibler[38], das Araban und die Arabinose in den Pektinstoffen nachzuweisen. Selbstverständlich war er überzeugt, einen Baustein des Pektinmoleküls gefunden zu haben.

Ein weiterer Schritt in dieser Richtung wurde von Woh und Niessen[39] getan, die bei der Oxydation der Pektinstoffe Schleimsäure erhielten und aus der Tatsache, daß Galaktose bei der Oxydation Schleimsäure ergibt, schlossen, daß Galaktan im Pektinmolekül enthalten sein müsse. Wenn diese Auffassung in neuerer Zeit auch in dieser strengen Form nicht mehr gültig ist, so hat die Auffindung des Galaktans in den Pektinstoffen doch die spätere Entwicklung gefördert.

Unter der Fülle der Arbeiten aus dem Ausgang des 19. Jahrhunderts sind noch die von Mangin[40] zu erwähnen, der den Nachweis der Pektinstoffe im Pflanzengewebe durch ihre Anfärbbarkeit mit Rutheniumrot (ammoniakalischem Rutheniumchlorid) einführte, und die Arbeiten von Bourquelot und Hérissey[41], die eine bessere, noch neuzeitlich geübte Reinigungsmethode für die Pektinstoffe durch Waschen mit durch Salzsäure schwach angesäuertem

Alkohol in den Gebrauch brachten und das zweite wichtige Pektinenzym, die Pektinase, entdeckten[224]).

Die Aufklärung des Baues des Pektinmoleküls gelang erst im Anfang des 20. Jahrhunderts. Hier war es Fellenberg[42]), ein Schweizer Chemiker, der Obstsäfte und Weine auf ihren Gehalt an Methylalkohol untersuchte und zu der Schlußfolgerung kam, daß dieser aus den Pektinstoffen stamme, und daß somit im Pektinmolekül Methoxylgruppen (—OCH$_3$-Gruppen) vorhanden sein müssen. Auf den Beobachtungen seiner Vorgänger fußend, brachte er für das Pektin folgende, heute allerdings nicht mehr gültige Formel in Vorschlag:

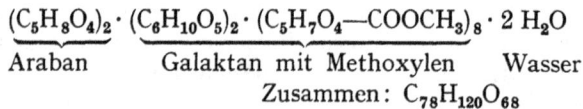

$$(C_5H_8O_4)_2 \cdot (C_6H_{10}O_5)_2 \cdot (C_5H_7O_4—COOCH_3)_8 \cdot 2\ H_2O$$

$$\underbrace{}_{\text{Araban}} \quad \underbrace{\phantom{(C_6H_{10}O_5)_2 \cdot (C_5H_7O_4—COOCH_3)_8}}_{\text{Galaktan mit Methoxylen}} \quad \underbrace{}_{\text{Wasser}}$$

Zusammen: $C_{78}H_{120}O_{68}$

Wie ersichtlich, stellt in ihr das Galaktan mit Methoxylen schon den Hauptbestandteil des Pektinmoleküls dar, womit Fellenberg der späteren Auffassung bereits ziemlich nahegerückt war.

Für die weitere Entwicklung war es entscheidend, daß Smolenski[43]) die Beobachtung machte, daß die Pektinsäure die Farbreaktion mit Naphthoresorcin nach Tollens gab, die die Gegenwart von Uronsäure im Pektinmolekül bewies. Unter den Uronsäuren versteht man Zuckerabkömmlinge, die an Stelle der endständigen CH$_2$OH-Gruppe der Zucker die COOH-Gruppe tragen. Von diesen Uronsäuren war die Glucuronsäure, die sich von der Glucose ableitet, bereits bekannt, und daher lag es nahe, sie als Baustein des Pektinmoleküles anzusehen.

Dem deutschen Pektinforscher Ehrlich[44]) sowie unabhängig von ihm Suarez[45]) war es dann vorbehalten, die bedeutende Entdeckung zu machen, daß die in den Pektinstoffen vorhandene Säure nicht die Glucuronsäure, sondern eine sehr ähnlich gebaute Säure, die Galakturonsäure, ist (vgl. S. 14). Es ist in dieser kurzen Übersicht unmöglich, die umfassenden und für das Wissen um die Pektinstoffe so wertvollen Arbeiten, die Ehrlich mit einem großen Schülerkreis ausführte, eingehend zu schildern. Obwohl die Nomenklatur, die er für die Pektinstoffe einführte, heute nicht mehr gebräuchlich ist, und obgleich die Formeln, die er den verschiedenen Produkten zuschrieb, von späteren Erfahrungen überholt wurden, gebührt ihm doch das große Verdienst, die neuere Pektinforschung eingeleitet und ein umfassendes Bild von ihr gegeben zu haben. Da seine zusammenfassenden Schriften über sein Werk[46]) in unseren Tagen noch in vielen Handbüchern zu lesen sind, sei versucht, wenigstens die wichtigsten Punkte daraus wiederzugeben.

Das ursprünglich in der Pflanze vorhandene Pektin, „das wandständige Pektin der Mittellamelle", wie Ehrlich es nennt, ist eine in kaltem Wasser unlösliche, hochmolekulare Substanz, die in ihrer Urform in keiner Weise zu isolieren ist. Es besteht nach ihm aus einer lockeren Verbindung von Araban und dem Calcium-Magnesiumsalz der hochmolekularen. „Pektinsäure" und anderen Zellwandstoffen und ist durch heißes Wasser bereits spaltbar. Hierbei geht es über in „Hydratopektin", welches sich aus Araban und dem „Calcium-Magnesiumsalz der Pektinsäure" zusammensetzt. Unter Ehrlichs „Hydrato-

pektin" ist also gewöhnliches, durch Heißwasserhydrolyse erhaltenes Rohpektin zu verstehen. Aus seiner wäßrigen Lösung kann, wie Ehrlich weiter
beschreibt, durch 70%igen Alkohol das „Calcium-Magnesiumsalz der Pektinsäure", das nach heutiger Formulierung ein von Hemicellulosen zum Teil
befreites Pektin ist, ausgefällt werden. Durch Behandeln mit Alkohol und Salzsäure wird dieses dann in „Pektinsäure" übergeführt, worunter aber nicht dieselbe Substanz zu verstehen ist, die wir heute mit Pektinsäure bezeichnen. Sie
ist nach unseren heutigen Auffassungen vielmehr ein von Salzen weitgehend
befreites Pektin, das als solches noch Methoxylgruppen trägt. Nach Ehrlich
ist ihr Hauptbestandteil die „Tetragalakturonsäure", die mit Methylalkohol
verestert ist, und außerdem noch an anderen Stellen mit Arabinose, Galaktose
und Essigsäure verknüpft ist. Die „Pektinsäure" Ehrlichs zerfällt durch Total-
hydrolyse nach folgender Gleichung:

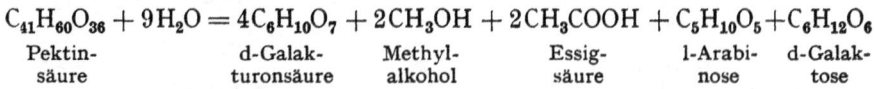

$$C_{41}H_{60}O_{36} + 9H_2O = 4C_6H_{10}O_7 + 2CH_3OH + 2CH_3COOH + C_5H_{10}O_5 + C_6H_{12}O_6$$

Pektin-säure	d-Galak-turonsäure	Methyl-alkohol	Essig-säure	l-Arabi-nose	d-Galak-tose

Sie ist also chemisch eine Dimethoxy-diacetyl-Arabino-Galakto-Tetragalak-
turonsäure. Ihr Grundkörper, die Tetragalakturonsäure, ist Ehrlichs Brutto-
analysen und kryoskopischen Molekulargewichtsbestimmungen zufolge eine
aus 4 Molekülen d-Galakturonsäure bestehende Säure. Ursprünglich unterschied Ehrlich zwischen der „Tetragalakturonsäure a, b und c". Später faßte
er die Tetragalakturonsäuren a und c unter der Bezeichnung „Pektolsäure" zusammen und gab der „Tetragalakturonsäure b" den Namen „Pektolaktonsäure". Die letztgenannten Säuren sind schließlich weiter aufspaltbar zur
einfachen d-Galakturonsäure. Der „Pektolsäure" gab Ehrlich die nachstehend
abgebildete Gestalt eines großen Ringes, in dem die 4 Moleküle d-Galakturon-

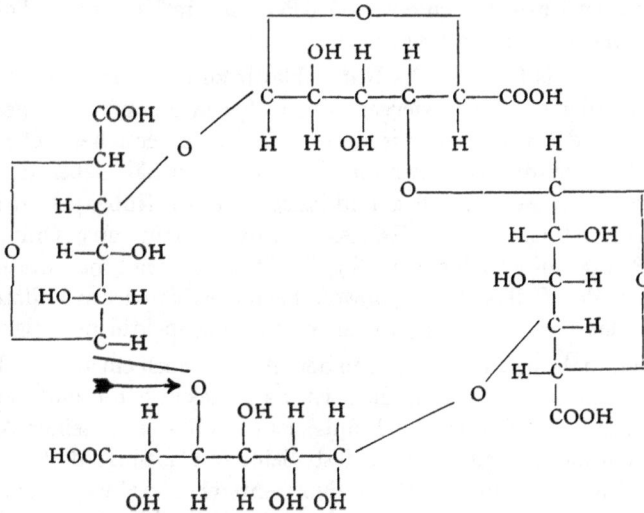

Pektolsäure

säure mittels ihrer Aldehydgruppen ($-C{<}^{O}_{H}$ Gruppen) in glucosidartiger Bindung untereinander verknüpft sind.

In ihrem Abbauprodukt, der „Pektolaktonsäure", ist dieser Ring an der mit dem Pfeil bezeichneten Stelle bereits aufgespalten und eine offene Kette entstanden, die sich ebenfalls aus 4 Molekülen d-Galakturonsäure zusammensetzt.

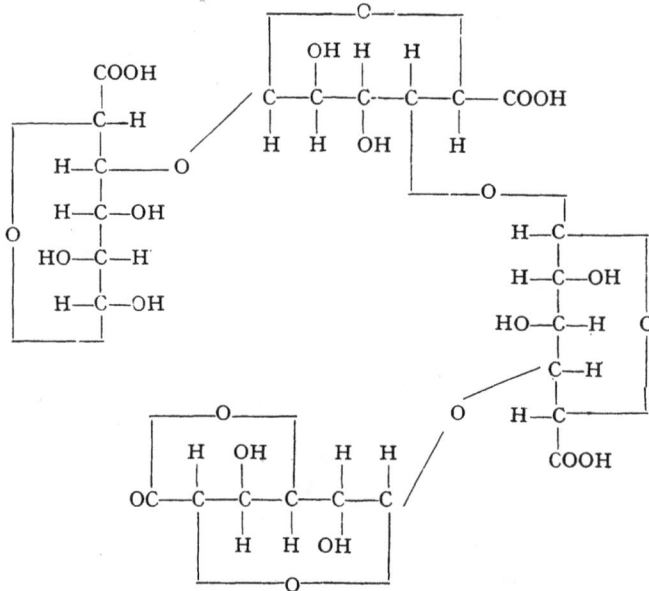

```
                              ┌──────O──────┐
                              │  OH  H   H  │
         COOH                 C──C──C──C──C── COOH
          │               ╱   │  │  │  │  │
          C—H            ╱     H  H  OH │  H
   ┌──────│             ╱                 │
   │   H—C──────O                    ┌───O───┐
   │   H—C—OH                            H—C────┐
   O      │                              │      │
   │   HO—C—H                            H—C—OH  │
   │   H—C—OH                         HO—C—H   O
   └──────┘                              │      │
                                         C—H    │
                 ┌──────O──────┐     O   H—C────┘
                 │  H  OH  H  H │      ╱   │
              OC—C──C──C──C──C  ╱      COOH
                 │  │  │  │  │ ╱
                 H  H  OH      
                 └──────O──────┘
```

Pektolaktonsäure

Später beschrieb Ehrlich noch eine „Gel-Pektolsäure", die er als Trägerin der Geliereigenschaften der Pektine ansah.

Um das Verständnis für Ehrlichs Nomenklatur zu erleichtern, sei der Verlauf seines Pektinabbaues hier wiedergegeben, wobei in Klammern angegeben ist, was heute unter den von Ehrlich isolierten Stoffen zu verstehen ist[46]) (s. S. 31). Ehrlichs „Pektinsäure" ist kein reines Pektin. Sie enthält neben der „Pektolsäure" noch Arabinose, Galaktose und Essigsäure. Im Rübenpektin fand Ehrlich durchschnittlich 12,8% Essigsäure, im Pektin aus Orangenalbedo 10,7—12,5% und im Apfelpektin 10%[47]). Heute rechnet man die Essigsäure gewöhnlich zu den Ballaststoffen, obwohl neuere Arbeiten von Vollmert[48]) ihre Bindung an das Pektinmolekül, vor allem im Rübenpektin bestätigen.

Im Flachspektin[49]) fand Ehrlich neben dem Araban noch ein anderes Pentosan, das Xylan, was durchaus verständlich ist, da dieses in Stroh und vielen Holzarten vorkommt. Im Pektin des Ramiebastes stellte er in seiner Arbeit mit Haensel[49a]) ein methyliertes Araban fest. Seine Vermutung, daß das Araban der Zellwand aus der Polygalakturonsäure entstehe, wird wegen der verschiedenen Bauart der Moleküle angezweifelt (siehe Seite 24). Der von ihm angenommene Übergang der Pektinstoffe in Lignin[50]) ist nicht bewiesen.

Pektinabbau nach Ehrlich

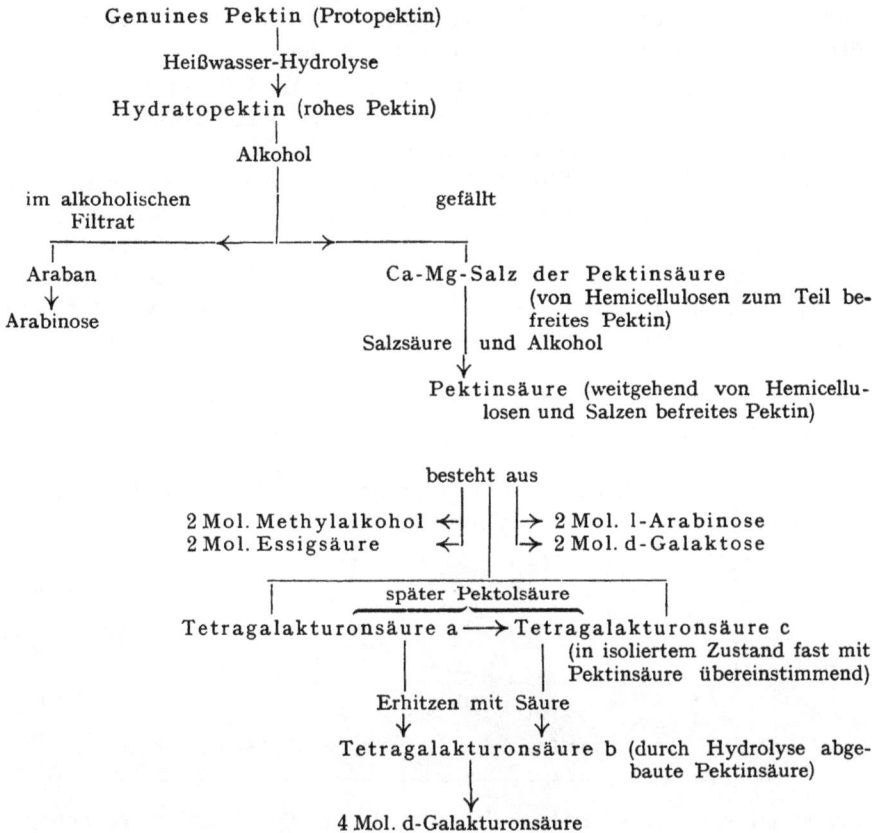

Genuines Pektin (Protopektin)
|
Heißwasser-Hydrolyse
↓
Hydratopektin (rohes Pektin)
|
Alkohol

im alkoholischen   gefällt
Filtrat
| ←——|——→
Araban   Ca-Mg-Salz der Pektinsäure
↓   (von Hemicellulosen zum Teil be-
Arabinose   freites Pektin)
                        Salzsäure | und Alkohol
                                  ↓
                        Pektinsäure (weitgehend von Hemicellu-
                            losen und Salzen befreites Pektin)

                        besteht aus

2 Mol. Methylalkohol ←—| |—→ 2 Mol. l-Arabinose
2 Mol. Essigsäure   ←—| |—→ 2 Mol. d-Galaktose

                     später Pektolsäure

Tetragalakturonsäure a ——→ Tetragalakturonsäure c
            | (in isoliertem Zustand fast mit
            | Pektinsäure übereinstimmend)
        Erhitzen mit Säure
            ↓   ↓
        Tetragalakturonsäure b (durch Hydrolyse abge-
                            baute Pektinsäure)
            ↓
        4 Mol. d-Galakturonsäure

Von den Eigenschaften und Reaktionen seiner „Pektinsäuren", unter denen
Ehrlich höher und niedriger methoxylierte unterscheidet (4,1—10,1% Methylalkohol), gibt Ehrlich u. a. ihr spezifisches Drehungsvermögen für das polari-
sierte Licht an, das mit dem Gehalt an Galakturonsäure von $[\alpha]_D = +110°$
bis $+240°$ wächst. Er beschreibt ihre Löslichkeit im Wasser, ihre schwach
saure Reaktion, ihre Gallertbildung mit Kalk- oder Barytwasser und ebenso
das Entstehen von Gallerten mit Bleizucker, Bleiessig und Uranylacetat. Mit
Erdalkalisalzen geben sie keine Niederschläge. Nach dem Erhitzen mit Mineralsäuren und Neutralisieren wirken sie stark reduzierend auf Fehlingsche Lösung
(Mischung einer Lösung von Cuprisulfat mit einer Lösung von Kaliumnatriumtartrat und Natronlauge). Die Naphthoresorcinreaktion auf Uronsäure und die
Bildung von Schleimsäure mit konzentrierter Salpetersäure wurden bereits
erwähnt. Bei der Destillation mit Salzsäure entsteht Furfurol. Für die freie,
ungebundene Galakturonsäure, das Endglied des Pektinabbaues, fand Ehrlich
eine neue spezifische Reaktion, die in der Bildung eines intensiv rotgefärbten
Niederschlages durch Erhitzen mit Bleiessig besteht. (Näheres hierüber siehe
im Kapitel „Nachweis und Analyse des Pektins".)

Gleichzeitig mit dem Studium der Pektine selbst befaßte sich Ehrlich auch eingehend mit den auf das Pektin einwirkenden Fermenten, der Pektase und der Pektinase, die aber erst später behandelt werden sollen.

Ein Gegenstück und eine Ergänzung zu Ehrlichs Werk lieferten die ebenfalls sehr umfangreichen Arbeiten des bereits erwähnten zeitgenössischen Forschers S m o l e n s k i[51]) und seines Schülerkreises. Smolenski kam im Laufe seiner Studien, unabhängig von Ehrlich, im großen und ganzen auf die gleichen Ergebnisse. Seine Vorstellung vom Aufbau des Pektinmoleküls nähert sich jedoch mehr der heutigen Auffassung. Bei ihm besteht das Kernstück des Pektinmoleküls nicht aus einer ringförmigen, aus 4 Galakturonsäureresten aufgebauten Tetragalakturonsäure bzw. Pektolsäure, sondern aus einem weit größeren Körper, der Polygalakturonsäure, der er folgende Formel zuschreibt.

$$\left[\begin{array}{cc} C_5H_8O_4 - O - C_5H_7O_3 \\ | \qquad\qquad | \\ COOH \qquad COOH \end{array} \right] - O - \left[\begin{array}{cc} C_5H_7O_3 - O - C_5H_7O_3 \\ | \qquad\qquad | \\ COOH \qquad COOH \end{array} \right] - O - \text{ usw.}$$

Unter Anwendung der Galakturonsäureformel von Haworth gibt er seiner Polygalakturonsäureformel auch folgende Form:

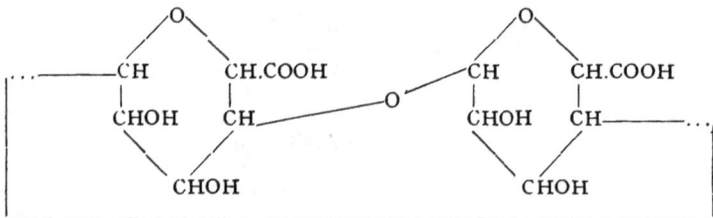

Smolenski war also der erste, welcher im Pektin eine Substanz von höherem Polymerisationsgrad vermutete. Unter dem Polymerisationsgrad versteht man die Anzahl der Grundmoleküle, also hier der Galakturonsäurereste, die das Makromolekül enthält.

M e y e r und M a r k[52]), welche Röntgenanalysen an Pektinfäden ausführten, kamen dann zu dem Schluß, daß der Grundkörper der Pektinstoffe nicht aus einer ringförmig gebauten Substanz, sondern aus Galakturonsäureketten gebildet würde. In diesem Sinne sprachen auch die Ergebnisse der Röntgenuntersuchungen an Pektinen und Pektinesterfäden von C o r b e a u und B u r g e r s[53]). Die Amerikaner M o r e l l, B a u r und L i n k[54]) zeigten durch Methylierung und Endgruppenbestimmungen, daß die Polygalakturonsäure aus mindestens 10 Galakturonsäuregliedern bestehen müsse.

Zur Aufstellung der heute gültigen Pektinformel kam es dann durch S c h n e i d e r und B o c k[8]) in Hengleins Laboratorium in Karlsruhe. Schneider und Bock wählten die mit Salpetersäure gebildeten Nitroester des Pektins zum Gegenstand ihrer Untersuchungen. Schon H e n g l e i n und S c h n e i d e r[55]) sowie S c h n e i d e r und Z i e r v o g e l[56]) hatten gefunden, daß die Veresterung der OH-Gruppen der Pektinstoffe ein geeignetes Verfahren darstellt, dieselben von den begleitenden Pentosanen zu trennen und sie somit einer genaueren Prüfung

zugänglich zu machen. Sie hatten die Film- und Fadenbildung dieser Ester beschrieben, die der bisher immer noch weitgehend anerkannten Vorstellung Ehrlichs vom Bau des Pektinmoleküls widersprach. Schneider und Fritschi[57]) bewiesen dann das Vorliegen von großen Fadenmolekülen mit weit geringerer Streckung als bei der Cellulose in den Nitroestern. Sie belegten quantitativ, daß sie im wesentlichen aus Ketten von nitrierten Galakturonsäuren, deren COOH-Gruppen teilweise mit Methylalkohol verestert sind, bestehen, und deren Molekulargewicht je nach Herkunft und Behandlungsart zwischen 20 000 bis weit über 100 000 schwankt. Durch wiederholtes Umfällen der Pektinstoffe in Alkohol von sinkender Konzentration erhielten Schneider und Bock einzelne Pektinfraktionen, die sie auf Galakturonsäure und Methoxylgehalt analysierten, und an denen sie nach der Nitrierung Molekulargewichtsbestimmungen durch Viskositätsmessungen in Acetonlösung durchführten. Es gelang ihnen dadurch nachzuweisen, daß die Pektinsäure Ehrlichs nicht die von diesem angenommene einheitliche Formel $C_{41}H_{60}O_{36}$ besitzen kann. Ihre Analysenwerte ergaben, daß Fällung in 70%igem Alkohol keine Abscheidung von den Pentosanen bewirkt, sondern daß hierdurch lediglich eine Trennung nach Molekülgrößen stattfindet, was die Ursache dafür ist, daß die größeren Arabane mit dem Pektin ausgefällt werden und fälschlich in die Formel Ehrlichs mit eingingen. In diesem Zusammenhang weisen sie auf die Versuche von T. K. Gaponenkow[58]) hin, der feststellte, daß in 70%igem Alkohol nur Arabane von einer Molekülgröße von 6000—7000 löslich sind. Durch weitere Reinigung mit Alkohol bis auf eine Verdünnung von etwa 50% herab konnten Schneider und Bock die Pentosane bis auf ein Minimum entfernen. Überdies hatte es sich gezeigt, daß die technischen Pektinsorten, welche durch Säurehydrolyse gewonnen wurden, schon nach dem Umfällen in 70%igem Alkohol nahezu frei von Pentosanen sind, da letztere sehr säureempfindlich sind. Es bestand somit für sie kein Grund mehr, die Pentosane als Bestandteil des Pektinmoleküls zu betrachten. Auch Ehrlichs Annahme, daß Essigsäure darin enthalten wäre, wurde von ihnen stark in Zweifel gezogen, da sie es für möglich hielten, daß sie von festanhaftenden Verunreinigungen herrührte oder durch brutale Verseifungsmethoden entstanden war. Schneider und Bock verwandten für ihre Untersuchungen nur gut gelierende, einwandfreie Pektinpräparate aus Citrus-, Orangen- und Apfeltrestern sowie von Opekta und lehnten die von Ehrlich hauptsächlich am Rübenpektin vorgenommenen Messungen entschieden ab, weil aus dem in der Zellwand fest verankerten Rübenpektin nur stärker abgebaute Produkte zu erhalten waren, die keine wesentliche Gelierkraft mehr zeigten. Auf diese unterschiedliche Wahl der Untersuchungsobjekte ist die gegensätzliche Haltung gegenüber dem Essigsäuregehalt der Pektinstoffe zurückzuführen, denn die Essigsäure wird hauptsächlich im Rübenpektin gefunden (s. Seite 39).
Die Summe der in Hengleins Laboratorium ausgeführten Arbeiten veranlaßte Schneider und Bock zur Aufstellung der folgenden, heute gültigen Formel der Pektinstoffe, die eine Galakturonsäurekette darstellt, deren Carboxylgruppen zu 75% verestert sind, und mit deren Gestalt die wichtigsten Eigenschaften der Pektinstoffe in Einklang zu bringen sind.

COOCH₃ ... the chemical structure (pectin polygalacturonic acid chain):

COOCH$_3$ H OH   COOH   H OH

—O—   O   H H   OH H   —O—   O   H H   OH H   —O—
     H   OH H   H   OH H
     OH H   —O—   OH H   —O—
H   O   H   O
H   OH   COOCH$_3$ H   OH   COOCH$_3$

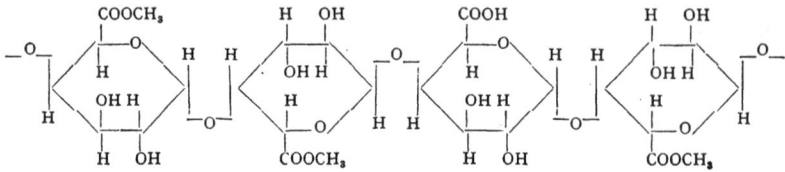

Molekülgröße, Grad und Veresterung mit Methylalkohol und Art und Menge der Ballaststoffe stellen die drei Faktoren dar, die diese Eigenschaften bestimmen und die in ihrer vielfältigen Kombination der Verschiedenheit der Pektinstoffe in der Natur gerecht werden.

Das Molekulargewicht, das von mehreren 100000 bis 20000 schwankt, ist von entscheidender Bedeutung für die Faden- und Filmbildung und für die Gelierfähigkeit[59]). Mit seinem Steigen und Fallen verbessern und vermindern sich die genannten Eigenschaften. Erreicht es Werte von 100000 und mehr, so erhält man gute Gele, während sich bei 50000 nur noch mittelfeste Gele herstellen lassen und bei 15000 bis etwa 20000 die Gelierkraft verlorengegangen ist.

Der Veresterungsgrad, der durch fermentative Einwirkung oder durch Hydrolyse verändert werden kann, beeinflußt die Löslichkeit der Pektinstoffe in Wasser in dem Sinne, daß völlig entestertes Pektin, die Pektinsäure, darin unlöslich wird. Die Ballaststoffe endlich, worunter hauptsächlich die Pentosane zu verstehen sind, die nur durch wiederholtes Umfällen in Alkohol oder durch Säurehydrolyse zu entfernen sind, bedingen die verschiedenen früher erhaltenen Analysenwerte und die Unterschiedlichkeit der Pektinstoffe in der Natur.

Die von Schneider und Bock vorgeschlagene Nomenklatur bringt zum erstenmal Ordnung in die bisher verwirrenden Aussagen der Pektinchemie und gibt in wenigen einfachen Bezeichnungen eine klare Übersicht über die verschiedenen Pektinstoffe und ihre Eigenschaften. Nach ihr sind Pektinstoffe die technischen Pektinprodukte, die noch Begleitstoffe enthalten, während als Pektin nur die der Formel entsprechenden reinen Pektinstoffe, d. h. methylierte Polygalakturonsäure anzusehen ist. Unter Pektinsäure verstehen sie die stark sauer reagierenden Polygalakturonsäuren, die weitgehend oder vollständig von Methylalkohol befreit sind, und unter Hydropektin die durch Säurehydrolyse abgebauten Pektinstoffe geringeren Molekulargewichtes, zu denen Ehrlichs Pektolsäure und Pektolaktonsäure zählen. Diese Namengebung bildete die Grundlage für die heute gültige Nomenklatur, die auf Seite 35 ausführlich wiedergegeben ist und der sie weitgehend entspricht.

Gleichzeitig wie Schneider und seine Mitarbeiter haben sich in Amerika vor allem Link und Levene und in England Hirst und Mitarbeiter erfolgreich um die Aufklärung des Baues des Pektinmoleküles bemüht.

34

III. Heutiger Stand der wissenschaftlichen Erkenntnisse

A. Klassifikation

1. Nomenklatur

Die Fortschritte in der Pektinchemie haben ihren Ausdruck in der neuen Nomenklatur der Pektinstoffe gefunden, welche 1944 von einem Komitee amerikanischer Forscher veröffentlicht wurde[60]) und die auch von namhaften europäischen Wissenschaftlern vorgeschlagen und anerkannt wird[24,193]).

Nach dieser heute gültigen Nomenklatur werden die Pektinstoffe mit folgenden, in deutscher und englischer Sprache angeführten Bezeichnungen charakterisiert.

Bezeichnung	Bedeutung
Pektinstoffe (pectic substances)	Sammelbezeichnung für alle in der Nomenklatur des Pektins genannten Stoffe. Ein Produkt, das mehr oder weniger reich an Polygalakturonsäure ist.
Protopektin (protopectin)	Wasserunlösliche, im pflanzlichen Gewebe in unbekannter Weise verankerte Pektinstoffe. Bildet durch Hydrolyse Pektin.
Pektin (pectinic acid, pectin)	Partiell (oder total) mit Methylalkohol veresterte Polygalakturonsäure.
Pektinate (pectinates)	Salze des Pektins.
Pektinsäure (pectic acid)	Unveresterte Polygalakturonsäure (höchstens 0,8% Methoxylgruppen).
Pektate (pectates)	Salze der Pektinsäure.

Bemerkungen zur Nomenklatur

Die neue Nomenklatur gibt für die Bezeichnungen der in ihr angeführten Stoffe folgende ausführliche Erklärung:

„Pektinstoffe (pectic substances) ist eine Gruppenbezeichnung für jene komplexen kolloidalen Kohlenhydrat-Derivate, die in Pflanzen vorkommen oder aus Pflanzen bereitet sind und einen großen Anteil von Anhydrogalakturonsäure-Einheiten enthalten, die man sich in kettenartiger Vereinigung vorstellt. Die Carboxylgruppen der Polygalakturonsäuren können teilweise mit Methylgruppen verestert sein und teilweise oder völlig durch eine oder mehrere Basen neutralisiert sein."

Wie ersichtlich, fordert diese zusammenfassende Definition für alle in der Nomenklatur aufgeführten Stoffe einen kolloidalen Charakter, womit gesagt ist, daß sie ein hohes Molekulargewicht besitzen müssen. Büßen sie durch Abbau wesentlich an Kettenlänge ein, z. B. unter einen Polymerisationsgrad von 50 (s. Seite 32), so verlieren sie die Zugehörigkeit zu der Gruppe der Pektinstoffe. Man nennt sie dann gewöhnlich abgebaute Pektinstoffe.

In bezug auf die Ballastsubstanzen, z. B. Galaktane oder Arabane, welche die Pektinstoffe häufig begleiten, ergibt sich, daß diese, wiewohl sie einen gewissen Anteil an den Pektinstoffen ausmachen können, nicht zu ihnen gerechnet werden.

Der Ausdruck „Protopektin" (protopectin) wird in wörtlicher Übersetzung erklärt als: „Wasserunlösliche Pektin-Muttersubstanz, die in Pflanzen vorkommt und bei beschränkter Hydrolyse Pektin (pectin or pectinic acids) ergibt."

Hierzu muß bemerkt werden, daß man im deutschen Sprachgebrauch für das Produkt dieser beschränkten Protopektinhydrolyse nur den Namen „Pektin" kennt, während die englische und amerikanische Literatur zwischen „pectinic acids" und „pectin" unterscheidet.

Die Definitionen hierzu lauten:

„Der Ausdruck ‚pectinic acids' wird gebraucht für kolloidale Polygalakturonsäuren, die mehr als einen zu vernachlässigenden Teil von Methylestergruppen enthalten. Pectinic acids sind unter geeigneten Bedingungen fähig, Gele mit Zucker und Säure zu bilden, oder, wenn sie entsprechend niedrigen Methoxylgehalt besitzen, solche mit gewissen Metallionen. Die Salze der pectinic acids sind entweder neutrale oder saure Pektinate."

„Der allgemeine Ausdruck ‚pectin' oder ‚pectins' bezeichnet jene wasserlöslichen ‚pectinic acids' von wechselndem Methylestergehalt und Neutralisationsgrad, die fähig sind, Gele mit Zucker und Säure unter geeigneten Bedingungen zu bilden."

Mit dem Ausdruck „pectinic acids" bezeichnet man vorzugsweise wohldefinierte Pektinpräparate, die relativ frei von Ballaststoffen sind. Es wird darauf hingewiesen, daß alle handelsüblichen unverdünnten „pectins" „pectinic acids" oder deren Salze sind (durch die Säurebehandlung haben sie ihre Ballaststoffe größtenteils eingebüßt), daß es aber auch „pectinic acids" gibt, die nicht als „pectins" bezeichnet werden können.

In England hat es sich eingebürgert, insbesondere die niederveresterten Pektine unter dieser Bezeichnung zu führen. „Pectin" gilt, dem Sprachgebrauch entsprechend, für alle wasserlöslichen und zuckersäuregelebildenden Produkte der Protopektinhydrolyse. Für beide genannten Ausdrücke ist in deutscher Sprache die Bezeichnung „Pektin" zu setzen.

„Das Wort ‚Pektinsäure' (pectic acid) wird für Pektinsubstanzen angewandt, die größtenteils aus kolloidaler Polygalakturonsäure bestehen und im wesentlichen frei von Methylestergruppen sind. Die Salze der Pektinsäuren (der pectic acids) sind entweder neutrale oder saure Pektate (pectates)."

36

In dem hier wiedergegebenen Übersichtsschema von Joseph[61]) ist die Nomenklatur der Pektinstoffe übersichtlich dargestellt.

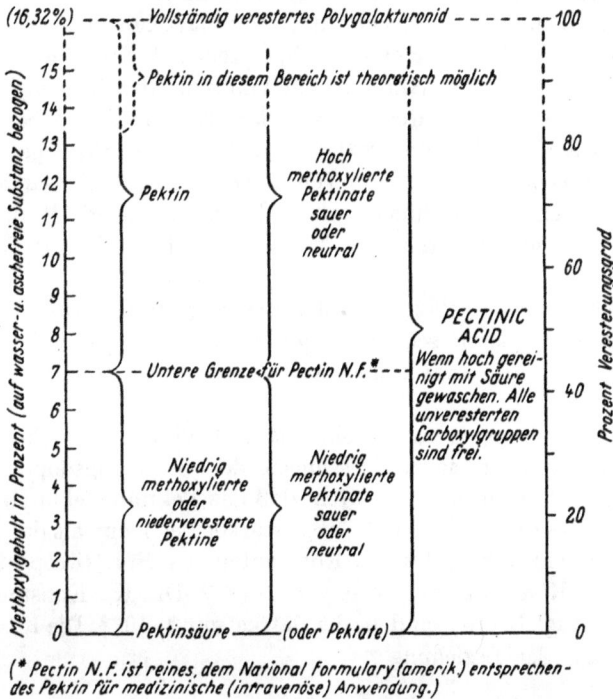

(*Pectin N.F. ist reines, dem National Formulary (amerik.) entsprechendes Pektin für medizinische (intravenöse) Anwendung.)

Abb. 1. Nomenklatur und Methoxylgehalt bzw. Veresterungsgrad der Pektinstoffe. (Joseph)

2. Die chemische Konstitution des Pektins

Die Strukturformel des Pektins wird heute allgemein in der von Schneider und Bock[8]) aufgestellten Form wiedergegeben.

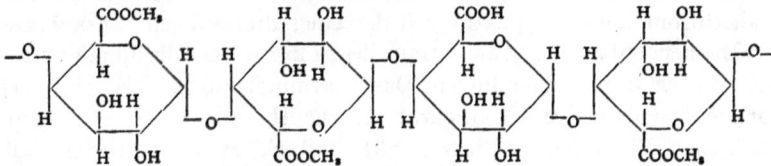

Daneben wird auch folgende Schreibweise benutzt[63a]), durch welche zum Ausdruck gebracht wird, daß die einzelnen Ringe gegeneinander gedreht sind, d. h. in verschiedenen Ebenen liegen.

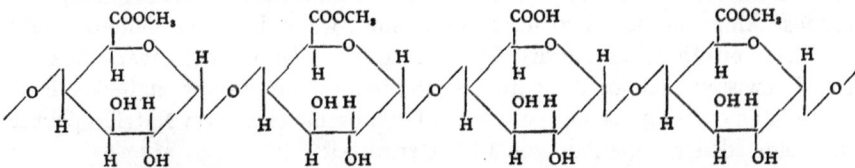

37

Die Molekülkette besteht nach der heutigen Auffassung aus Anhydro-galakturonsäuregliedern, die Pyranose-Konfiguration besitzen und α-glucosidisch zwischen den Kohlenstoffatomen 1 und 4 verknüpft sind [62—63a]). Die Carboxylgruppen sind meist nur teilweise mit Methylalkohol verestert. Damit besitzt das Pektin den Charakter einer hochpolymeren Säure, die wegen der fadenförmigen Struktur ihres Makromoleküles im Sinne der Staudingerschen Namengebung zu den heteropolaren Linearkolloiden zählt. Die Arbeiten, welche für den hochpolymeren Bau des Pektins und für die fadenförmige Struktur seines Moleküls sprechen, wurden zum Teil bereits erwähnt. Sie fanden weitere Bestätigung durch Untersuchungen mit der Ultrazentrifuge [64, 64a]), durch Messungen der Strömungsdoppelbrechung [65, 78]) und durch zahlreiche Viskositätsmessungen [66 — 66b]).

Außer den esterartig gebundenen Methoxylgruppen enthält das Pektinmolekül auch noch eine glucosidisch gebundene Methoxylgruppe an der einzigen freien Aldehydgruppe am Ende seiner Kette, wie schon Morell, Baur und Link bewiesen [54, 67]).

Osmotische Messungen in Verbindung mit viskosimetrischen Molekulargewichtsbestimmungen sowie Messungen der Strömungsdoppelbrechung von Schneider und Mitarbeitern zeigten, daß das Pektinmolekül zwar weniger gestreckt als das Cellulosemolekül, aber stärker gestreckt als das Stärkemolekül ist. Dies drückt sich in der K_m-Konstanten aus. Für Nitropektin ermittelten sie eine K_m-Konstante im Werte von $6 \cdot 10^{-4}$. Die K_m-Konstante von Nitrocellulose beträgt $10 \cdot 10^{-4}$ und die der Stärke nur $1 \cdot 10^{-4}$. Die K_m-Konstante ergibt sich aus der Beziehung

$$\frac{\eta_{sp}}{c_{gm}} = K_m \cdot \text{Molekulargewicht}$$

Näheres über diese Gleichung siehe Seite 138—140; über η_{sp} siehe Seite 134. Genaueren Einblick in den Feinbau des Pektinmoleküls hat man durch Deutung der Röntgendiagramme von Natriumpektatfäden und Pektinfäden erhalten [68]). Auf diesem Wege konnte besonders durch die Arbeiten von Palmer und seinen Mitarbeitern [69]) an Pektinfäden gezeigt werden, daß die Symmetrie der Galakturonidkette im Pektin sich der einer dreizähligen Schraubenachse nähert. Die benachbarten Pyranoseringe liegen in Ebenen, die annähernd einen Winkel von 90° miteinander bilden. Das Pektinmolekül hat also eine serpentinenartige (wendelartige) Konfiguration. Die thermische Rotation um die glucosidischen Bindungen ist beschränkt und erklärt die Tatsache, daß das Pektinmolekül ziemlich starr ist. Die Identitätsperiode im Pektinmolekül beträgt 13 Å, d. h. jeweils nach diesem Abstand, der 3 Grundglieder einschließt, wiederholen sich diese in der gleichen Anordnung. Der Wert von 13 Å liegt zwischen dem Maximalwert von 10,4 Å, der beobachtet wurde, wenn zwei Pyranose-Ringe in der Identitätsperiode sind, wie z. B. in der Cellulose, und dem Wert von 15,2 Å, wenn drei Pyranoseringe in der Identitätsperiode sind, wie bei gewissen Cellulosederivaten. Auch hieraus geht hervor, daß das Pektinmolekül nicht so gestreckt ist wie das Cellulosemolekül. (Im Natriumpektat wurde eine Identitätsperiode von 13,1 Å ermittelt.)

3. Das Molekulargewicht

Für das Molekulargewicht, das bei hochpolymeren Stoffen absolut nur schwer zu bestimmen ist, werden verschiedene Werte angegeben. Da die Pektinlösungen polydispers sind, d. h. Moleküle verschiedener Größe enthalten, führen die Messungen meist nur zu mittleren Molekulargewichten. Henglein und Schneider fanden Molekulargewichte von 20000 bis 200000, Svedberg und Gralén[64]) durch Messungen mit der Ultrazentrifuge 25000 bis 50000, Saeverborn[64a]) 40000 bis 400000, Owens und Mitarbeiter[66a]) durch Viskositätsmessungen neuerdings 23000 bis 71000. Die geringe Größe der zuletzt genannten Werte im Vergleich zu den von Schneider und Bock angegebenen wird von Owens und Mitarbeitern dadurch erklärt, daß die Herstellung des Pektinnitrates, welches Schneider und Bock benutzten, einen Verlust an niedermolekularen Substanzen verursachen kann und daß die Viskositätsmessungen der Nitratlösungen durch geringe Mengen polyvalenter (mehrwertiger) Kationen stark beeinflußt sein können.

Besonders hohe Molekulargewichte fand man bei Zitronen-, Apfel- und Preißelbeerpektin[70]).

4. Die Ballaststoffe

Wie schon mehrfach erwähnt, versteht man unter den Ballaststoffen die das Pektin begleitenden Pentosen und Pentosane, die nicht zum Pektinmolekül gerechnet werden, da man sie im allgemeinen nicht als hauptvalenzmäßig verknüpft ansieht. In bezug auf das Flachspektin vertreten Lüdtke und Felser[71]) jedoch erneut die Ansicht, daß hier Arabinose mit dem Pektinmolekül durch Hauptvalenzen verbunden ist. Das gleiche nimmt Speiser für Araban und Galaktan im Apfelpektin an[5]). Auch die Essigsäure zählt man nicht zum Pektinmolekül. Ehrlich hatte relativ hohe Werte für Essigsäure gefunden (siehe S. 30), Schneider und Bock setzten später starke Zweifel in diese Befunde. Neuere Mitteilungen von Vollmert[48]) und Henglein[72]) bestätigen jedoch, daß Flachs- und Rübenpektin, desgleichen auch Apfel- und Zitronenpektin Acetylgruppen enthalten. Hiernach enthält Apfelpektin 0,3—0,4% Acetyl, Rübenpektin 6%, und es gilt als Voraussetzung für die Gelierkraft, daß der Acetylgehalt kleiner als 0,5% ist. Auch Pippen, McCready und Owens[73]) beweisen den schädigenden Einfluß der Acetylgruppen auf die Gelierkraft. Henglein[72]) bestimmte auch 0,1—0,3% Phosphorsäure in Pektin. Durch die neuen Befunde ist wieder eine Verbindung mit den diesbezüglichen Auffassungen Ehrlichs hergestellt worden. Die hauptvalenzmäßige Verknüpfung der Ballaststoffe wird als Rest der Protopektinverankerung gedeutet[24]).

5. Das Protopektin

Das Protopektin ist wahrscheinlich durch Ester- oder durch Salzbindungen noch eng an die übrigen Zellwandbestandteile gekettet. So nehmen Pallmann, Weber und Deuel für seine Verankerung im einzelnen folgende Möglichkeiten an[74]):

1. Mechanische Vernetzung (Verfilzung) der fadenförmigen Makromolekel des Pektins untereinander.

2. Mechanische Verfilzung der Pektinmolekel mit andern Hochpolymeren der Zellwand (Cellulose, Hemicellulosen, Lignin).
3. Esterbindungen zwischen den Carboxylen des Pektins mit alkoholischen Hydroxylen anderer Zellwandkonstituenten (Cellulose, Hemicellulose, Lignin).
4. Laktonbindungen innerhalb der verknäuelten Pektinmolekel.
5. Salzbindungen zwischen Carboxylen des Pektins und basischen Gruppen der Eiweiße.
6. Mehrwertige Ionenbrücken (Mg, Ca, Fe) zwischen Carboxylen der verknäuelten Pektinmolekel oder zwischen verschiedenen Pektinhauptvalenzketten.
7. Nebenvalenzbindungen (lose Sorptionen, H-Brücken, Hydratationsüberschneidungen, Molkohäsion usw.) zwischen Pektinmolekeln untereinander oder mit den übrigen Zellwandstoffen.

Durch Hydrolyse mit Säuren oder Alkalien werden diese Bindungen oder Vernetzungen gelöst. Eine eindeutige Aussage über die Veränderungen, die das Protopektinmolekül hierdurch erleidet, kann, solange man seinen genauen Bau nicht kennt, nicht gemacht werden. Jedenfalls findet aber bei der Behandlung des Protopektins mit Säure eine Entfernung der Ballaststoffe statt, mit der gleichzeitig ein geringer Verlust an Methoxylgruppen einhergeht. Bei der Alkalibehandlung bilden sich direkt Pektate. Geschieht die Hydrolyse unter schonenden Bedingungen, so findet kein nennenswerter Abbau der Pektinkette statt.

B. Die Eigenschaften der Pektine

1. Aussehen und Löslichkeit

Die Pektine, welche durch Hydrolyse aus dem Protopektin erhalten werden, sind in getrocknetem Zustande und zerkleinertem Zustande grobe bzw. feine Pulver von gelblich-weißer, bräunlicher oder auch grauer Farbe. Sie sind fast geruchlos und fühlen sich auf der Zunge schleimig an. Sie sind bis zu einer Konzentration von etwa 5% in kaltem und warmem Wasser unter Bildung von hochviskosen kolloidalen, opaleszierenden Lösungen löslich. Der pH-Wert einer 1%igen Lösung eines reinen Pektins von etwa 8—11% Methoxylgehalt beträgt etwa 3—4.

Die Löslichkeit der Pektine in Wasser wächst mit zunehmendem Veresterungsgrad und mit abnehmendem Polymerisationsgrad, d. h. von zwei Pektinen gleicher Kettenlänge ist das stärker veresterte und von zwei Pektinen gleichen Veresterungsgrades ist dasjenige mit der geringeren Molekülgröße leichter löslich. Rührt man reines, fein pulverisiertes Pektin langsam in Wasser ein, oder befeuchtet man es vor der Wasserzugabe mit etwas Alkohol oder Glyzerin, so löst es sich ohne Klumpenbildung. Auch durch vorheriges Verreiben mit der drei- bis vierfachen Menge Zucker kann man seine Wasserlöslichkeit verbessern. Unterschreitet der Methoxylgehalt des Pektins 3 bis 4%, so wird es wasserunlöslich. In 50%igem oder höher prozentigem Alkohol sowie in den meisten anderen organischen Lösungsmitteln ist Pektin unlöslich. In Glyzerin ist es quellbar oder löslich. Ein gutes Pektin soll nicht mehr als 4% Gesamtasche und nicht mehr als 0,5% säureunlösliche Asche enthalten. Der Feuchtigkeitsgehalt soll nicht mehr als 10% betragen[75]).

2. Die Viskosität

Die Viskosität wäßriger Pektinlösungen ist von verschiedenen Faktoren, von Konzentration, Kettenlänge, Veresterungsgrad, Elektrolytzusätzen und Temperatur, mehr oder weniger stark abhängig. Man erklärt dies durch die unterschiedliche Verknäuelung bzw. Streckung des Pektinmoleküles, durch seine wechselnde Ladung und Wasserbindung und durch die verschieden starken Kräfte, die zwischen den Makromolekülen wirksam sein können. Die Viskosität wird gewöhnlich durch die Zähigkeitszahl ausgedrückt.

$$\text{Zähigkeitszahl} = \frac{\text{spezifische Viskosität}}{\text{Pektinkonzentration}}$$

(siehe Seite 134).

Was die Konzentration betrifft, so erhält man bei mittleren Größen, in etwa 0,5%iger Pektinlösung, die geringsten Werte für die Zähigkeitszahl. Steigert man die Konzentration über diese Größe hinaus, so nimmt die Zähigkeitszahl wegen des zunehmenden Einflusses der Pektinmoleküle aufeinander zu; verringert man sie, so steigt die Zähigkeitszahl ebenfalls, weil die Dissoziation vermehrt wird, d. h., die Moleküle laden sich dabei stärker auf. Der letztgenannte Anstieg bei Verringerung der Konzentration kann durch Zugabe von Elektrolyten weitgehend ausgeschaltet werden.

Über den wichtigen Einfluß der Kettenlänge auf die Viskosität der Pektinlösungen wurde bereits in dem vorhergehenden Kapitel gesprochen. Je größer die in der Lösung vorhandenen Moleküle sind, desto größer ist die Viskosität, vorausgesetzt, daß gleiche Bedingungen vorhanden sind. Bei der Bestimmung des Molekulargewichts an Hand von Viskositätsmessungen ist streng darauf zu achten, daß immer die gleichen Bedingungen eingehalten werden und daß störende Einflüsse weitgehend ausgeschaltet sind. Auch der Veresterungsgrad ist von Bedeutung für die Viskosität. Sein Absinken bedingt eine Abnahme der Zähigkeitszahl bis zu der Grenze, an der die geringe Löslichkeit und die leichtere Ausfällbarkeit der niederveresterten Pektine in Erscheinung tritt. Von hier ab steigt die Zähigkeitszahl wieder an. Durch Elektrolytzusatz kann die Viskosität sowohl vermindert, als auch erhöht werden. Säuren und Salze verringern die Zähigkeitszahl hochveresterter Pektine. Bei niederveresterten Pektinen bewirkt Salzzusatz eine Erhöhung der Zähigkeitszahl, mit der sich die beginnende Koagulation schon frühzeitig bemerkbar macht. Versuche mit Pektinen verschiedenen Veresterungsgrades bei wechselndem pH zeigten, daß die Viskosität der Pektine bei etwa pH 6 am größten ist, wenn die Einstellung des pH durch Säure oder Lauge vorgenommen wird. Pektine mit niedrigem Veresterungsgrad weisen ein Minimum der Viskosität bei pH 4 auf. Die Viskositätssteigerung bei weiterer Erniedrigung des pH ist auf das beginnende Unlöslichwerden zurückzuführen. Durch den Säurezusatz wird die

Dissoziation dieser Pektine so stark zurückgedrängt, daß ihre Lösungen instabil werden[76]).

Das erwähnte Minimum bei pH 4 entsteht aber nicht bei allen niederveresterten Pektinen bei dem gleichen Veresterungsgrad. Die Art und Weise, in der die Entesterung vorgenommen wurde, spielt hier eine Rolle. Der Übergang von den Merkmalen des hochveresterten zu denen des niederveresterten Pektins tritt bei enzymatisch entesterten Pektinen schon über 8%, bei durch Säure und Lauge entesterten erst bei annähernd 6% Methoxylgehalt ein. Ausführliche Arbeiten über die Viskosität von Pektinlösungen wurden von Deuel[76]) und von Schultz, Lotzkar, Owens und Maclay[77],[77a]) durchgeführt. Das Kurvenbild (s. Abb. 2) von den letztgenannten amerikanischen Autoren zeigt den Einfluß des pH auf die Viskosität von Pektinlösungen. Die oberste Kurve zeigt das Verhalten eines hochveresterten Pektins, die zweite das der Pektinsäure, die dritte und vierte das von mit Lauge teilweise entesterten Pektinen und die beiden untersten Kurven geben das Verhalten von enzymatisch teilweise entesterten Pektinen wieder[77]).

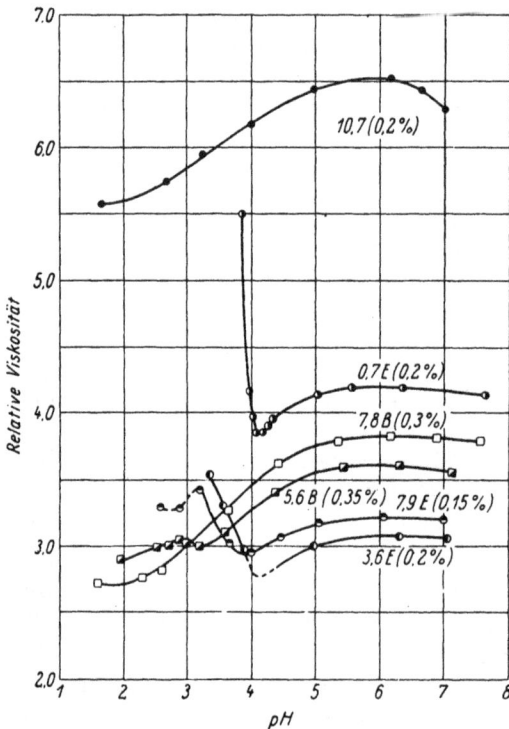

Abb. 2. Wirkung des pH auf die Viskositäten von Pektinlösungen. Die erste Zahl an den Kurven bezieht sich auf den Methoxylgehalt in Prozent, die Buchstaben auf das Entesterungsmittel (E=Enzym, B=Alkali), die zweite Zahl bezieht sich auf die Konzentration in Gewichtsprozent. (Schultz, Lotzkar, Owens u. Maclay)

In Pufferlösungen wird die Zähigkeitszahl durch die Pufferkonzentration stärker beeinflußt als durch den pH-Wert des Puffers. Durch einen Überschuß an starken Basen wird die Zähigkeitszahl vermindert. Das gleiche gilt für die Erhöhung der Temperatur. In verdünnten Pektinlösungen ist aber der Temperatureinfluß nur gering[76]).

3. Die Dissoziation

Über die Dissoziation wäßriger Pektinlösungen wurden ebenso wie über die Viskosität zahlreiche Arbeiten ausgeführt, auf die hier nicht näher eingegangen werden kann. Es sei hier nur gesagt, daß es ohne Schwierigkeiten gelingt, die Carboxylgruppen des Pektins mit Lauge zu titrieren, worauf sich auch eine analytische Bestimmung des Pektins gründet. Die Titrationskurven, die man hierbei erhält, sind denen schwacher, einbasischer Säuren ähnlich. Da das Pektin aber eine hochpolymere Säure ist, besitzt es keine bestimmte Dissoziationskonstante. Man kann deshalb nur von einer „scheinbaren Dissoziationskonstante" sprechen, und diese kann höher oder sehr häufig niedriger liegen als diejenige der Galakturonsäure, des Grundbausteins des Pektinmoleküls, deren Dissoziationskonstante bei 18^0 C im Mittel bei $3,3 \cdot 10^{-4}$ liegt. Von Deuel[76] ausgeführte potentiometrische Messungen an Pektinlösungen ergaben, daß die „scheinbare Dissoziationskonstante" mit fallender Pektinkonzentration, fallendem Veresterungsgrad und mit steigendem Neutralisationsgrad abnimmt.

4. Die optische Aktivität

Reine Pektinlösungen zeigen eine starke optische Aktivität, d. h. sie besitzen die Fähigkeit, die Schwingungsebene des polarisierten Lichtes zu drehen, und zwar drehen sie nach rechts. Die spezifische Drehung von hochpolymerisierter Pektinsäure beträgt $[\alpha]_D = + 280$ bis $+ 290^0$. (Von Ehrlich wurde die spezifische Drehung von handelsüblichem Citruspektin mit $[\alpha]_D = + 129,5^0$ angegeben.)

d-Galakturonsäure zeigt eine spezifische Drehung $[\alpha]_D = + 50,9$ bis $+ 51,9^0$.

5. Die Strömungsdoppelbrechung

Unter Strömungsdoppelbrechung versteht man die vorübergehende oder akzidentelle Doppelbrechung, die sich beim Fließen von Flüssigkeiten oder Lösungen zeigt. Sie gibt Aufschluß über die Form, Größe, Dehnbarkeit und das Aggregationsverhalten der kolloid-dispergierten Teilchen. Die neuesten Arbeiten hierüber wurden von Pilnik[78] ausgeführt. Pektin zeigt in Wasser positive Strömungsdoppelbrechung. Die Verkürzung der Pektinkette durch Enzyme oder Laugen macht sich, ebenso wie die alkalische Verseifung des Pektins, an einem Absinken der Strömungsdoppelbrechung bemerkbar. Kochsalzzusatz wirkt im gleichen Sinne. Durch Neutralisation der Carboxylgruppen und durch Reinigen des Pektins mittels Elektrodialyse wird die Strömungsdoppelbrechung erhöht. Bei Kochsalzzusatz zu niederveresterten Pektinen und Pektaten beobachtet man ein Ansteigen der Strömungsdoppelbrechung, das auf eine beginnende Koagulation zurückgeführt wird.

6. Der Einfluß von Säuren und Laugen auf das Pektin

Bei der Einwirkung von Säuren und Laugen auf das Pektin ist streng zwischen der Entesterung und dem Abbau der Molekülkette des Pektins zu unterscheiden. In beiden Fällen handelt es sich um einen hydrolytischen Vorgang. Während aber die Entesterung eine Verseifung der Methylestergruppen darstellt, besteht der Kettenabbau aus einer Sprengung der glucosidischen Bindungen zwischen den Galakturonsäuregliedern. Die unterschiedliche Natur dieser beiden Bindungsarten bedingt daher eine verschiedene Spaltungsbereitschaft gegenüber den bei der Hydrolyse gewählten Bedingungen. Sowohl die Verseifung der Methylestergruppen, als auch die Spaltung der glucosidischen

Bindungen können als Reaktionen I. Ordnung angesprochen werden, d. h. die Zersetzungsgeschwindigkeit ist in jedem Zeitpunkt der Konzentration der noch nicht umgesetzten Moleküle proportional. Die Geschwindigkeit des Abbaues bzw. der Entesterung nimmt also während der Hydrolyse laufend ab.

a) Der Einfluß von Säuren

Die Veränderungen am Pektinmolekül bei der Behandlung des Pektins mit Säure sind abhängig von der angewandten Wasserstoffionenkonzentration, der Temperatur und der Dauer der Einwirkung. Neuere Untersuchungen hierüber wurden von Weber[79]) ausgeführt. Wasserstoffionenkonzentrationen im pH-Bereich von 0,3 bis 2,8 führen bei niedriger Temperatur (40° C) auch bei längeren Reaktionszeiten (480 Std.) zu keinem nennenswerten Abbau des Pektinmoleküls. Steigert man die Temperatur auf 70—90°, so tritt insbesondere bei hohen Wasserstoffionenkonzentrationen (pH-Werten unter 1) eine sehr starke Aufspaltung der Molekülkette ein, bei pH über 1 ist sie geringer, aber schon deutlich merkbar[79]). Trotz des starken Molekülabbaues bei hohen Wasserstoffionenkonzentrationen und hohen Temperaturen hat der Abbau durch Säure bis zum Grundmolekül des Pektins, bis zur monomolekularen Galakturonsäure, bis jetzt zu keinen befriedigenden Resultaten geführt. Wahrscheinlich findet bei sehr lang ausgedehnter Hydrolyse noch eine weitere Zersetzung des Pektinmoleküles statt.

Da die Viskosität der Pektinlösungen mit der Verkürzung der Pektinmoleküle abnimmt, geben Viskositätsmessungen unter anderem ein Mittel in die Hand, den hydrolytischen Abbau besonders in seinem ersten Stadium zu verfolgen. Die nachstehenden Kurven von Weber[79]) geben ein anschauliches Bild solcher Messungen. Um den störenden Einfluß des ungleichen Veresterungsgrades der Pektinproben auszuschalten, wurden die Pektine in diesen Versuchen vor der Messung in Natriumpektat überführt (Abb. 3 u. 4).

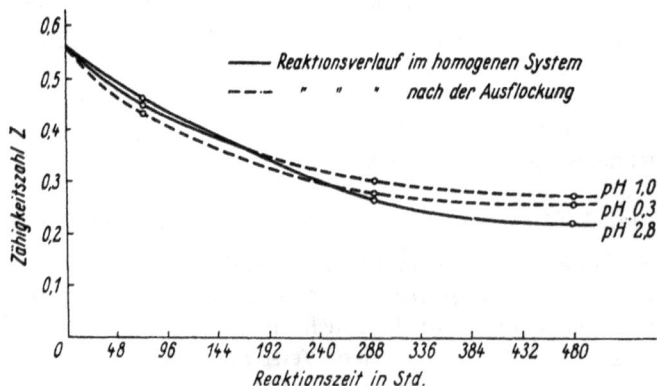

Abb. 3. Abbau von Pektin in 1%igen Lösungen bei 55°C und wechselndem pH. Vikositätsmessungen nach Überführung des Pektins in Na-Pektat (Weber). Die punktierten Linien zeigen die Ausflockung des Pektins infolge gleichzeitiger Verseifung an. Hochmolekulare Pektine werden in saurem Medium unlöslich, sobald sie einen gewissen Teil ihrer Methylestergruppen eingebüßt haben

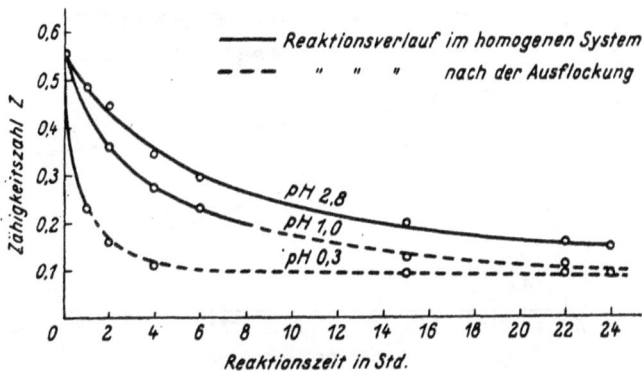

Abb. 4. Abbau von Pektin in 1%igen 'Lösungen bei 90°C und wechselndem pH. Vikositätsmessungen nach Überführung des Pektins in Na-Pektat (Weber)

Auf die Methylestergruppen des Pektins wirken Säuren im allgemeinen stärker ein als auf seine glucosidischen Bindungen. Bei hohen Wasserstoffionenkonzentrationen (pH 0,3) wird mehr verseift als bei geringeren (pH 2,8) und eine Steigerung der Temperatur wirkt sehr beschleunigend auf die Reaktion. Bei 90° und pH 0,3 sind in einer 1%igen Pektinlösung in 6 Std. 84% des anfänglich vorhandenen Esters verseift. Bei 40° und pH 2,8 konnte von Weber auch nach 480 Std. keine wesentliche Verseifung festgestellt werden. Wenn in einem guten hochveresterten Pektinpräparat, das 10—11% Methoxyl enthält, etwa 50—60% der Estergruppen verseift werden, so tritt in saurer Lösung eine Ausflockung des Pektins infolge des allmählichen Übergangs von Pektin zur Pektinsäure ein, es sei denn, daß ein gleichzeitig erfolgender Abbau das Molekulargewicht der Pektinsäure so weit erniedrigt, daß sie löslich wird. Nur hochmolekulare Pektinsäure ist unlöslich. Je größer die bei der Verseifung angewandte H-Ionenkonzentration ist, desto höher liegt im allgemeinen die Ausflockungsgrenze, da durch die Säure die Dissoziation des Pektins zurückgedrängt wird. Die unten wiedergegebenen Kurven von Weber[79] zeigen die Reaktionsbereitschaft der Estergruppen bei verschiedenem pH und wechselnden Temperaturen (Abb. 5 u. 6).

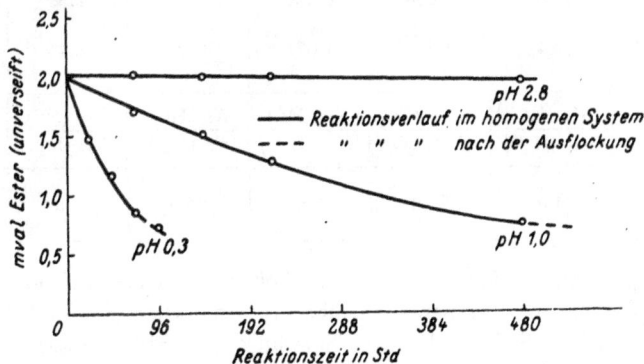

Abb. 5. Verseifung von Pektin in 1%igen Lösungen bei 40°C und wechselndem pH (Weber)

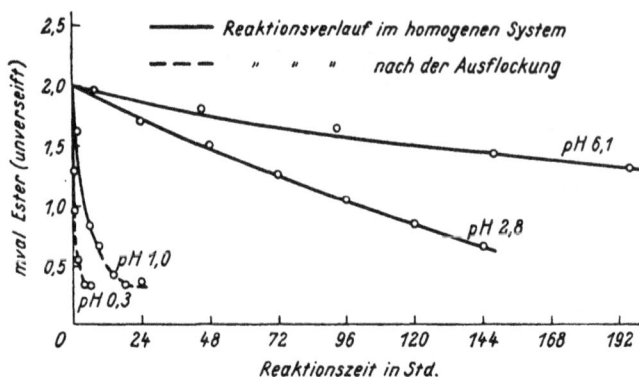

Abb. 6. Verseifung von Pektin in 1%igen Lösungen bei 90°C und wechselndem pH (Weber)

Ist die Wasserstoffionenkonzentration hoch (pH 1 und darunter), so geht die Verseifung der Estergruppen viel schneller vonstatten als die Kettenspaltung. Man kann also Pektine mit hohem Molekulargewicht und niedrigem Estergehalt durch Säurehydrolyse bei niedriger Temperatur gewinnen (s. Seite 82). Ist die Wasserstoffionenkonzentration aber geringer (pH 2,8), so nimmt die Kettenspaltung zu, und die Unterschiede in der Geschwindigkeit beider Reaktionen werden geringer.

In der folgenden Gegenüberstellung der Abbaukonstanten und der Verseifungskonstanten bei verschiedenem pH und wechselnden Temperaturen sind diese Beziehungen abzulesen.

Abbau und Verseifung des Pektins bei variablem pH und wechselnder Temperatur (Weber)

Pektin gelöst in	55°		70°		90°	
	Abbau-konstante $K_{sp} \cdot 10^3$	Verseif.-konstante $K_v \cdot 10^3$	Abbau-konstante $K_{sp} \cdot 10^3$	Verseif.-konstante $K_v \cdot 10^3$	Abbau-konstante $K_{sp} \cdot 10^3$	Verseif.-konstante $K_v \cdot 10^3$
H_2O (pH 2,8)	0,060	0,206	0,326	1,27	2,39	6,80
0,1 n HCl (pH 1)	0,242	4,53	1,07	31,5	8,44	125
	$\dfrac{K_{sp} \, (HCl)}{K_{sp} \, (H_2O)}$	$\dfrac{K_v \, (HCl)}{K_v \, (H_2O)}$	$\dfrac{K_{sp} \, (HCl)}{K_{sp} \, (H_2O)}$	$\dfrac{K_v \, (HCl)}{K_v \, (H_2O)}$	$\dfrac{K_{sp} \, (HCl)}{K_{sp} \, (H_2O)}$	$\dfrac{K_v \, (HCl)}{K_v \, (H_2O)}$
	4,0	22,0	3,3	24,8	3,5	18,4

Eine Abspaltung der Säuregruppen des Pektins tritt erst bei höheren Säurekonzentrationen und Temperaturen über 100° merklich ein. In 12%iger Salzsäure werden in 8 Std., in 19%iger Salzsäure in 2 Std. die Carboxylgruppen völlig entfernt, dabei bildet sich Furfurol. In 84%iger Phosphorsäure ist Pektin löslich.

b) Der Einfluß von Laugen

Alkalien spalten die Estergruppen des Pektins bedeutend schneller ab als Säuren. Die Verseifung kann je nach der Konzentration der Reaktionspartner und je nach Temperatur wenige Minuten oder auch Stunden erfordern. Schon bei Zimmertemperatur ist in verdünnten Alkalien die Verseifungsgeschwindigkeit sehr groß. In etwa 15 Min. werden bei einem doppelten Überschuß an Alkalien (bezogen auf Gesamtpektinsäuren) schon mehr als 90% des vorhandenen Esters verseift. Bei Zimmertemperatur ist in dieser kurzen Zeit die Kettenspaltung gering. Sie wird aber durch Temperaturerhöhung beschleunigt. Da bei der Verseifung Wärme frei wird, muß für ständige Kühlung Sorge getragen werden, um die Kettenspaltung zu verhindern. Die Verseifungsgeschwindigkeit nimmt auch hier mit der Zeit ab. In Lösungen von äquivalenten Mengen Lauge und Ester ist sie am geringsten.

Auf Grund zahlreicher Messungen berechnete Deuel[76]) die „scheinbare Verseifungskonstante" der Verseifung von Pektin in Natronlauge und erhielt folgende Werte:

Zu Beginn der Reaktion sind pro Liter vorhanden:

Lauge: 12 Milliäquivalent

Na-Pektat: 4,6 Milliäquivalent COONa $+$ 14,00 Milliäquivalent COOCH$_3$

Verseifungs- dauer in Minuten	18° C		65° C	
	% Ester verseift	„Verseifungs- konstante"	% Ester ver. eift	„Verseifungs- konstante"
2	20	9,8	65	58
5	35	7,6	77	39
10	50	6,7	89	39
30	67	4,2	94	19
60	77	3,2	96	12
190	89	2,0		

Bei größerer Konzentration an Lauge (35 Milliäquivalent):

Verseifungs- dauer in Minuten	18° C	
	% Ester verseift	„Verseifungs- konstante"
0,5	34	25,6
1	45	18,2
5	79	11,4
15	94	7,1
40	.98	3,9
5431	100	—

Die Verseifung mit Ammoniak erfolgt bedeutend langsamer als mit Natronlauge, und die spaltende Wirkung auf das Pektinmolekül ist nicht so groß. Auch hier nimmt die Verseifungsgeschwindigkeit mit steigender Konzentration an Hydroxylionen zu. Durch Zusatz von Neutralsalzen kann die Esterverseifung beschleunigt werden.

Die nachstehenden Kurven von McCready und Mitarbeitern[80]) geben einen Vergleich zwischen der Wirkung von Natronlauge und Ammoniak bei gleichem pH und zeigen, in welche Grade die Verseifung mittels Ammoniak durch Kochsalzzusatz bei verschiedenen pH-Werten beeinflußt werden kann (Abb. 7 u. 8). Die Verseifung mit Alkalien, insbesondere die mit Ammoniak, wird ebenso wie die saure Verseifung zur Darstellung der niederveresterten Pektine benutzt. Die bei der Behandlung des Pektins mit Alkalien entstehenden Alkalipektate und das Ammoniumpektat sind wasserlöslich. Die Erdalkalipektate sind unlöslich, ebenso die Schwermetallpektate.

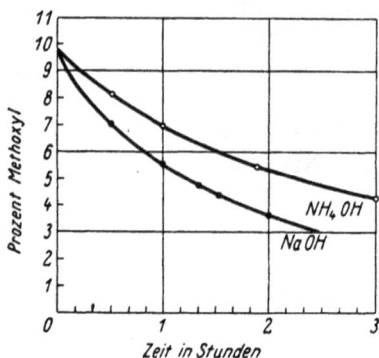

Abb. 7.   Abb. 8.

Abb. 7. Wirkung von Natriumhydroxyd und Ammoniumhydroxyd auf die Entesterungsgeschwindigkeit bei 15°C und pH 11. (McCready, Owens u. Maclay)

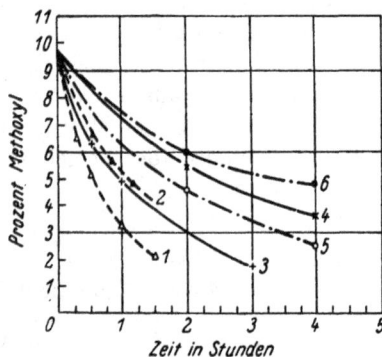

Abb. 8. Wirkung von Natriumchlorid auf die Geschwindigkeit der Entesterung mit Ammoniumhydroxyd. Die Reaktionsbedingungen für die gezeigten Kurven sind: (1) NH_4OH und 0,1 m NaCl, pH 10,7 und 25°C; (2) NH_4OH, pH 10,7 und 25°C; (3) NH_4OH und 0,1 m NaCl, pH 10,9 und 15°C; (4) NH_4OH, pH 10,9 und 25°C; (5) NH_4OH und 0,1 m NaCl, pH 11,7 und 5°C; (6) NH_4OH, pH 11,7 und 5°C; (McCready, Owens u. Maclay)

7. Die Einwirkung von Oxydationsmitteln

Das Pektin wird nicht nur durch Säuren, Laugen und durch die später genauer besprochenen Enzyme, sondern auch durch Oxydationsmittel leicht angegriffen[81,81a]), wobei sehr verschiedenartige Abbauprodukte entstehen. Oxydierend wirken Sauerstoff in alkalischer Lösung, Wasserstoffsuperoxyd, Bichromat, Permanganat, Perjodsäure sowie Chlor und Brom. Interessant ist es, daß auch Ascorbinsäure in sehr geringer Konzentration das Pektin abzubauen vermag[81a]). Die Ascorbinsäurewirkung kommt nur zur Entfaltung, wenn Sauerstoff oder ein anderer Stoff (ein Wasserstoffakzeptor) zugegen ist, der die Wasserstoffionen der Ascorbinsäure aufzunehmen vermag. Sie ist um so größer, je geringer die Wasserstoffionenkonzentration der Lösung ist. Durch die Anwesenheit von Wasserstoffsuperoxyd wird die Oxydationskraft der Ascorbinsäure sehr gesteigert. Der Abbau des Pektins durch Ascorbinsäure ist insofern von Bedeutung, als viele Früchte Ascorbinsäure enthalten. Sobald ihr Gewebe verletzt ist und mit Sauerstoff in Berührung kommt, tritt allmähliche Pektinzerstörung ein, wenn keine Hemmstoffe vorhanden sind. Durch Zugabe von Reduktionsmitteln, z. B. von schwefliger Säure, kann man diesen schädigenden Einfluß ausschalten. Da Wasserstoffsuperoxyd auch in Abwesenheit von Ascorbinsäure wirksam ist, wird auch vermutet[82]), daß der Übergang von Protopektin zu Pektin und dessen weiterer Abbau durch Peroxyde verursacht wird, die in den Pflanzen durch die Tätigkeit von Dehydrasen entstehen. Bei diesem Oxydationsabbau könnte das Enzym Peroxydase eventuell eine Rolle spielen.

Von den anderen Oxydationsmitteln ist noch zu sagen, daß die Oxydationswirkung von Wasserstoffsuperoxyd durch Zugabe von Ferrosalz bzw. Hydrazin gefördert werden kann[81]). Permanganat wirkt in alkalischer Lösung bei Zimmertemperatur schneller ein als in saurem Medium[83]). Chlor oxydiert stärker als Brom, während Jod und Chlordioxyd[84]) das Pektinmolekül nicht angreifen.

Erwähnt sei noch, daß das Pektin auch durch Röntgenstrahlen[85]) und durch mechanische Einwirkung, z. B. durch Vermahlen in der Kugelmühle[86]), abgebaut werden kann.

8. Das Geliervermögen

Die Pektine besitzen die Fähigkeit, verschiedene Arten von Gelen zu bilden. Von den für praktische Zwecke wichtigsten Gelen entstehen die einen in Gegenwart von Säure und verhältnismäßig großen Zuckermengen, die anderen bilden sich aus niederveresterten Pektinen oder auch aus Pektinsäure in der Gegenwart von Calcium oder anderen polyvalenten Ionen ohne oder nur mit geringem Zuckerzusatz.

a) Der Vorgang der Gelierung

α) *Nebenvalenzgele.* Die Säure-Zucker-Gele der Pektine sind Nebenvalenzgele, d. h. die Pektinmoleküle werden in ihnen durch Nebenvalenzkräfte zusammengehalten. Wie schon in der Einleitung beschrieben, wird in diesen Gelen die gegenseitige Annäherung der Pektinmoleküle und die Herausbildung des Gelnetzwerkes dadurch erklärt, daß das kolloidal gelöste Pektin durch die zugefügte Säure entladen und durch den Zucker dehydratisiert wird[87,a,b]).

Im einzelnen hat man sich den Vorgang so zu denken, daß die kolloidal gelösten Pektinteilchen zunächst eine negative Ladung tragen, die daher rührt, daß das Pektin stets freie dissoziierte Säuregruppen enthält. Diese gleichsinnige, elektrische Ladung bewirkt eine gegenseitige Abstoßung der großen Pektinanionen. Infolge der Anwesenheit zahlreicher Hydroxylionen im Pektinmolekül sind diese Anionen außerdem stark hydratisiert, d. h. mit einer Hülle von Wassermolekülen umgeben, wodurch ihre Annäherung zusätzlich verhindert wird. Setzt man nun Säure zu, so wird die Dissoziation der Carboxylgruppen des Pektins zurückgedrängt, d. h. seine elektrische Aufladung wird vermindert, der gleichzeitig hinzugefügte Zucker (oder ein anderes wasserentziehendes Mittel) beraubt die Pektinteilchen ihrer Wasserhülle und als Resultat beider Vorgänge ergibt sich ihre gegenseitige Annäherung. Die kolloidale Lösung wird instabil. Es kommt zur Gelbildung, d. h., die Pektinmoleküle bilden ein Netzwerk durch das ganze Gel hindurch, das die eingeschlossene Zuckerlösung trägt. Je fester der Zusammenhang und je steifer das Netzwerk ist, desto größer ist seine Tragkraft. Die Haftstellen zwischen den Pektinmolekülen werden hierbei vermutlich durch lose Wasserstoffbrücken zwischen den Carboxylgruppen einerseits und den Hydroxylgruppen andererseits gebildet[88]).

Für die Bildung eines solchen Gels ist also Säure und eine ziemlich hohe Zuckerkonzentration notwendig. Wegen des hohen Zuckergehaltes werden diese Gele in der amerikanischen Literatur mit "high-solids gels" bezeichnet, d. h. als Gele mit hohem Feststoffgehalt. Die Wasserstoffbrücken im Nebenvalenzgel kann man sich etwa folgendermaßen denken:

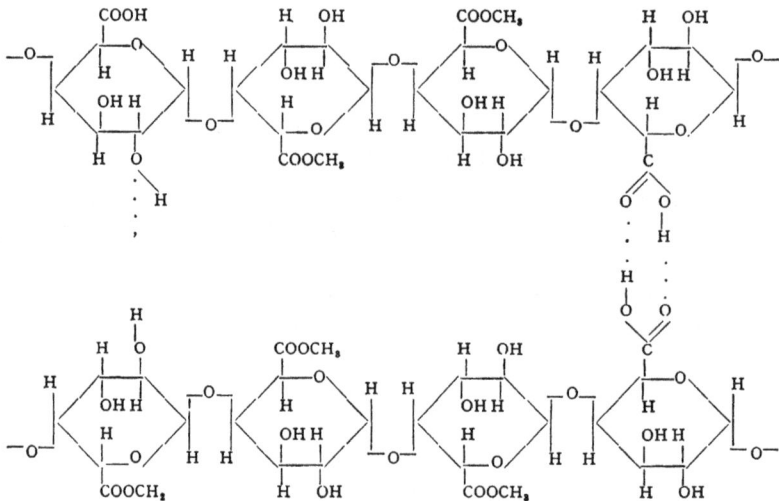

Auch Zuckerbrücken zwischen den Pektinmolekülen werden angenommen.

β) Hauptvalenzgele. Auch mit den niederveresterten Pektinen lassen sich im allgemeinen solche Nebenvalenzgele mit hohem Zuckergehalt herstellen, wichtig und charakteristisch für sie ist aber die zweite Art der Gelbildung im zuckerfreien oder zuckerarmen Medium. Diese Gele, die im Gegensatz zu den ebengenannten niedrigen Feststoffgehalt besitzen und daher auch „low-solids gels" genannt werden, entstehen durch gewöhnliche chemische Bindung und stellen Hauptvalenzgele dar. Ihr Zustandekommen beruht darauf, daß das weitgehend entesterte Pektin empfindlich gegen Calcium oder andere polyvalente Ionen wird. Es vermag dann mit diesen Salze zu bilden, in denen das zweiwertige Calcium oder ein anderes polyvalentes Ion wahrscheinlich Brücken zwischen den einzelnen Pektinmolekülen schlägt, die dadurch hauptvalenzmäßig fest miteinander verbunden werden und ebenfalls ein dreidimensionales Gelgerüst aufbauen, in dem die eingeschlossene Flüssigkeit festgehalten wird. Das folgende Formelbild von Baker und Goodwin[99]) gibt eine Vorstellung von der Netzbildung im Hauptvalenzgel:

H OH COOH H OH COOCH₃ (pectin structural formula with Ca bridges)

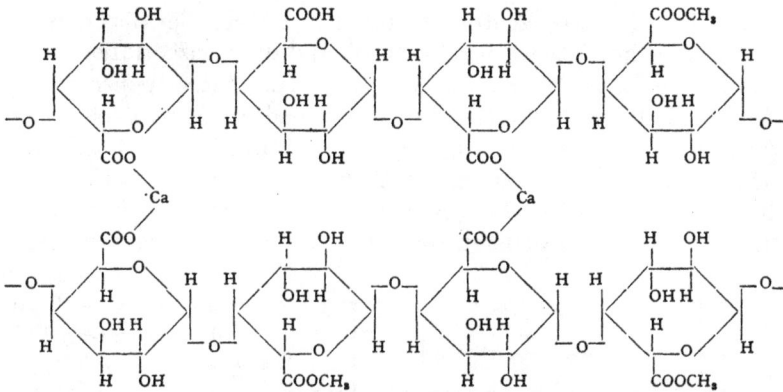

Da die Makromoleküle in diesen Gelen durch heteropolare Bindungen (Ionenbindungen) verknüpft sind, nennt man diese Gele auch *heteropolare Hauptvalenzgele*.

Stabile Gele dieser Art entstehen also nur, wenn das Pektin weitgehend entestert ist und wenn Calcium- oder andere polyvalente Ionen zugegen sind. Pektine, die über 50% verestert sind, also die bisher in der Industrie hauptsächlich verwendeten hochveresterten Pektine, können keine zuckerfreien oder zuckerarmen Calciumgele bilden. Daß das Pektin nach Entfernung seiner Methoxylgruppen zur Salzbildung befähigt ist, ist schon seit den ersten Arbeiten über das Pektin bekannt. Die früher fast ausschließlich angewandte quantitative Pektinbestimmungsmethode nach Carré-Haynes, bei der das Pektin zunächst mit Natronlauge verseift und dann als gelatinöses Calciumsalz zur Fällung gebracht wird, beruht auf diesem Vorgang. Für die Industrie erlangten die zuckerfreien oder zuckerarmen Gele erst in den letzten Jahren Bedeutung. Ihre Eigenschaften werden in dem Kapitel über die niederveresterten Pektine besprochen.

Außer diesen heteropolaren Hauptvalenzgelen kann das Pektin auch *homöopolare Hauptvalenzgele* bilden, in denen die Makromoleküle durch homöopolare Bindungen (Atombindungen) zusammengehalten werden. So lassen sich nach Deuel[115a]) die sekundären Hydroxylgruppen des Pektins durch Formaldehyd vernetzen, oder die Carboxylgruppen durch Erythritdioxyd[115b]) (s. S. 60). Praktische Bedeutung haben diese Pektingele bisher nicht erlangt.

b) Pektin- und Zuckerbedarf

Die Fähigkeit der Pektine, mit Zucker und Säure Gele zu bilden, ist von verschiedenen Faktoren abhängig, in erster Linie von der Qualität des Pektins selbst, d. h. von der Größe seines Molekulargewichtes, sodann von der Zuckerkonzentration und dem pH-Wert. Die Konzentration des Pektins bedingt den Zusammenhang des Pektinennetzwerkes, der aber schon durch sehr geringe Pektinmengen gewährleistet wird. So kann das Pektin schon in einer Menge von 0,2—0,65% des Gelgewichtes 60—70% des Gelgewichtes an Zucker zu einem festen Gel binden. Die Festigkeit und Zähigkeit des Pektinnetzwerkes hängen von der Zuckerkonzentration und von der Wasserstoffionenkonzentration ab. Die Zuckerkonzentration, bei der sich ein Gel bildet, ist etwa 60—70% Zucker im Gelgewicht, also annähernd die Konzentration einer gesättigten Zuckerlösung. Die hierfür notwendige Menge eines reinen etwa 100-grädigen (s. S. 113) rund 10% Methoxyl enthaltenden Pektins beträgt etwa 0,7 bzw. 0,6% (Trockenmasse pro Gelgewicht). Durch Erhöhung der Pekinmenge läßt sich die Zuckerkonzentration im Endprodukt verringern. Unter einem Gehalt von 40% Zucker im Endprodukt kommt jedoch bei einem hochveresterten Pektin auch bei weiterer Steigerung der Pektinmenge keine befriedigende Gelbildung mehr zustande. Ogg[89]) fand, daß bei geringen Pektinmengen von 0,125 bis 0,25% sich unterhalb einer 60%igen Zuckerkonzentration kein Gel mehr bildet. Nur die niederveresterten Pektine besitzen die Fähigkeit, bei noch geringeren Zuckerkonzentrationen Gele entstehen zu lassen, allerdings ist bei diesen ein Zusatz an Calcium erforderlich.

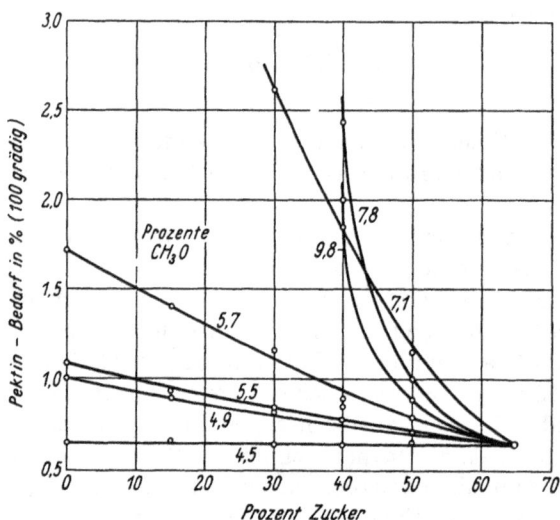

Abb. 9. Wirkung des Methoxylgehaltes auf den durchschnittlichen Pektinbedarf bei verschiedenen Zuckerkonzentrationen. (Baker u. Goodwin)

Die Kurven (Abb. 9) von Baker und Goodwin[90]) zeigen den Pektinbedarf bei wechselnden Zuckermengen und Methoxylgehalten.

Wie aus den Kurven hervorgeht, nimmt bei Methoxylgehalten über 4,5% der Pektinbedarf zu, wenn die Zuckerkonzentration verringert wird.

c) pH-Wert

Die Menge der gesamten titrierbaren Säure ist nicht maßgebend für die Gelbildung und die Stärke des Gels, da das Pektin und möglicherweise vorhandene Salze eine Pufferwirkung ausüben. Nur die Anzahl der vorhandenen freien Wasserstoffionen ist von entscheidender Bedeutung für das Zustandekommen der Gelierung. Normalerweise tritt diese bei pH-Werten von 2,2 bis 3,3 ein. Über den für die Gelierung günstigsten pH-Wert sind im Laufe der Zeit verschiedene Meinungen geäußert worden und es besteht trotz der zahlreichen Arbeiten, die auf diesem Gebiet ausgeführt werden, auch heute hierüber noch keine völlige Übereinstimmung. Einige Forscher, wie Tarr[91]), Lüers und Lochmüller[92]) u. a., zeigten, daß das pH-Optimum der Gelierung bei ungefähr pH 2,9 bis 3,1 liegt. Bei Erhöhung der Acidität, also bei pH-Werten unterhalb

2,9, sinkt von diesem Optimum die Gelierkraft etwas schneller oder langsamer bis etwa pH 2,6 ab, je nachdem, ob mehr oder weniger Zucker vorhanden ist. Bei Verringerung der Acidität, d. h. bei pH-Werten von ungefähr 3 bis 3,45, fällt die Gelierkraft äußerst rasch ab und oberhalb 3,45 tritt keine Gelierung bei 60—65%igen Zucker-Säure-Gelen mit normalem Pektingehalt mehr ein (Abb. 10).

Diese Ergebnisse, für deren wesentlichen Inhalt die Kurve von Lüers und Lochmüller [92] auf Abb. 10 als Beispiel angegeben ist, sind vielfach als allgemein gültige Feststellungen hingenommen worden. Andere Wissenschaftler, wie z. B. Hinton [87b]), geben aber pH 1,9 bis 2,0 als pH-Optimum an und wieder andere [93], [94], [95]) beweisen durch ihre Versuche, daß sich Gele gleicher Gelierkraft in den pH-Bereichen von 2,0 bis 2,7 bzw. von 1,9 bis 2,8 herstellen lassen. Für das Zustandekommen dieser Widersprüche sind verschiedene Ursachen verantwortlich. Erstens wurden häufig nach Herkunft, Gewinnungsart und Reinheitsgrad verschiedene Pektine verwendet, beispielsweise Apfelpektin, Citrus-Pektine sowie schnell und langsam erstarrende Pektine.

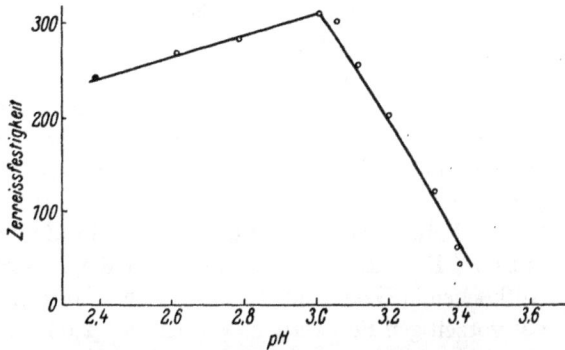

Abb. 10. Zerreißfestigkeit von Pektingelen bei verschiedenen pH-Werten. (Lüers u. Lochmüller)

Zweitens weicht noch heute die Zusammensetzung und die Bereitung der Testgele voneinander ab, z. B. wurde und wird bis zu 60 oder 65% Zucker- oder Extraktgehalt gekocht, und die Säure wird entweder schon vor der Kochung oder erst später zugegeben. Drittens unterscheiden sich auch die zur Prüfung verwendeten Apparate voneinander, was insofern eine Rolle spielt, als nicht immer die gleiche Geleigenschaft gemessen wird. Alle diese Faktoren wie Art des Pektins, Methoxylgehalt, Zuckerkonzentration, Zeitpunkt der Säurezugabe und Anwesenheit von Salzen, sind von Einfluß auf das Ergebnis.

Cole, Cox und Joseph [96]) haben schon darauf hingewiesen, daß die Abnahme der Gelfestigkeit bei hohen Aciditäten weniger durch Hydrolyse des Pektins, als durch das frühzeitige Erstarren des Gels hervorgerufen wird. Ein schnell erstarrendes Pektin beginnt bei pH-Werten unter 2,9 bis 3, wenn es in Gegenwart von Säure und viel Zucker gekocht wird, schon vor dem Eingießen in die Prüfungsgläser fest zu werden, und wenn es dann durch das Eingießen in seinem Erstarrungsprozeß gestört wird, erreicht es nicht mehr seine optimale Festigkeit. Das vorzeitige Festwerden ist eine in der Marmeladenindustrie öfters auftretende und sehr störend empfundene Erscheinung. Olsen [93]) konnte, obwohl er seine Gele in Gegenwart von Säure auf einen Endwert von 65% Zucker kochte, praktisch konstante pH-Werte von 2,7 bis herab zu 2,0 erhalten, weil er ein relativ langsam erstarrendes Citruspektin benutzte, bei dem keine vorzeitige Gelierung eintrat. In einer späteren Veröffentlichung zeigten Stuewer, Beach und Olsen[94]), daß auch bei einem schnell erstarrenden Apfelpektin kein deutliches pH-Optimum bei pH 3,1 auftritt, wenn man das frühzeitige Erstarren dadurch umgeht, daß man den pH-Wert nicht wie sonst üblich vor der Kochung einstellt, sondern die Säure erst nachher zugibt. Bei dieser Methode wird die fertig gekochte Gelmischung in die Prüfgläser gegossen, die die Säure enthalten, und außerdem eine Zuckerkonzentration von nur 60% benutzt. Hinton fand ein Ansteigen der Gelierkraft bis ungefähr pH 1,9, wenn kein vorzeitiges Gelieren eintritt. Hinton führte die Bestimmung in der Weise aus, daß er 35 Teile Pektinlösung nach Einstellen auf den gewünschten pH-Wert mit 65 Teilen Glyzerin bei 70⁰ mischte und in die Prüfungsgefäße gab[87b]).

Hinton[87b], [97]) bringt auch eine Hypothese über das pH-Optimum: Nach seiner Auffassung beteiligt sich nur das nicht ionisierte Pektin an dem Vorgang der Gelbildung. Durch Zufügen von Lauge wird die Dissoziation des Pektins, das eine schwache Säure ist, erhöht und die Gelbildung gehemmt. Gibt man dann Säure zu, so verringert sich die Dissoziation wieder, und die Gelierung tritt ein. Die Stärke der so entstehenden Gele ist dann der Menge an nicht dissoziiertem Pektin proportional, die über dessen Löslichkeitsgrenze hinaus vorhanden ist.

Cox und Higby[95]) stellen die Test-Gele in ähnlicher Weise wie Stuewer, aber mit 65% Extraktstoffen her, indem sie die Pektin-Zucker-Lösung nach kurzem Aufkochen in Gefäße mit überschüssiger Säure gießen, wobei unter Vermeidung des vorzeitigen Festwerdens ein pH- von 2,0 bis 2,2 erreicht wird. An Stelle der Zerreißfestigkeit messen sie das elastische Verhalten, d. h. das Zusammensacken des nach dem Erkalten umgestürzten Gels. Diese Methode wird „Excess Acid Method" genannt. Die zur Messung benutzte Vorrichtung ist das Exchange Ridgelimeter (Sagmometer), s. S. 114.

In einer neueren Arbeit haben Baker und Woodmansee[98]) die verschiedenen Resultate verglichen. Aus ihrer Arbeit geht in bezug auf das pH-Optimum folgendes hervor: Bei der Prüfung von hochveresterten, etwa 11% Methoxyl enthaltenden, schnell erstarrenden Citrus- und Apfelpektinen, die nach der üblichen Kochmethode, d. h. durch Einstellen des pH-Wertes vor der Kochung und mit einem Endwert von 65% Extraktstoffen und durch Messung der Zerreißfestigkeit gemessen werden, tritt ein pH-Optimum der Gelierkraft bei pH 3,2 bis 3,3 auf. Nach der alkalischen Seite fällt die Gelierkraft steil ab, nach der sauren Seite infolge frühzeitigen Gelierens langsam. Pektine mit geringerem Methoxylgehalt haben ihr pH-Optimum bei niedrigeren pH-Werten, z. B. mit 9,1% Methoxyl bei pH 2,9. Weisen diese niederveresterten Pektine gleichzeitig eine langsame Erstarrungszeit auf, wie z. B. das langsam erstarrende Citruspektin auf Abb. 11, so kann, wenn man mit der vorstehenden Methode mißt, von einem ausgesprochenen pH-Optimum der Gelierkraft kaum mehr gesprochen werden. Zwischen pH 2,9 und 2,2 bleibt die Zerreißfestigkeit fast auf gleicher Höhe; das nur sehr schwache Absinken bei niedrigeren pH-Werten ist auf geringe Hydrolyse des Pektins zurückzuführen.

Ist die Zuckerkonzentration geringer, etwa 60% Extraktstoffe im fertigen Gel, so liegen die für die Gelierung günstigsten pH-Werte jeweils um etwa 0,3 pH-

Einheiten tiefer. Übereinstimmend damit erhält Lüers bei hochverestertem Apfelpektin (Methoxylgehalt etwa 11%) nach der üblichen Kochmethode in Gegenwart von Säure bei 60% Zucker im fertigen Gel ein pH-Optimum der Zerreißfestigkeit bei pH 3.

Wendet man bei der Herstellung der Testgele die „Excess Acid-Method" von Cox und Higby an, bei welcher die kurz gekochte Pektin-Zuckerlösung in

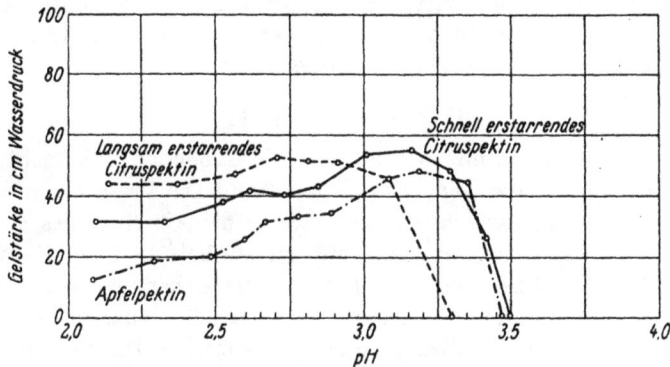

Abb. 11. Beziehung zwischen Gelstärke und pH-Wert von Gelen verschiedener Pektine (Einstellen des pH-Wertes vor der Kochung, Messung der Zerreißfestigkeit mit Delaware Jelly-Strength-Tester) (nach Baker u. Woodmansee)

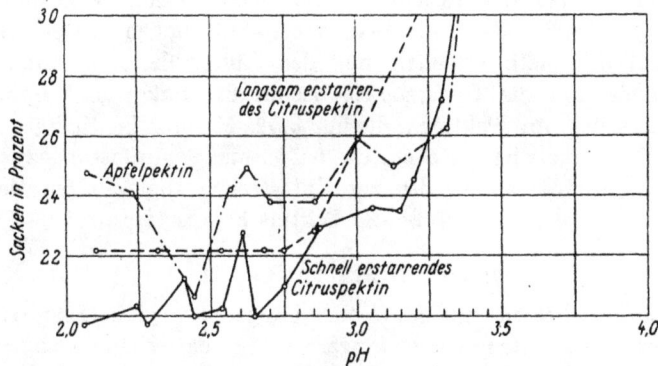

Abb. 12. Beziehung zwischen Gelstärke und pH-Wert von Gelen verschiedener Pektine (Gelbereitung nach „Excess Acid"-Methode. Messung des Einsackens mit Ridgelimeter) (nach Baker u. Woodmansee)

Gläser gegossen wird, die Säure enthalten, und bei welcher die Gelstärke durch das Zusammensacken des nach dem Erkalten umgestürzten Gels gemessen wird, so erhält man, wie die Kurven von Baker und Woodmansee [98]) auf Abb. 12 zeigen, bei den schnell erstarrenden, hochveresterten Apfel- und Citruspektinen von pH 3,1 bis 2,2 keinen konstanten Abfall der Gelstärke, (Zunahme des Einsackens), da das vorzeitige Festwerden durch die Prüfungsmethode vermieden wird. Bei dem schnell erstarrenden hochveresterten Citruspektin tritt im ganzen gesehen sogar eine Zunahme der Gelstärke (Abnahme des Einsackens) ein. Bei beiden Pektinen schwanken die erhaltenen Werte aber sehr stark auf und ab, so daß diese Methode für eine zuverlässige Gelstärken-Bestimmung an hochveresterten Pektinen ungeeignet ist. Bei niederveresterten Pektinen tritt, wie das langsam erstarrende Citruspektin auf Abb. 12 zeigt, diese Inkonstanz der Resultate nicht auf. Für sie ist nach Bakers Ergebnissen diese Methode von Cox und Higby geeignet.

Das Maximum der Gelstärke liegt nach den Arbeiten von Tarr für die verschiedenen Säuren bei etwas verschiedenen pH-Werten. Die höchste Gelstärke wird bei Verwendung von Zitronensäure bei etwa pH 3,35, bei Weinsäure bei pH 3,18 und bei Schwefelsäure bei pH 3,05 erreicht.

d) Methoxylgehalt

Der Methoxylgehalt beeinflußt, wie aus dem Vorstehenden hervorgeht, sowohl das Auftreten, als auch die Lage des pH-Optimums. Die Verschiebung des pH-Optimums der Gelierung nach der sauren Seite bei Abnahme des Methoxylgehaltes ist in Gegenwart von Calciumionen stärker[99]), durch Zugabe von glasigen Phosphaten kann man ihr aber entgegenwirken. Außerdem hat der Methoxylgehalt auch noch weitere Auswirkungen auf die Geliereigenschaften des Pektins, worüber im Kapitel über die niederveresterten Pektine berichtet wird. Hier sei nur noch erwähnt, daß man durch schwache Entesterung von etwa 10 bis herab zu etwa 7,8% Methoxylgehalt die Gelierkraft fast auf das Doppelte erhöhen kann, was für die Herstellung von Handelspektinen von Wichtigkeit ist[99]). Früher war man der Ansicht, daß nur hochveresterte Pektine der Gelbildung fähig seien[92]), aber, wie bereits erwähnt, haben spätere Arbeiten erwiesen, daß der Methoxylgehalt nur den Säurebedarf, die Erstarrungsgeschwindigkeit und die Gelfestigkeit beeinflußt. Baker und Goodwin[99]) zeigten, daß es auch mit Pektinen, die nur 3,5% Methoxyl enthalten, möglich ist, 65%ige Zuckergele herzustellen. Die frühere irrige Auffassung war darauf zurückzuführen, daß man bei den zur Entesterung angewandten Methoden auch gleichzeitig die Molekülgröße des Pektins herabsetzte.

e) Die Erstarrungszeit

Entestert man die Pektine mit Säure oder Lauge, so wird die Erstarrungszeit der aus ihnen hergestellten Gele verlängert, und es entstehen die sogenannten „langsam erstarrenden Pektine", während man die hochveresterten Pektine gewöhnlich als „schnell erstarrende Pektine" bezeichnet. Diese Beziehung zwischen Methoxylgehalt und Erstarrungszeit gilt aber nicht streng[99]). Nicht alle hochveresterten Pektine bilden schnell erstarrende Gele. Die Vorgeschichte, d. h. die Gewinnungsart des Pektins, spielt nach Baker[99]) hierbei eine Rolle. Geht man von einem Pektin aus, das bei hohen Wasserstoffionenkonzentrationen (bei pH 1 oder 0,5) aus dem Ausgangsmaterial extrahiert wurde, so kann man durch fortschreitende Entesterung seine Erstarrungszeit auch verkürzen. Pektine, die bei relativ niedriger Wasserstoffionenkonzentration, bei pH 2,66, gewonnen wurden, zeigen mit dem Absinken des Methoxylgehaltes zunächst eine Abnahme und dann wieder eine Zunahme der Erstarrungszeit. Für Pektine, die bei pH 1,65 durch kurze Extraktion gewonnen wurden und einen anfänglichen Methoxylgehalt von etwa 10% aufweisen, verlängert sich die Erstarrungszeit von einigen Minuten bis auf über eine Stunde, wenn der Methoxylgehalt auf 9% verringert wird. Bei der weiteren Abnahme des Methoxylgehaltes auf 8% wird die Erstarrungszeit wieder verkürzt. In allen Fällen wird durch Zusatz von Calciumionen die Erstarrungszeit abgekürzt. Auch der Aschegehalt der Pektine ist von Einfluß auf die Zeit, die bis zum Eintreten der Gelierung vergeht. Mit abnehmendem Extraktgehalt der Gele nimmt die Erstarrungszeit zu.

f) Der Einfluß von Salzen auf die Gelierung

Durch die Anwesenheit von Salzen kommt in den Pektinlösungen eine Pufferwirkung zustande, d. h. die zum Zwecke der Gelierung zugefügten Wasserstoffionen werden teilweise durch das Salz der Säure abgefangen, und können so nicht mehr ihre volle Wirksamkeit entfalten[100]. Wenn Puffersalze in Pektinlösungen zugegen sind, wird bei Zugabe der üblichen Säuremenge die für die Gelierung notwendige hohe Wasserstoffionenkonzentration also nicht mehr erreicht, und die Folge davon ist, daß die Gelierung verzögert oder verhindert wird oder daß weichere Gele entstehen. In diesem Falle ist durch einen größeren Säurezusatz das pH auf den für die Gelierung günstigsten Wert zu bringen. Bei der Herstellung von Gelees ist daran zu denken, daß Fruchtsäfte in der Regel puffernde Salze enthalten, deren Wirkung bei geringer Acidität des Saftes durch erhöhten Säurezusatz ausgeglichen werden muß. Natriumcitrat und Kaliumnatriumtartrat sind als Puffersalze in der Marmeladenindustrie von praktischer Bedeutung. Man benützt sie dazu, um bei stark sauren Fruchtsäften, die oft zu frühzeitig gelieren, das pH zu erhöhen und die Erstarrungszeit auf das für die Herstellungszeit notwendige Maß zu verlängern.
Durch Puffersalze kann man das pH-Optimum der Gelierung auch erweitern und variieren. So zeigten z. B. Pektine, die in Gegenwart von Polyphosphaten extrahiert worden sind, ein pH-Optimum von 3,8 und auch pH-Optima über 4 lassen sich mit Hilfe von Puffersalzen erreichen[101].
Die Stärke der Gele wird sowohl durch Anionen als auch durch Kationen beeinflußt. Bei der Wirkung der Kationen spielen nach Spencer[102] Atomgewicht und Wertigkeit eine Rolle. Zweiwertige Elemente wie Calcium erhöhen die Gelfestigkeit, dreiwertige wie Aluminium sind in dieser Hinsicht noch wirksamer, während das einwertige Natrium den gegenteiligen Effekt hervorruft. Der erweichende Effekt des Natriumions wurde aber nicht in allen Fällen gefunden. Die Ergebnisse hängen von den Versuchsbedingungen ab. So fanden Myers und Baker, daß die zur Gelierung notwendigen Wasserstoffionen bis zu einem gewissen Grade auch durch einwertige Kationen ersetzt werden können, und Morris[103] beobachtete bei der Gegenwart von Natriumcitrat wohl eine Verlängerung der Gelierzeit, aber eine Erhöhung der Festigkeit der später gebildeten Gele. Der Einfluß von Anionen macht sich nach Tarr und anderen in der Weise bemerkbar, daß in Gegenwart von Weinsäure bei gleichem pH stärkere Gele entstehen als in der von Zitronensäure. Der Ameisensäure wird allgemein ein schädigender Einfluß auf das Pektin zugeschrieben, der allerdings noch einer genaueren Nachprüfung bedarf. Sowohl bei Ameisensäure, als auch bei Essigsäure ist zu bedenken, daß es sich um flüchtige Säuren handelt, daß

also die Einstellung des richtigen pH-Wertes durch sie erst am Ende der Gelkochung erfolgen kann. Milchsäure und Mineralsäuren wirken günstig auf die Gelfestigkeit[104]. Häufig wurde auch beobachtet, daß mit Mineralsäuren extrahiertes Pektin stärkere Gele zu liefern vermag als Pektine, die mit schwachen organischen Säuren gewonnen worden waren.

g) Die Schmelztemperatur

Die zuckerreichen Gele aus den hochveresterten Pektinen besitzen eine hohe Schmelztemperatur, d. h., sie schmelzen am pH-Optimum der Gelierung gewöhnlich nicht unter oder nur wenig unter ihrem Siedepunkt, der bei etwa 104—105° liegt[90]. Beim nachfolgenden Erkalten erlangen sie nicht mehr ihre ursprüngliche Festigkeit, sondern bilden nur eine klebrige Masse. Die zuckerreichen Gele aus geringer veresterten Pektinen zeigen im allgemeinen niedrigere Schmelztemperaturen. In beiden Fällen nimmt die Schmelztemperatur mit abnehmendem Zuckergehalt der Gele ab, daraus ergibt sich, daß man aus den niederveresterten Pektinen, bei denen man den Zuckerzusatz stark verringern kann, Gele mit sehr niedrigen Schmelztemperaturen erhalten kann. Sowohl die zuckerreichen, als auch die zuckerarmen Gele aus den niederveresterten Pektinen werden nach dem Schmelzen beim Erkalten wieder fest[90, 99], eine Eigenschaft, die für ihre praktische Verwendung, z. B. in der Bäckerei oder Bakteriologie, wertvoll ist.

h) Die Synärese

Unter Synärese versteht man das Austreten von Flüssigkeit aus dem erkalteten Gel. Sie tritt immer dann auf, wenn man durch zu große Säurezugabe das Pektin des Gelnetzwerkes geschädigt hat. Die Synärese kann auch durch zu geringe Zuckerkonzentration hervorgerufen werden, weil das Netzwerk dann zuviel Flüssigkeit tragen muß, oder durch zu geringe Pektinkonzentration, weil es dann nicht den genügenden festen Zusammenhalt erlangt. Eine weitere Ursache für die Synärese kann im vorzeitigen Erstarren des Pektingeles liegen, denn wenn die im heißen Gel bereits gebildete Gelstruktur durch das Abfüllen zerrissen wird, verliert sie ihren Zusammenhalt und ihre Tragkraft. Die Synärese an Gelen von niedrigem Extraktgehalt aus den niederveresterten Pektinen kann auch durch zu hohen Ca-Gehalt hervorgerufen sein[90]. Von der Synärese dieser Pektingele wird im Kapitel über niederveresterte Pektine noch gesprochen.

Der Einfluß der verschiedenen Faktoren auf den Geliervorgang ist sehr viel bearbeitet worden, aber alle in ihm liegenden Probleme sind bis heute noch nicht völlig gelöst. Aus dem Vorstehenden ergibt sich, daß sich eine für alle Fälle gültige Rezeptur für die Bereitung eines Pektingeles nicht angeben läßt. Das Verhältnis zwischen Pektin und Zucker ist in gewissen Grenzen variabel und das pH-Optimum von vielen Faktoren, wie Methoxylgehalt, Puffersalze, Metallionen, Anwesenheit von Natriumhexametaphosphat, abhängig. Die im Handel befindlichen hochveresterten Pektine zeigen gewöhnlich ein pH-Optimum von 3 in Gelen von 65% Extraktgehalt. Bei geringerem Extraktgehalt muß man mehr Pektin oder mehr Säure oder mehr von beidem zugeben. Wenn ein Gel bei 65% Extraktgehalt relativ arm an Säure ist oder sein soll, verlangt es einen höheren Pektinzusatz. Umgekehrt erreicht man durch eine etwas größere Säurezugabe eine stärkere Festigkeit des Gelnetzwerkes, die es erlaubt, etwas weniger Pektin anzuwenden.

9. Die Fällung des Pektins mit Elektrolyten

Durch Zusatz von Salzen in geeigneter Konzentration läßt sich das Pektin aus seinen Lösungen fällen, wovon auch bei der Gewinnung des Pektins aus den Extraktionsflüssigkeiten Gebrauch gemacht wird. Völlig verestertes Pektin ist nach Pallmann[24]) jedoch nicht fällbar. Für die Fällung gilt, daß einwertige Metallionen weniger wirksam sind als zweiwertige und diese weniger als dreiwertige. Pallmann[24]) gibt an, daß Pektin mit einem Veresterungsgrad von 20% durch Kochsalz gefällt werden kann, höher verestertes (50% Veresterungsgrad) mit Calciumchlorid und hochverestertes (70% Veresterungsgrad) erst mit Aluminiumchlorid. Die Fällbarkeit durch Elektrolyte nimmt also mit zunehmender Veresterung bei gleichem Molekulargewicht ab. Von zwei Pektinen gleichen Veresterungsgrades ist das mit dem größeren Molekulargewicht leichter fällbar. Weitgehend entesterte Pektine lassen sich durch Säure ausfällen. Man benutzt dies bei ihrer Gewinnung (siehe S. 86—89). Desgleichen werden Pektate durch Säure gefällt.

C. Derivate des Pektins

Bei der Schilderung der geschichtlichen Entwicklung wurde bereits erwähnt, daß Henglein und Mitarbeiter[55, 57, 8]) bei ihren Arbeiten über die Konstitution des Pektinmoleküls die alkoholischen Hydroxylgruppen des Pektins mit Salpetersäure veresterten und die Viskosität dieser Ester in Aceton bestimmten. Analog zu der Bezeichnung „Nitrocellulose" nannten sie diese Ester „Nitropektin". Bock und Mitarbeiter[105]) schlugen auch eine Gewinnungsmethode von reinem Pektin durch Nitrierung von rohem Pflanzenmaterial, Abtrennung des gebildeten Nitropektins und Wiedergewinnung des Pektins durch Behandlung mit Ammoniumsulfid vor. Früher waren schon von Braconnot und von Smolenski Pektinnitrate hergestellt worden. In jüngster Zeit haben Lampitt und Mitarbeiter die Arbeiten von Schneider und Bock über die Salpetersäureester des Pektins in Vorversuchen wiederholt und die von diesen erzielten Ergebnisse bestätigt[106]). Bergström[107]) und Karrer, König und Usteri[108]) veresterten die Hydroxylgruppen des Pektins mit Schwefelsäure und erhielten hierbei Präparate, die eine hemmende Wirkung auf die Blutgerinnung ausüben. Pektin dagegen wird als Blutstillungsmittel angewandt (s. S. 179).
Veresterungen der alkoholischen Hydroxylgruppen des Pektins mit organischen Säuren wurden von Schneider und Ziervogel[56]) vorgenommen, die Acetyl- und Formylpektin aus Nitropektin herstellten. Neuere Veröffentlichungen von Carson und Maclay[109]) beschreiben die Herstellung von Pektindiacetat, -dipropionat und -dibutyrat durch Veresterung in Pyridin mit den entsprechenden Säureanhydriden bei 45°. Pektinlaurat, -myristat, -palmitat und -benzoat wurden von ihnen aus Citrus-Pektin in Pyridin mit den entsprechen-

den Säurechloriden hergestellt, desgleichen Pektinsäure-propionat und -butyrat aus in Formamid dispergierter Pektinsäure mit den Säureanhydriden[110]).

Eine interessante Arbeit von Deuel[115a]) aus den letzten Jahren behandelt die Einwirkung von Formaldehyd auf die Pektinstoffe. Hierbei reagiert der Formaldehyd mit den sekundären Hydroxylgruppen des Pektins unter Bildung von Formaldehyd-Pektinstoffen, welche verschiedenste Eigenschaften aufweisen, z. B. Bildung von homöopolaren Hauptvalenzgelen (s. S. 51). Die Pektinsäure wird durch Verbindung mit Formaldehyd wasserlöslicher. Völlig netzartig verknüpfte unlösliche Formaldehyd-Pektinsäure erwies sich als brauchbarer Kationenaustauscher.

Die freien Carboxylgruppen der Pektinstoffe können mit Methylalkohol verestert werden[54, 56, 57, 111, 112–112e]). Je nach den Versuchsbedingungen reagieren hierbei auch die Hydroxylgruppen unter Bildung von Äthern und die Aldehydgruppen unter Glucosidbildung[113]). Die völlige Veresterung führt meist zu einem starken Abbau des Pektinmoleküls. In den letzten Jahren arbeiteten über dieses Gebiet Jansen und Jang[114]), welche Galakturonsäure und Pektinsäure mit Methanol-Salzsäure veresterten. Glucosidbildung findet hierbei viel langsamer statt als die Esterbildung, und Galakturonsäure wird schneller verestert als Pektinsäure. Deuel[115b]) stellte mit Äthylenoxyd in Gegenwart von Wasser die Glykolester her. Hierbei wird die monomere Galakturonsäure langsamer verestert als die hochpolymere Pektinsäure. Der Glykolester der Pektinsäure wird durch das Enzym Pektase nicht verseift. Die Carboxylgruppen der Pektinstoffe lassen sich auch mit anderen 1,2-Epoxyden, wie Epichlorhydrin, Glycid und Propylenoxyd verestern[115b]). Ein Molekül Erythritdioxyd kann mit zwei Carboxylgruppen verschiedener Pektinmakromoleküle unter Bildung von homöopolaren Hauptvalenzgelen in Reaktion treten.

Micheel[116]) stellte Kondensationsprodukte mit Peptidbindungen aus Pektin und Proteinen bzw. Estern von Aminosäuren her, um Produkte mit Antigencharakter zu erhalten. An weiteren Reaktionen der Carboxylgruppen des Pektins sind die mit aliphatischen Aminen zu nennen. So gewann Carson[117]) aus Pektin von 10,7% Methoxylgehalt das n-Propyl- und n-Butylamid sowie aus methyliertem Pektin von 14,5% Methoxylgehalt das Äthyl-, n-Propyl-, n-Butyl-, n-Hexyl- und das n-Oktylamid. Siehe folgende Reaktionsgleichung:

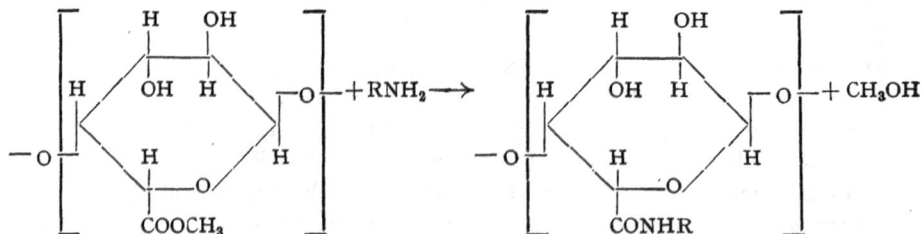

Neuere Zusammenfassungen über die Chemie und Physik der Pektinstoffe finden sich bei Bock[83]), Pallmann und Deuel[24]) und Joslyn u. Phaff[344]).

IV. Gewinnung der hochveresterten Pektine

A. Allgemeines

Infolge der schon mehrfach erwähnten Vielfalt der Pektinstoffe erhält man aus den zahlreichen, von der Natur dargebotenen Ausgangsmaterialien verschiedene Pektine, die sich in der Art und Menge ihrer Begleitstoffe, in der Größe ihrer Moleküle, in ihrem Veresterungsgrad und in ihrem Aschegehalt voneinander unterscheiden. Außerdem wirken natürlich auch die verschiedenen Gewinnungsmethoden in jeweils etwas anderer Weise auf die Pektinstoffe ein und führen somit zu etwas verschiedenartigen Endprodukten. Aus diesen Gründen muß sich die Art der Gewinnungsmethode sowohl nach der Beschaffenheit des gewählten Ausgangsmateriales, als auch nach der Art des angestrebten Endproduktes richten.

Im allgemeinen verfolgt man bei der Pektingewinnung das Ziel, nur solche Stoffe zu isolieren, die die praktisch wichtigste Eigenschaft des Pektins, sein Geliervermögen, in weitgehendem Maße besitzen. Die Hauptaufgabe muß also darin gesehen werden, möglichst reine, von einem Abbau ziemlich verschonte Produkte zu erhalten. Diese Aufgabe ist nicht so einfach, denn abgesehen von dem verhältnismäßig geringen Gehalt der Obstsäfte an bereits gelösten Pektinen, die für eine Gewinnung größerer Mengen nicht in Frage kommen, liegt die Hauptmenge der Pektinstoffe in den Pflanzenteilen in Form von in kaltem oder in lauwarmem Wasser unlöslichem Protopektin und Calciumverbindungen vor, die erst in lösliches Pektin umgewandelt werden müssen. Hierbei muß der Umwandlungsprozeß, der meist durch Erhitzen oder Kochen mit angesäuertem oder reinem Wasser geschieht, dergestalt in Grenzen gehalten werden, daß die gebildeten löslichen Pektine keinen weiteren Abbau erleiden, der ihre Gelierkraft mindern oder zerstören würde. Der eigentliche Ausgangsstoff für die Pektingewinnung ist das Protopektin, unlösliche Calciumverbindungen des Pektins können daneben durch Zusatz von calciumbindenden Mitteln in Lösung gebracht werden.

Die Ausgangsstoffe. Als Ausgangsmaterialien für die Pektingewinnung können praktisch alle Pflanzenteile dienen, welche das Protopektin in ausreichender Menge enthalten. Als solche kommen sowohl Wurzeln, Stengel und dicke Fruchtschalen, als auch fleischige Früchte in Betracht. Insbesondere empfehlen sich für eine Aufarbeitung eben gereifte Äpfel bzw. ihre nach dem Auspressen des Saftes verbliebenen Trester, Apfelsinen- und Zitronenschalen, Sonnenblumenkronen, oder für weniger wertvolle Pektine die Zuckerrüben bzw. ihre getrockneten Schnitzel. Auch Karotten, Topinamburknollen und

Trester von Beerenfrüchten, wie Erdbeeren und Johannisbeeren, können benutzt werden. Selbstverständlich kann man auch aus den Obstsäften selbst die schon gelösten Pektine durch Alkoholfällung gewinnen, aber nur in geringerem Maßstabe, und dieser Vorgang hat zweckmäßig getrennt von der Auskochung der Preßrückstände zu erfolgen, um die bei der Hydrolyse des Protopektins erhaltenen Pektine nicht durch die im Safte immer vorhandenen, bereits minderwertigen Pektinstoffe zu verunreinigen.

Die aus den Ausgangsstoffen gewinnbare Pektinmenge wechselt stark mit ihrem Alter und ihrer Behandlung vor der Verarbeitung. Aus diesem Grunde findet man in der Literatur sehr verschiedene Angaben, die überdies noch von der Bestimmungsmethode beeinflußt sind.

Für den Pektingehalt in den verschiedenen Ausgangsmaterialien werden gewöhnlich folgende Werte von Wilson (1925) und von Ehrlich (1932) genannt [118, 46].

Ausgangsmaterial·	Pektin im frischen Material %	Pektin im wasserfreien Material %
Apfeltrester . . .	1,5—2,5	15,0—18,0
Zitronenpulp . . .	2,5—4,0	30,0—35,0
Orangenpulp . . .	3,5—5,5	30,0—40,0
Rübenpulp	1,0	25,0—30,0
Karotten	0,62	7,14

Bei Extraktion mit Polyphosphaten erhält man nach Baker und Woodmansee (1944)[119] und nach Maclay und Nielsen (1948)[120] höhere Werte:

Feuchtes Ausgangsmaterial	Pektin (maximal) %
Apfeltrester	3,5
Grapefruitschalen .	5
Orangenschalen . .	7,5
Zitronenschalen . .	10

Stoikoff[121] findet 1948 bei Extraktion mit Oxalsäure folgende Werte:

Lufttrockenes Material	Pektin % als Ca-Pektat	Pektin % durch Alkoholfällung
Entkörnte Sonnenblumenkronen	22,00	23,15
Zuckerrübenschnitzel	18,60	20,47
Quittentrester	9,85	10,70
Apfeltrester	10,75	15,75
Entkörnte Maiskolben	0,62	0,98
Hanfstengelabfälle	1,10	1,13

Aus den Daten von Stoikoff ergibt sich, daß Sonnenblumenkronen ein hochwertiges Ausgangsmaterial für die Pektingewinnung darstellen, zumal das Sonnenblumenpektin dem Apfelpektin an Qualität nicht nachsteht[121]).
Über die Prüfung der Qualität von Trestern siehe S. 117.

Die Vorbehandlung des Ausgangsmaterials. Eine unerläßliche Voraussetzung für die Gewinnung eines hochwertigen Produktes ist zunächst die zweckmäßige Vorbehandlung des Ausgangsmaterials, das in möglichst frischem Zustande zur Verarbeitung kommen muß, oder falls dieses nicht möglich ist, sofort gründlich getrocknet werden muß, um einer Zerstörung der Pektinstoffe durch Bakterien und pflanzeneigene Enzyme vorzubeugen. Wenn es sehr saftreich ist, muß es nach grober Zerkleinerung zunächst durch gründliches Auspressen auf 55—60% Feuchtigkeit von den im Saft gelösten Pektinen, die z. T. schon weitgehend abgebaut sind, und von anderen Saftbestandteilen befreit werden. Danach kann die Trocknung folgen, die die Ausbeute erhöht, weil durch die Einwirkung der Hitze in Gegenwart von Feuchtigkeit schon ein Teil der späteren Protopektinhydrolyse vorweggenommen wird. Nach der Trocknung bzw. nach dem Auspressen des frisch zu verwendenden Materials muß noch eine gründliche Zerkleinerung mit einer Hackmaschine folgen, wenn man eine gute Ausbeute erhalten will. Daran schließt sich meistens ein Ausziehen mit Wasser von 35—40°, evtl. auch eine Extraktion mit Alkohol, die beide den Zweck verfolgen, den Rest an minderwertigen Pektinen sowie Zucker und Farbstoffe zu entfernen. Bei diesem Waschen der Trester darf nicht übersehen werden, daß auch wertvolles Pektin verloren geht. Mottern und Hills[123]) stellten fest, daß durch 15 Minuten langes Ausziehen bei 50° 14% Pektin von guter Qualität von der Gesamtpektinmenge in das Waschwasser übergehen.

In einem britischen Patent[124a]) wird der Zusatz von 0,01% Aluminiumsalz und von Myers[124b]) der Zusatz von 0,1% Kupfersalz zur Waschflüssigkeit vorgeschlagen, um das Pektin in schwer lösliches Pektinat zu verwandeln und so seinen Verlust zu verhindern. Der folgende Extraktionsprozeß muß aber dann in stärker saurer Lösung als sonst durchgeführt werden, da die Pektinate schwerer löslich sind.

Die Extraktion. Für die Hydrolyse des im Pflanzengewebe fest verankerten Protopektins, welche gewöhnlich durch Kochen mit Wasser oder durch Erhitzen in verdünnten Säuren erfolgt, bieten sich die verschiedensten Variationen, sowohl in der Art und Menge der gewählten Säure, als auch in der Zeitdauer und in der Höhe der Erhitzung. An und für sich ist es schon bei Zimmertemperatur möglich, durch starke Säureeinwirkung das Protopektin zu hydrolysieren[124]), und wenn man bei pH 0,7 und 40° C bzw. in 0,1 bis 1 n-Salzsäure arbeitet, wird nach Malsch[66]) die Molekülkette kaum angegriffen.

Die Faktoren, die den Gewinnungsvorgang beeinflussen, wurden insbesondere von Myers und Baker[125, 126]) einer eingehenden Prüfung unterzogen und führten zu dem Ergebnis, daß die Temperatur, die Erhitzungszeit und der pH-Wert bei der Extraktion genau aufeinander abgestimmt werden müssen, um neben einer befriedigenden Ausbeute ein Produkt von guter Qualität zu erhalten. Bei hohen Säurekonzentrationen muß die Temperatur niedriger gehalten werden, oder es sind bei hoher Temperatur und hohen Säurekonzentrationen geringere Extraktionszeiten erforderlich, wobei auch die Art der zugesetzten Säure eine Rolle spielt. Für die Verarbeitung von Citrusalbedo ergaben sich durchschnittlich die besten Resultate bei pH 2,15 und 30 Minuten langem Kochen, ohne Rücksicht auf die Art der angewandten Säure, oder bei Verwendung von Salzsäure bei pH 1,45 und nur 70° C innerhalb einer Stunde. Für die Gewinnung aus Apfeltrester[127]) erwiesen sich folgende Daten am geeignetsten: pH 3,15 bei 100° C und 15 Min. Kochzeit, oder bei pH 1,85 und 70° C innerhalb einer Stunde.

Eine gründliche Extraktion wird nach Olsen und Stuewer[128]) auch dadurch erreicht, daß man nach mehrstündigem Einweichen der gewaschenen Trester in Salzsäure die saure Pulpe auf das etwa Zehnfache verdünnt, mit Natriumbicarbonat das pH auf 2,7 bis 3 bringt und hier erst die Extraktion vor sich gehen läßt. Diese Methode führt meist zu Pektinen von geringerem Methoxylgehalt. In dem Kapitel über die niederveresterten Pektine wird sie näher beschrieben.

Die Herstellung eines gelierfähigen Rübenpektins wurde hauptsächlich in der Technik erarbeitet[129, 130]). Man erhielt relativ zufriedenstellende Ausbeuten und Qualitäten bei pH unter 2 und Temperaturen unter 50° C.

Außerdem ist es möglich, den Gewinnungsvorgang durch calciumbindende Mittel zu beeinflussen, welche die calciumhaltigen Pektinstoffe in Lösung bringen, die teils von Natur vorhanden sind, teils während des Extraktionsprozesses gebildet werden. Baker und Woodmansee[131]) fanden, daß bei Zusatz von Polyphosphaten die Extraktionszeit abgekürzt werden kann und daß die auf diese Weise erhaltenen Pektine Gele von größerer Klarheit zu bilden vermögen. Eine wesentliche Erhöhung der Ausbeute bei geringerer Behandlungsdauer wird nach Maclay und Nielsen u. anderen[120, 132]) durch Extraktion bei pH 2 bis 3 und etwa 60° in Gegenwart von Natriumhexametaphosphat erreicht. Für die Verwendung von Polyphosphat (1 bis 5%, bezogen auf das trockene Ausgangsmaterial) erwies sich auch eine Extraktion bei pH 2 bis 4 bei 80 bis 90° C in einem Zeitraum von 5 bis 60 Minuten als erfolgreich. Daneben kann auch durch Zusatz anderer Salze, wie Ammoniumoxalat,-citrat,-fluorid und mit Arsenaten, die Ausbeute gesteigert werden[133]). Wenn das Pektin später mit Aluminiumhydroxyd gefällt werden soll, empfiehlt es sich nicht, Polyphosphat anzuwenden, da das Aluminium dann schwer zu entfernen ist.

Die einfache Auskochung kann in mehreren Stufen vorgenommen werden, wobei man zunächst höherwertige und dann je nach der Zahl der Kochungen weniger wertvolle Produkte gewinnt. Die Auskochung mit Wasser wird im allgemeinen für die schonendste gehalten, aber nach Versuchen von Baker trifft dies nicht zu. Über die durchschnittliche Molekülgröße der Pektine in einzelnen wäßrigen Absuden aus verschiedenen Ausgangsstoffen geben Schneider und Bock nähere Auskunft. Ihre Pektine haben folgende Molekulargewichte[8]) (bestimmt durch Viskositätsmessung der Nitroester in Acetonlösung):

bei der Gewinnung von Apfelpektin
1. Absud   280000
2. Absud   220000
3. Absud   170000
4. Absud   90000

bei der Gewinnung von Citruspektin
1. Absud   220000

bei der Gewinnung von Orangenpektin
1. Absud   150000

bei der Gewinnung von Rübenpektin
1. Absud   20000—25000.

Zur Beschleunigung des Gewinnungsvorganges ist auch die Druckextraktion anwendbar, die im Autoklaven mit Wasser bei 0,5 bis 1,4 atü und 110 bis 125° C erfolgen kann. Allerdings läßt sich hierbei eine merkliche Verringerung der Gelierkraft der so gewonnenen Pektine nicht vermeiden. Ripa[17]) gibt für diese Art der Extraktion ein etwas milderes Verfahren an, bei welchem das Rohmaterial mit dem doppelten Volumen Wasser versetzt, im offenen Autoklaven so lange erhitzt wird, bis Dampf entweicht und das Thermometer 100° zeigt. Dann wird der Autoklav geschlossen und 30 Min. bei einem Dampfdruck von genau 0,5 atü belassen. Auch hier kann man die Extraktion mehrmals wiederholen. Neben den genannten Extraktionsverfahren wurde auch der Gebrauch von Alkyl- oder Arylestern[135]) von aliphatischen oder aromatischen Säuren vorgeschlagen, oder die Behandlung mit Säure-Alkohol[136]). Für die Gewinnung im großen Maßstab sind sie jedoch nicht wirtschaftlich genug. Die Säure-Alkohol-Methode dient für die Herstellung pharmazeutischer Präparate (siehe unter „Pektin-Albedo" Seite 80). Die modernste Methode ist die Pektingewinnung mit Hilfe von Ionenaustauschern, die auch in der Technik eingeführt wurde. Die in Wasser unlöslichen Salze des Pektins, die von Natur vorhanden sind oder während des Extraktionsprozesses durch die Gegenwart von mehrwertigen Metallionen entstehen, werden in diesem Verfahren gegen Wasserstoffionen ausgetauscht, so daß sich lösliches Pektin bildet. Ein Vorteil der Ionenaustauscher gegenüber dem Verfahren mit Phosphat ist, daß die Ionenaustauscher regeneriert werden können, die Phosphate hingegen gehen verloren. Im technischen Teil wird das Verfahren näher beschrieben (s. Seite 78).

Die durch die verschiedenen Extraktionsverfahren gewonnenen Absude werden gewöhnlich unter Zusatz von Kieselgur oder Aktivkohle filtriert, gelegentlich auch mit stärke- und eiweißabbauenden Enzymen[127]) von Stärke und Eiweiß befreit und dann getrennt im Vakuum zu dickflüssigen Lösungen eingeengt. Diese können durch Umfällen mittels Alkohol oder durch Dialyse[137]) gereinigt werden. Sollen die Lösungen gebleicht werden, so nimmt man Brom[138]) oder nach Pallmann und Deuel schonender Chlordioxyd oder Chlorit[84]). Nach dem Zufügen von Sterilisationsmitteln, wie schweflige Säure, Weinsäure oder

Benzoesäure oder auch nach Hitzesterilisation sind sie in gut verschlossenen Gefäßen bei niedriger Temperatur lange Zeit haltbar.

Will man das Pektin in trockener Form erhalten, so kann man die filtrierten und eingeengten Absude zur Trockene verdampfen. Am einfachsten geschieht das auf dem Wasserbade, wobei allerdings das Pektin durch das lange Erhitzen eine teilweise Zerstörung erleidet. Schonender ist eine möglichst weitgehende Einengung im Vakuum und eine darauffolgende Fällung in 70%iger alkoholischer Lösung. Die hierbei erhaltene Gallerte kann durch Wiederauflösen in Wasser und erneute Fällung in Alkohol von sinkender Konzentration (bis zu 50%) weiter gereinigt werden. Für die Gewinnung eines zu chemischen Untersuchungen dienenden Pektins ist die wiederholte Umfällung in Alkohol von sinkender Konzentration unerläßlich. Wie bereits erwähnt, werden hierdurch nicht nur die Ballaststoffe entfernt, sondern es findet auch eine Trennung nach Molekülgrößen statt, die bewirkt, daß nur hochwertige Pektine von großer Kettenlänge verbleiben. Schneider und Bock konnten auf diese Weise Citruspektinpräparate erhalten, die einen Gehalt von 92,5% Galakturonsäure und 11,4% Methoxyl aufwiesen, und Apfelpektinpräparate mit einem Galakturonsäuregehalt von etwa 92% und 12% Methoxyl.

Zur Entfernung der mineralischen Bestandteile ist es zweckmäßig, dem Alkohol bei der Umfällung etwas Salzsäure beizufügen. Selbstverständlich muß das gefällte Pektin später bis zum Verschwinden der Chlorreaktion mit Alkohol ausgewaschen werden.

Die fortgesetzte Umfällung des Pektins darf jedoch nicht zu weit getrieben werden, da es hierdurch Schaden leiden kann. Um dies zu vermeiden, kann die Reinigung im Laboratorium auch dadurch vorgenommen werden, daß man das Pektin auf der Nutsche mit salzsäurehaltigem Alkohol auswäscht (60%iger Alkohol mit 1 ccm konzentrierter Salzsäure pro 100 ccm). Hierbei ist allerdings ein großer Verbrauch an Alkohol in Kauf zu nehmen.

Die Abscheidung des Pektins aus seinen Lösungen kann auch durch Isopropylalkohol, Aceton, oder Aluminiumhydroxyd vorgenommen werden. Im letzteren Falle wird das Pektin, das ein negativ geladenes Kolloid ist, durch das kolloidale positiv geladene Aluminiumhydroxyd, das sich durch Zusatz von Ammoniak und Aluminiumsulfat bildet, zur Koagulation gebracht. Zur Entfernung des Aluminiums ist es notwendig, das Pektin gründlich mit salzsäurehaltigem Alkohol zu reinigen (Vorschrift s. Seite 68/69).

Man kann die Pektine auch je nach ihrem Veresterungsgrad mit Calciumsalzen zur Fällung bringen. Die Calciumpektinate von hochveresterten Pektinen sind wasserlöslich.

Die gereinigten Produkte werden schließlich im Vakuum bei etwa 60° getrocknet. Nach der Zerkleinerung besitzt man dann ein jahrelang haltbares Trockenpektin. Das Trockenvermahlen darf jedoch nicht in einer Kugelmühle erfolgen, da hierdurch eine Depolymerisierung des Pektins eintritt, die von einem Verlust der Gelierkraft begleitet ist [86]).

Im folgenden sei zunächst eine einfache, ziemlich allgemein gültige Anweisung für die Gewinnung eines gut gelierenden Pektinproduktes angegeben. Dieser folgen dann spezielle Vorschriften.

B. Einige Darstellungsmethoden im Laboratorium

Einfache Darstellungsmethode

Die pektinhaltigen, möglichst frisch geernteten Pflanzenmaterialien (z. B. Äpfel) werden zunächst in einer Hack- oder Schneidemaschine gründlich zerkleinert, in Koliertücher gegeben und in einer Saftpresse so gut wie irgend möglich zweimal ausgepreßt. Der erhaltene Saft wird aufgehoben und kann nach Wunsch später zur Gewinnung des im Saft gelösten Pektins dienen. Die Preßkuchen, die die Hauptmenge der Pektinstoffe in Form von Protopektin und ebenfalls unlöslichen Calciumverbindungen enthalten, werden dann wieder auseinandergepflückt und in einem großen emaillierten Kochtopf mit der zehnfachen Menge lauwarmem, destilliertem Wasser von etwa 35—40° eine halbe Stunde ausgewaschen und wieder ausgepreßt, um Zucker und andere Saftbestandteile zu entfernen. Das Waschwasser wird verworfen.

Die gereinigten Preßrückstände werden dann wieder in den Kochtopf gebracht und mit der zehnfachen Menge an destilliertem Wasser dreimal hintereinander jeweils ½ Stunde ausgekocht. Es empfiehlt sich, die ersten beiden Absude nur durch Abgießen durch ein Tuch von dem Pflanzenmaterial zu trennen, da durch ein Auspressen zuviel Trubstoffe in die Flüssigkeiten gelangen, die schwer zu beseitigen sind und die die nachfolgende Filtration erschweren. Erst nach dem Abgießen des dritten Absudes werden die ausgekochten Pflanzenteile ausgepreßt und die hierbei erhaltende Flüssigkeit mit dem dritten Absud vereinigt. Die erste Abkochung enthält die wertvollsten Pektinstoffe, während in den folgenden durch die längere Kochzeit bereits eine gewisse Verringerung der Molekülgröße stattgefunden hat, die ihre Qualität herabsetzt (s. S. 65).

Führt man die Extraktion in saurer Lösung durch, so erhält man größere Ausbeuten, es muß jedoch sorgfältig vorgegangen werden, damit das Pektinmolekül keinen Abbau erleidet. Man erzielt Endprodukte von guter Gelierkraft, wenn man die gewaschenen Apfeltrester in der 10fachen Menge destillierten Wassers zum Sieden erhitzt, dann 1n Salzsäure zugibt, bis das pH der Extraktionsflüssigkeit einen Wert von 3,15 angenommen hat und nun 15 Minuten kocht. Man kann auch bis pH 1,85 ansäuern und dann bei 70° eine Stunde extrahieren. Die einzelnen Absude werden dann zentrifugiert oder, falls man nicht im Besitze einer Zentrifuge ist, nach dem Seihen durch ein Tuch, durch ein grobkörniges Filtrierpapier auf der Nutsche abgesaugt und getrennt im Vakuum bei 30—40° eingeengt. Sie entsprechen bei einem Trockengewicht von 10% im allgemeinen einem ungereinigten flüssigen Handelspektin und können wie ein solches als Geliermittel verwendet werden.

Zur Erlangung eines reinen Trockenpektins fällt man das Pektin aus den eingedickten Lösungen mit 60%igem Äthylalkohol in der Weise, daß man 100 ccm der Lösung tropfenweise unter ständigem Rühren in 1 Liter 60%igem Alkohol einträgt. Der entstehende Niederschlag wird auf der Nutsche abgesaugt. Man gibt ihn dann in 60%igen Alkohol, der 5% Salzsäure enthält, und rührt mehrmals gut um. Nach einer halben Stunde saugt man wieder ab und wäscht mit salzsaurem Alkohol dreimal nach. Um das Pektin von der Salzsäure zu befreien, wäscht man so lange mit 60%igem Alkohol nach, bis im Filtrat keine Chloridreaktion mehr festzustellen ist. Dann wäscht man mit reinem Alkohol nach und trocknet das Pektin auf einem Tablett oder auf großen Petrischalen gut ausgebreitet bei 60° über Nacht im Trockenschrank oder im Vakuum. (Es empfiehlt sich, das feuchte Pektin nicht auf Filtrierpapier zu trocknen, da es hierbei leicht anklebt.)

Pektingewinnung aus Obstsaft

Aus dem anfänglich abgepreßten Pflanzen- oder Obstsaft läßt sich das gelöste Pektin durch Alkoholfällung abscheiden. Zu diesem Zweck zentrifugiert man den Saft oder filtriert ihn durch ein Koliertuch oder ein Saftfilter und fügt dann soviel 96%igen Äthylalkohol zu, daß auf je 1 Liter Saft 1700 ccm Alkohol kommen. Nach etwa einstündigem Stehen wird zentrifugiert oder abgesaugt, die Gallerte auf der Nutsche ziemlich fest ausgedrückt, erst mit 60%igem und dann mit 96%igem Alkohol gut durchgeknetet und eventuell mit Äther unter Ausdrücken getrocknet. Das erhaltene Pektin kann man zwecks weiterer Reinigung wie oben umfällen. Man trocknet es schließlich im Vakuum bei 60°.

Pektin aus Orangenschalen unter Anwendung von Metaphosphat*) (nach Maclay und Nielsen)[120]

Man bringt 500 g (85 g Trockengewicht) gemahlene Orangenschalen, die vorher mit einem Messer von der gefärbten Außenhaut befreit wurden, in 1½ Liter Wasser, welches mit Schwefelsäure auf pH 2,5 angesäuert ist. Dann gibt man 10 g Natriumhexametaphosphat hinzu, erhitzt die Reaktionsmischung zum Sieden und beläßt sie bei dieser Temperatur 30 Minuten unter Rühren. Die Mischung wird dann filtriert, das Filtrat gekühlt und das Pektin in der üblichen Weise mit Äthylalkohol gefällt. Die Fällung wird mit Äthylalkohol durch Nachwaschen gehärtet und anschließend getrocknet. Die Ausbeute ist 18,4 g, auf asche- und wasserfreier Basis berechnet. Die Güte des Pektins, in amerikanischen Geliergraden ausgedrückt, ist 171° (siehe Seite 113).

Pektin aus Zitronenschalen unter Anwendung von Metaphosphat und der Aluminiumhydroxydfällung (nach Maclay und Nielsen)[120]

Man entfernt mit dem Messer zunächst vorsichtig die äußere, gefärbte Schicht von Zitronenschalen und schneidet die Schalen in sehr feine Schnitten. 500 g derselben (etwa 95 g Trockengewicht) werden dann in 1½ Liter Wasser, das mit Schwefelsäure auf pH 2 angesäuert ist, dispergiert. Man gibt 5 g Natriumhexametaphosphat hinzu, erhitzt die Reaktionsmischung auf 60° und hält sie 2 Stunden auf dieser Temperatur unter gutem Rühren. Die Mischung wird dann filtriert und das Filtrat schnell auf Zimmertemperatur abgekühlt. Darauf gibt man zur Isolierung des Pektins 160 ccm einer 25%igen Aluminiumchloridlösung zu dem Filtrat und stellt das pH mit 25%iger Natriumcarbonatlösung

---

*) In diesen Vorschriften kann man anwenden: Natriumhexametaphosphat $(NaPO_3)_6$, Natriumtetrametaphosphat $(NaPO_3)_4$ oder Natriumtetraphosphat $(Na_6P_4O_{13})$.

auf 4,2 bis 4,4 ein. Der gefällte Pektin-Aluminium-Komplex wird durch Pressen von der Flüssigkeit befreit. Das Pektin wird dann aus dem feuchten Pektin-Aluminium-Komplex in folgender Weise abgetrennt: Auf je 100 g Preßkuchen gibt man 60 ccm 75%igen Äthylalkohol, der 5% Schwefelsäure enthält. Man mischt gut, rührt 15 Minuten, gibt 100 ccm der gleichen Alkohol-Schwefelsäure-Mischung hinzu und rührt weitere 15 Minuten. Das Material wird dann filtriert, in 150 ccm 30%igem Äthylalkohol, der 10% Schwefelsäure enthält, wieder suspendiert und noch einmal 15 Minuten gerührt. Dann wird das Pektin abfiltriert, mit 5%igem Alkohol gewaschen und wieder in 150 ccm 50%igem Äthylalkohol suspendiert. Das pH der alkoholischen Mischung wird anschließend auf 4 eingestellt, was durch Zugabe einer Lösung, die 50% Alkohol und 5,6% Ammoniumhydroxyd enthält, bewerkstelligt wird. Das Pektin wird abfiltriert, mit 50%igem Alkohol gewaschen, in 95%igem Alkohol gehärtet und dann getrocknet. Die Ausbeute beträgt 13,4 g, auf asche- und wasserfreier Basis berechnet. Die Güte des Pektins ist nach amerikanischen Geliergraden 212⁰ (siehe Seite 113).

Herstellung von gelierfähigem Pektin aus Rüben
(Nach einer Patentanmeldung der Pomosin-Werke Komm. Ges. Fischer & Co.)

Man vermischt 80 g entzuckerte Rübenschnitzel gründlich mit 1000 ccm 2%iger Salzsäure und läßt unter gelegentlichem Umrühren 18 Stunden bei 40⁰C stehen. Dann gießt man die Reaktionsmischung durch ein Koliertuch, preßt scharf ab und fällt aus dem erhaltenen Pektindünnsaft das Pektin mit Alkohol in der üblichen Weise. Das gefällte Pektin wird auf der Nutsche abgesaugt und getrocknet. Für ein Gel, das mit 1,5 g dieses Trockenpektins nach der Methode von Lüers (siehe Seite 110) zubereitet wird, wird die hohe Zerreißfähigkeit von 1090 g angegeben.

C. Die Gewinnung der hochveresterten Pektine in der Industrie

1. Wirtschaftliche Entwicklung

Die fabrikatorische Pektingewinnung ist noch ein verhältnismäßig junger Industriezweig. Sie begann vor etwa 40 Jahren und hat seither einen unerwartet schnellen Aufschwung genommen. Der Grund für diese erstaunliche Entwicklung, welche das in der Wissenschaft bereits seit 100 Jahren bekannte Pektin so verspätet erlebte, lag in dem starken Aufkommen der Lebensmittelindustrie. Diese verlangte einerseits mehr und mehr nach Gelier- und Verdickungsmitteln und brachte andererseits durch die wachsende Fabrikation von Fruchtsäften eine beträchtliche Vermehrung der Obstabfälle mit sich, für welche eine rentable Verwendung gesucht wurde. Die ersten Versuche zur technischen Pektingewinnung sollen in einer kleinen rheinischen Fabrik etwa im Jahre 1908 gemacht worden sein, wo Preßrückstände aus der Obstsaftgewinnung zur Darstellung eines Gelierhilfsmittels verwendet wurden. Während des 1. Weltkrieges, der für Deutschland eine große Verknappung an Rohstoffen mit sich brachte, wurde die Pektingewinnung für die Marmeladenherstellung und für den Ersatz anderer Geliermittel, wie Gelatine und Agar-Agar, stark gefördert. In den Vereinigten Staaten entstanden durch die Prohibition, welche zu einer gesteigerten Obstsaftgewinnung führte, sehr große Mengen an Preßrückständen aus Citrusfrüchten und Äpfeln, welche anfänglich als Viehfutter und Düngemittel verwendet, bald aber zur Darstellung des weit gewinnbringenderen und für die Industrie nützlichen Pektins herangezogen wurden. In der Folgezeit entwickelten sich in Amerika und in fast allen europäischen Ländern beachtliche Pektinindustrien, deren Bedarf an Rohstoffen teils durch den einheimischen Markt, teils durch Einfuhren aus anderen Gebieten gedeckt wurde.

Vor dem 2. Weltkriege nahm Deutschland in der Pektinerzeugung die erste Stelle ein. Da für die Apfelpektingewinnung die einheimischen Rohstoffe nicht ausreichten, wurden aus Frankreich, aus der Schweiz, aus England und aus den Vereinigten Staaten zusätzlich Apfeltrester bezogen, aus denen sowohl flüssiges Pektin, als auch Trockenpektine hergestellt wurden.

Daneben war in England auf Grund seiner ausgedehnten Jam- und Konfitürenerzeugung ebenfalls eine bedeutende Pektinindustrie entstanden. Da die Eigenerzeugung die benötigten Mengen nicht deckte, wurde aus Kanada, aus den Vereinigten Staaten und aus Italien Pektin bezogen. Im eigenen Lande wurden nur hochgereinigte, flüssige Pektine hergestellt, an deren Güte man große Anforderungen stellte. Das Trockenpektin lieferten Italien und die Vereinigten Staaten.

Von den anderen europäischen Ländern sind insbesondere noch Frankreich, Italien, Belgien, die Schweiz, die Tschechoslowakei und Österreich als Pektinproduzenten zu nennen. In Frankreich stellte man wie in England bis zum 2. Weltkrieg nur flüssiges Pektin her, während man in Italien auch dazu übergegangen war, aus Citrusfrüchten Trockenpektin zu gewinnen.

Ein beachtenswerter Pektinerzeuger ist auch die Sowjet-Union, in welcher erstmalig die technische Pektinherstellung aus Rübenschnitzeln für die Verwendung des Rübenpektins als Schlichtemittel in Angriff genommen wurde. Der letzte Krieg drängte die Apfelpektinerzeugung in Deutschland durch den Mangel an Rohmaterial stark in den Hintergrund, führte aber zur großtechnischen Darstellung von Rübenpektin, das von unserer Industrie zu einem gelierfähigen Produkt entwickelt wurde und heute noch einen großen Teil des Bedarfes decken muß. Während der letzten Jahre wurden von der deutschen Pektinindustrie nur flüssige Pektine auf den Markt gebracht. In jüngster Zeit ist man aber wieder dazu übergegangen, Trockenpektine herzustellen.

Neben die Apfel- und Rübenpektinerzeugung trat in Deutschland als neueste Entwicklung auch die Herstellung von Sonnenblumenpektin in den Liebenwalder Pektinwerken. Sie wurde von diesem Werk in der Zeit nach dem Waffenstillstand auch nach Westdeutschland übertragen und liefert ein Pektin von sehr guter Qualität. Wieweit sich allerdings der Anbau von Sonnenblumen unter unseren klimatischen Verhältnissen lohnen wird, ist heute noch nicht abzusehen.

Den ersten Platz in der Pektinerzeugung nehmen heute die Vereinigten Staaten von Amerika ein. Man stellt dort sowohl flüssige Pektine, als auch Trockenpektine aus Apfeltrester und Citrusschalen her. Die große Aufmerksamkeit, die man in Amerika in den letzten 10 Jahren der Pektinforschung widmete, führte auch zur technischen Erzeugung neuer Pektinprodukte, die der amerikanischen Pektinindustrie weitere Absatzmöglichkeiten erschlossen. Von diesen Produkten wird erst im Kapitel über die niederveresterten Pektine ausführlich gesprochen.

2. Deutsche und ausländische Pektingewinnungsbetriebe

Von den wichtigsten deutschen Pektinherstellungsbetrieben sind vor allem die *Pomosin-Werke* zu nennen, welche früher mit ihren Zweigwerken etwa 90% des in Deutschland gewonnenen Pektins produzierten. In den letzten Jahren brachten sie wegen des Aufkommens anderer Betriebe noch etwa 50% der deutschen Erzeugung auf. Ihre einzelnen Werke gliedern sich heute in die *Pomosin-Werke GmbH.*, Frankfurt/Main, die *Pektinwerke Hessenland GmbH.*, Raunheim, und das *Pektinwerk Niederrhein GmbH.*, Süchteln (Rheinland). Es wird dort Apfelpektin in flüssiger und trockener Form und seit dem letzten Kriege auch eine große Menge Rübenpektin erzeugt. Die den Pomosin-Werken angeschlossene *Opekta-Gesellschaft mbH.*, Köln-Riehl, bringt vor allem von diesen hergestellte Apfelpektine für den Gebrauch als Geliermittel im Haushalt auf den Markt. In den Westzonen bekannte Pektinfabriken sind ferner: die *Friedrich Kaiser GmbH.* in Waiblingen bei Stuttgart, welche ausschließlich Apfelpektin herstellt, die *Süddeutschen Pektinwerke eGmbH.*, Heilbronn/Neckar, die *Pektin-Werke Liebenwalde*, Hessisch-Oldendorf, welche auch Rübenpektin erzeugen und sich vor allem um die Entwicklung des Sonnenblumenpektins verdient machten, sodann die *Süddeutsche Obstverwertungsgesellschaft mbH.*, Stuttgart-Untertürkheim, die Pektin-Fabrik *Hermann Herbstreith K.G.*, Neuenbürg/Württ., die *Pomo! GmbH.*, Stuttgart-Zuffenhausen, welche als Rohstoffe die Trester aus dem eigenen Fruchtsaftbetrieb verwendet, die *Schwartauer-Werke A.G.* in Bad Schwartau, welche die mit ihr verbundene bekannte Schwartauer Marmeladenindustrie versorgen, ferner *Rackles Goldquell GmbH.*, Großkelterei, Brennerei und Pektinfabrik, Frankfurt/Main, *Klingworth & Co.*, Obstverwertung und Pektinfabrik, Buxtehude, die *Schwarzer Früchteverwertung GmbH.*, Rastatt und *Vahrmeyer & Kruse*, Bramsche.

Außer den genannten Werken erzeugen noch zahlreiche andere Firmen Geliersäfte und Pektine in kleinerem Maße.

Aus der russisch besetzten Zone lassen sich wegen der Schwierigkeit, Anschiften von dort zu erlangen, nur die bekannten *Pektin-Werke Liebenwalde* in Liebenwalde/Finowkanal und die *Pektinfabrik Kurt Richter*, Tharandt/Bez. Dresden, nennen.

Bekannte ausländische Firmen sind

in der Schweiz: die *Unipektin AG.*, Zürich und

in England: *W. M. Evans & Co.*, Herford u. Devon, welche Apfelpektin unter dem Namen „Elpex" herstellen, und

   H. P. Balmer & Co., Herford, London und Manchester, deren Produkte als „Balmers Firmajel" in den Handel kommen.

in USA.: die *California Fruit Growers Exchange*, Ontario, Calif., die *Speas Company* mit ihrem Hauptsitz in Kansas City 1, Missouri und die *General Foods Corporation*, New York, N. Y.

3. Die Ausgangsmaterialien in der Technik

Die deutsche Pektinindustrie benutzt als Ausgangsmaterial hauptsächlich die in den Obstereien anfallenden Apfeltrester und die nach der Zuckergewinnung verbleibenden Rübenschnitzel, welche von den Zuckerfabriken in getrocknetem Zustande geliefert werden, daneben in neuester Zeit auch die Blütenkörbe der Sonnenblumen, die nach der Ölgewinnung verbleiben. Für Amerika und Italien stellen auch die Schalen der Citrusfrüchte einen wichtigen Rohstoff dar. Andere Ausgangsstoffe kommen neben diesen genannten Rohmaterialien für die Industrie kaum in Betracht, obwohl man natürlich bestrebt ist, Pflanzenabfälle verschiedenster Art (z. B. Rückstände der Flachsverarbeitung) noch für eine geringe Pektingewinnung auszunutzen. In diesem Zusammenhang sei nur kurz auf die Alkalipektate verwiesen, die man in Ost-Afrika aus den Abfällen von Sisal-Hanf gewinnt. Über den durchschnittlichen Pektingehalt der wichtigsten Rohstoffe wurde bereits auf Seite 62 gesprochen. Danach stehen Sonnenblumenkronen und Citrusschalen an erster Stelle. Diesen folgen die Zuckerrübenschnitzel und diesen wieder die Apfeltrester. Da das Rübenpektin aber nur geringe Gelierkraft besitzt, tritt die Rübe wertmäßig als Ausgangsmaterial hinter die Apfeltrester zurück. Bei allen zur Verwendung kommenden Rohstoffen handelt es sich um einstiges Abfallmaterial, dessen Ausnützung zur Gewinnung eines Zusatzmittels für die menschliche Ernährung von großer wirtschaftlicher Bedeutung ist.

4. Der technische Gewinnungsprozeß

Über die verschiedenen Wege, die bei der Pektingewinnung eingeschlagen werden können, wurde schon berichtet. Der Arbeitsgang setzt bereits bei der Vorbehandlung des Ausgangsmaterials ein und gliedert sich dann in den Extraktionsprozeß, in die Reinigung und Einengung der Extrakte und bei der Herstellung von Trockenpektinen in die Ausfällung und Trocknung des durch die Hydrolyse gebildeten löslichen Pektins. Auf Grund der vielen Variationen, die bei der Ausführung der einzelnen Schritte möglich sind, hat sich in den verschiedenen Fabriken eine große Zahl von Verfahren herausgebildet, die zum Teil auf die Ergebnisse wissenschaftlicher Untersuchungen, zum Teil auf die jeweils im eigenen Betrieb gemachten Erfahrungen aufgebaut sind. Da es im Rahmen dieses Buches nicht möglich ist, auf alle verwendeten Methoden genau einzugehen, sollen zunächst nur die hauptsächlich angewandten Verfahren für die Gewinnung des für uns in Deutschland so wichtigen Apfel- und Rübenpektins wiedergegeben werden. Im Zusammenhang damit folgen noch einige Ausführungen über das Sonnenblumenpektin. Zum Schluß wird die technische Gewinnung von Citruspektin mit Hilfe von Ionenaustauschern und die Herstellung von Pektin-Albedo beschrieben.

a) Die Vorbehandlung des Ausgangsmaterials

Die zur Pektingewinnung dienenden Apfeltrester werden den Fabriken in den meisten Fällen in feuchtem Zustande mit einem Wassergehalt von 55—60% direkt von den Obstereien geliefert. Wegen der Gefahr der Zerstörung des Pektins durch Bakterien und Enzyme ist die Schnelligkeit des Transportes und die sofortige gründliche Trocknung ausschlaggebend für die Güte des Endproduktes. Um eine gleichmäßige Trocknung zu gewährleisten, zerkleinert man die Trester grob in einem Zerreißwalzwerk oder in einer Tresterschleuder. Man ist stellenweise auch zur Naßvermahlung übergegangen, die eine bessere Ausbeute sichern soll.

Das zerkleinerte Gut wird dann gewöhnlich mit einer Rohrschnecke dem Trockner zugeführt. Man kann auf der Trommel mit Verbrennungsgasen — meist Koks — und auf Horden mit indirektem Dampf trocknen. Das letzte Verfahren, das ein helleres und hochwertiges Trockengut gibt, ist teurer und meist in Amerika üblich, während die Trommeltrocknung mehr in Europa ausgeübt wird. Gelegentlich wird der Trommeltrocknung noch eine Trocknung im Gegenstrom vorgeschaltet. Hierbei werden die feuchten Trester am oberen Ende des Trockenofens den ebenfalls oben von der Gegenseite eintretenden, etwa 300 bis 400⁰ heißen Feuerungsgasen entgegengeführt und unter Rühren stufenweise durch den Ofen abwärts bewegt, wo die Gase mit etwa 70⁰ austreten[339]). Nach dem Trocknungsvorgang dürfen die Trester einen Feuchtigkeitsgehalt von 6 bis 10% nicht überschreiten, um eine genügende Haltbarkeit zu gewährleisten. Für kleinere Betriebe sind auch fahrbare Trockner üblich. Das so getrocknete Gut ist lagerfähig. Die Lagerung geschieht gewöhnlich in Säcken aus Jute oder Papier oder auch in losen Haufen. Durch Bewegung der getrockneten Trester muß in den ersten Tagen nach der Trocknung dafür Sorge getragen werden, daß die Abkühlung schnell erfolgt und ein „Schwitzen" des Gutes vermieden wird. Bei der Lagerung in großen Mengen ist die Gefahr der Erhitzung besonders groß. In einigen Betrieben dienen in die Trester gesteckte Thermometer zur Beobachtung der Temperatur. Über die günstige Wirkung, welche die Trocknung auf die Pektinausbeute ausübt, wurde bereits gesprochen. Wenn die Trocknung der Trester nicht möglich ist oder wenn die Anlieferung derselben zu lange Zeit erfordert, behilft man sich durch eine Einmischung von 5%iger schwefliger Säure[139, 140, 141]) in einer Menge, die 10% des Trestergewichtes entspricht. In diesem Zusammenhang sei auf die Versuche von Morris[142]) verwiesen, welcher ein Anwachsen der Gelierkraft der Pektine fand, wenn die Pülpe zur Zerstörung der Enzyme zunächst erhitzt und dann in schwefliger Säure gelagert wurde. Lagerungsversuche im Institut für Lebensmitteltechnologie München bestätigten dieses Ergebnis. Das Anwachsen der Gelierkraft dürfte auf teilweise Entesterung des Pektins durch die Säure zurückzuführen sein. Das Verfahren, die Trester durch Gefrieren vor dem Verderb zu schützen, ist in Deutschland nicht üblich, wird aber in Amerika häufig angewandt, desgleichen die Vorbehandlung der Trester mit Alkohol[46,143]), die zur Entfernung der Tannine, der Zucker- und Farbstoffe usw. und zur Hemmung der pektinabbauenden Enzyme dient.

b) Die Extraktion des Apfelpektins

Bei der Herstellung des Apfelpektins werden die getrockneten, gelegentlich auch in SO_2 eingelagerten oder in ganz frischem Zustand zur Verwendung kommenden Trester im allgemeinen zunächst in mit Rührwerk versehene Extraktionsbehälter gegeben, wo sie mit der 10fachen Menge enthärtetem oder wenigstens nicht zu hartem Wasser bei ungefähr 35—40⁰ 2 Stunden lang gewaschen wer-

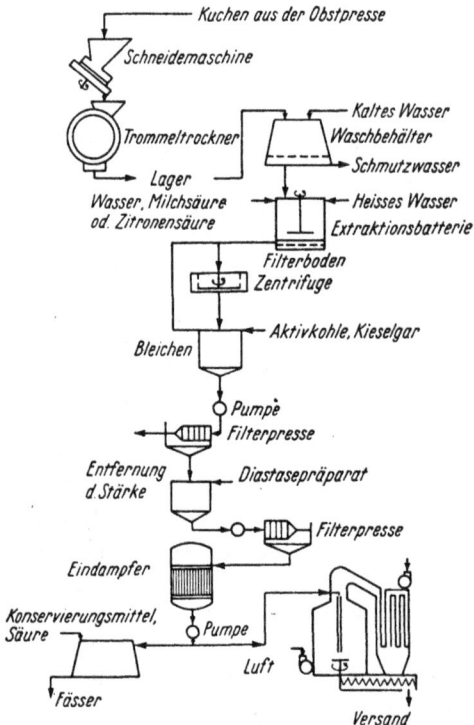

Abb. 13. Schematische Darstellung der Apfelpektin-Gewinnung

den. Hierbei werden nicht nur Verunreinigungen, sondern auch die immer vorhandenen abgebauten, nicht mehr gelierfähigen Pektine, lösliche Extraktstoffe, wie Zucker, Salze, Gerb- und Farbstoffe, entfernt. Bei ausreichendem Zuckergehalt wird dieser Kaltauszug nach dem Abziehen eingedickt und als Apfelkraut auf den Markt gebracht, anderenfalls wird er verworfen.

Nach dem Auswaschen und Abpressen werden die Trester mit der etwa 10fachen Menge oder auch weniger heißem Wasser versetzt und die Säure unter langsamer Bewegung zugegeben. Meist wird 80%ige Milchsäure oder Zitronensäure in einer Menge von 2—7%, auf Trockentrester berechnet, zugesetzt und 20 Minuten bis 1 Stunde extrahiert. Die Hydrolyse wird also durchschnittlich in 0,2-bis etwa 0,6%iger Milch- oder Zitronensäurelösung durchgeführt. Die hauptsächlich angewandten Temperaturen sind 50—60⁰, 70—90⁰ und 100⁰. Die hierdurch sich ergebenden Variationsmöglichkeiten werden noch durch die Anwendung anderer, nicht organischer Säuren vermehrt. So wird z. B. schweflige Säure mit diesen gemischt oder auch allein verwendet. Im letzten Fall findet man auch auffallend lange Extraktionszeiten. In einem Verfahren wird z. B. die schweflige Säure als etwa 5%ige Säure zugegeben und die Extraktion bei pH 2 und 70⁰ 12 Stunden lang oder bei pH 1 und 55⁰ 16 bis 18 Stunden lang durchgeführt. Die schweflige Säure wird wegen ihres Bleicheffektes gern genommen. Von den anderen Mineralsäuren benutzt man auch Salzsäure, Phosphorsäure — die häufig als Katalysator dient[144] — und Schwefelsäure[145]) allein oder in Mischungen mit den anderen Säuren (Abb. 13 u. 14).

Als Extraktionsgefäße dienen entweder eiserne Behälter, die mit Steingut ausgekleidet sind, oder Behälter aus rostfreiem Stahl, Aluminium oder Holz. Die

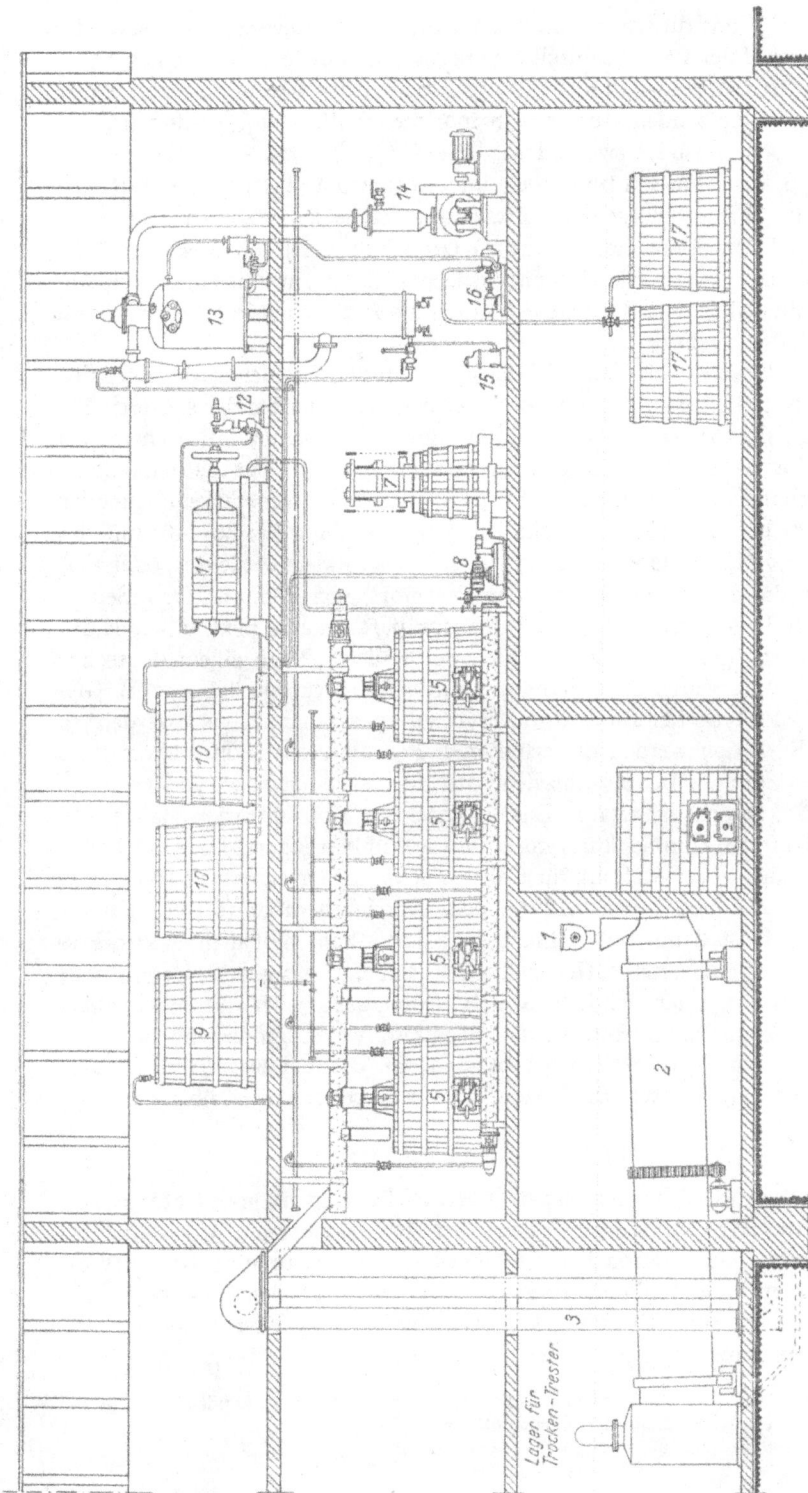

Abb. 14. Schema einer Pektin-Gewinnungs-Anlage

1. Transportschnecke für gemahlenen Naßtrester, 2. Trockentrommel, 3. Elevator für Trockentrester, 4. Transportschnecke für Trockentrester, 5. Extraktionsbatterie, 6. Transportschnecke für ausgelaugte Trester, 7. Hydraulische Presse, 8. Dünnsaftpumpe, 9. Heißwasserbereiter, 10. Dünnsaft-Bottiche, 11. Filterpresse, 12. Filterpreß-Pumpe, 13. Eindampf-Apparatur, 14. Luftpumpe mit Einspritzkondensator, 15. Automatischer Kondenswasser-Ableiter, 16. Konzentrat- bzw. Dicksaftpumpe, 17. Bottiche für fertiges Pektin

(Bösche, E., u. L. Werner, Süßwarenwirtschaft 15. Jahrg. Spezialheft 358, S. 22)

Heizung erfolgt mit direktem Dampf oder durch eine Heizschlange. Nach der Extraktion wird der Extrakt durch eine poröse, gesinterte oder durch eine perforierte Bodenplatte oder durch Gitter im Boden der Gefäße abgezogen und an dem zurückbleibenden Gut, das in manchen Fällen ausgepreßt wird, die Hydrolyse noch ein- oder zweimal wiederholt[340]).

Findet die Extraktion kontinuierlich im Gegenstrom statt, so erübrigt sich natürlich die Wiederholung der Extraktion. Schneckenextrakteure befinden sich aber in Deutschland noch nicht im Großeinsatz. Die im Ausland häufig angewandte Druckextraktion kommt in Deutschland zur Zeit nicht zur Anwendung, obwohl Patente bestehen[146]), auch die Extraktion in Gegenwart von Polyphosphaten nicht.

Die bei den verschiedenen Extraktionsverfahren gewonnenen Absude werden je nach ihrer Stärke gemischt und evtl. zentrifugiert, um bei der späteren Filtration die Filter zu entlasten. Wenn sie durch Extraktion mit schwefliger Säure bereitet wurden, werden sie vorher entlüftet. Dann folgt die Behandlung mit Entfärbungskohle oder Kieselgur oder Asbest und mit stärkeabbauenden Enzymen[127]) und die Filtration. Zur Enzymbehandlung bei 30—40⁰ und bei pH 3,2 bis 3,6 dienen Aspergillus oryzae, auf Weizenkleie gezüchtet, oder Präparate, wie Protozym, Clarase, oder ein Pectinol*) von Röhm & Haas. Selbstverständlich dürfen die benutzten Fermentpräparate keine pektinabbauenden Fermente enthalten, wie es gelegentlich der Fall ist. Nach einem deutschen Patent[147]) können durch die Behandlung mit α-Aminocarbonsäuren, z. B. Glykokoll, die pektolytischen Enzyme in Amylasepräparaten inaktiviert werden**). Nach der Filtration werden die erhaltenen Pektindünnsäfte in mehrstufigen Vakuumverdampfern bei 90⁰ abfallend auf 40—50⁰ eingedickt, und zwar auf etwa 8—12% Trockensubstanz. Das Ausmaß der Konzentration hängt von der Gelierkraft ab. Zum Schluß werden die abgekühlten Konzentrate mit Milch- oder Zitronensäure versetzt, um für Gelierzwecke einen geeigneten pH-Wert zu schaffen und mit SO_2 (etwa 0,125%) oder Natriumbenzoat (0,18%) konserviert. Das pH ist dann durchschnittlich 2,7 bis 2,9. Will man Pektin-Präparate von standardisierter Gelierfähigkeit haben, so werden verschiedene Chargen gemischt. Nach der Lebensmittel-Gesetzgebung[148]) muß ein flüssiges Pektin mindestens 2,5% Pektinstoffe enthalten, wobei mindestens 25% der Trockenmasse aus Pektin bestehen müssen. In Amerika werden die Pektinextrakte vorwiegend durch Hitze sterilisiert, was bei uns nicht üblich ist.

c) Die Trockenpektine

Zur Darstellung der Trockenpektine werden die Pektinkonzentrate in Zerstäubungstrocknern, von denen vermutlich im Gleichstrom arbeitende besonders geeignet sind, getrocknet. In Amerika wendet man auch Walzentrockner an. Die mit Zerstäubungstrocknern erhaltenen Trockenpektine sind im allgemeinen hygroskopisch und lassen sich schwerer in Wasser dispergieren als die mit Walzentrocknern erhaltenen, es sei denn, daß ihre Teilchengröße ver-

---

*) Röhm & Haas, Darmstadt, stellen außer dem pektolytisch wirkenden „Pectinol K conc." auch ein stärkeabbauendes „Pectinol spezial 2" her.
**) Siehe hierzu Seite 149.

größert wird[101]). Man versetzt die Trockenpektine gewöhnlich mit etwas Weinsäure und gibt ihnen, um ihre Löslichkeit zu verbessern und Klumpenbildung zu vermeiden, die 3—6fache Menge Zucker zu. Reinigung des so dargestellten Trockenpektins mit Alkohol ist z. Z. in Deutschland nicht üblich. Dagegen wird auch bei uns gelegentlich Trockenpektin durch Fällung des Pektins aus seinen eingedickten Lösungen mit organischen Lösungsmitteln erhalten[149]).

d) Die Extraktion des Rübenpektins

Die Extraktion des für uns in Deutschland so wichtigen Rübenpektins, zu der wir großtechnisch erst infolge der Notlage des Krieges übergingen, wurde bei uns besonders durch die Arbeiten der Pomosin-Werke[129]) zur Herstellung gelierfähiger Produkte weiterentwickelt und gefördert. Sie geschieht entweder mit Salzsäure allein oder in Verbindung mit schwefliger Säure[341]) bei einer etwas stärkeren Säurekonzentration als bei der Gewinnung von Apfelpektin, so z.B. bei pH 1 und 55⁰ etwa 16 Stunden lang. Auf die vorhergehende Waschung der Schnitzel mit kaltem Wasser wird hierbei verzichtet. Dann folgt die Ausflockung des Pektins durch Aluminiumhydroxyd. Zu diesem Zweck werden die in etwa 100 000 Liter fassende große Fällungstanks eingebrachten Extrakte mit 1% Aluminiumsulfat versetzt und dann flüssiges Ammoniak zugegeben, bis ein pH 4 erreicht wird. Nach 2—3 Stunden wird die Flüssigkeit unter dem schwimmenden Niederschlag abgezogen. Die Fällung wird dann 1- bis 2mal mit kaltem Wasser gewaschen, wobei sie von Hand mittels hölzernen Paddeln durchgerührt wird. Nach dem Abziehen des Waschwassers läßt man den Niederschlag abtropfen und löst ihn in 1%iger Zitronensäure, wobei man je nach der Gelierkraft eine Lösung von 8—12% Trockensubstanz herstellt. Der Pektingehalt des Endproduktes ist etwa 4—5%. Es enthält etwa 4% Aluminium vom Pektintrockengewicht. In Amerika ist die Fällung des Pektins mit Aluminium bei der Bereitung von Citruspektin schon lange eingeführt und wird dort, seit die Originalpatente der California Fruit Growers Exchange erloschen sind, in großem Maße angewandt. Man reinigt dort das Pektin von dem mitgeführten Aluminium durch Behandlung mit Alkohol, der mit Salzsäure angesäuert ist. Vorteilhaft am Fällungsverfahren ist der geringe Kohlenverbrauch. Auch bei der Herstellung von Apfelpektin hat die Fällung mit kolloidalem Aluminiumhydroxyd gelegentlich Verwendung gefunden.

e) Das Sonnenblumenpektin

Um die Gewinnung des Pektins aus getrockneten Sonnenblumenkronen hat sich Hußmann (Liebenwalde und Hess. Oldendorf) erfolgreich bemüht. Sie wird im Prinzip nach den üblichen genannten Verfahren durchgeführt und soll Pektin von außerordentlich hoher Qualität liefern. Nach den Angaben von Ziegelmayer[122]) eignen sich in unserem Klima die frühreifen Müncheberger Zuchtstämme besonders gut für den Anbau und für die Verarbeitung, die gleichzeitig mit der Ölgewinnung erfolgt, und somit die letzten Reste der Sonnenblume ausnützt. Da die geernteten Sonnenblumen längeren Transport und Lagerung ebenso wenig ertragen wie frische Apfeltrester, muß der Anbau in der Nähe der Fabrik stattfinden und das Rohmaterial nach dem Einbringen sofort gedroschen und getrocknet werden. — Stoikoff[121]), welcher sowohl die Pektinausbeute aus den verschiedenen Teilen der Sonnenblumen als auch die Eignung verschiedener Säuren für die Extraktion untersuchte, gibt an, nur aus der entkörnten Krone bei Extraktion mit Oxalsäure ein gut gelierendes Pektin erhalten zu haben. Seine Ausbeuten an gereinigtem Trockenpektin bei der Oxalsäure-Extraktion bei pH 2,6 und 1 Stunde bei Siedetemperatur betragen, berechnet auf ein Ausgangsmaterial mit 10% Wassergehalt:

$$
\text{Pflanzenteil}
\begin{cases}
\text{entkörnte Krone} & 23,6\% \\
\text{Parenchym der Krone} & 19,5\% \\
\text{Stiele} & 10,5\% \\
\text{Mark der Stiele} & 23,3\%
\end{cases}
\text{Pektin}
$$

Bei der Verwendung verschiedener Säuren bei pH 2,6 ergaben sich aus Sonnenblumenkronen folgende Werte (ebenfalls auf Ausgangsmaterial mit 10% Wassergehalt berechnet):

$$
\text{Extraktion mit}
\begin{cases}
\text{Salzsäure} & 8,3\% \\
\text{Weinsäure} & 23,7\% \\
\text{Oxalsäure} & 23,6\%
\end{cases}
\text{Pektin}
$$

Die mit Salz- oder Weinsäure extrahierten Pektine besitzen nach Stoikoff geringere Gelierkraft als die mit Oxalsäure behandelten. Die Stiele liefern nur minderwertiges Pektin.

Die Ausbeuten. Die Ausbeuten bei den verschiedenen Verfahren hängen natürlich nicht nur von diesem selbst, sondern auch von der Beschaffenheit des Ausgangsmaterials und von der angestrebten Güte des Endproduktes ab. Bei der Apfelpektingewinnung erhält man pro Tonne getrocknetes Rohmaterial etwa 2,7 bis 4 Tonnen flüssiges Pektin mit etwa 8—12% Trockensubstanzgehalt, bei der Rübenpektingewinnung etwa 2,5 bis 3 Tonnen mit ebenfalls 8—12% Trockensubstanzgehalt, bei der Pektingewinnung aus getrockneten Sonnenblumenkronen etwa 8,8 Tonnen mit etwa 6% Trockensubstanzgehalt. Citruspektine und Apfelpektine besitzen sehr gute Gelierkraft. Ebenso wird das ausgezeichnete Geliervermögen des Sonnenblumenpektins gelobt. Das Rübenpektin steht in dieser Eigenschaft den anderen Pektinen nach, ist aber immerhin befähigt, in unserer Marmeladenindustrie als guter Ersatz für das für den Bedarf bei weitem nicht ausreichende Apfelpektin zu dienen.

f) Die Pektingewinnung mit Kationenaustauschern

Eine interessante und wichtige Neuerung auf dem Gebiet der Pektingewinnung ist die Anwendung von Kationenaustauschern[150, 151]), die erst in den letzten Jahren in die Technik eingeführt wurde. Das Wesen dieses Verfahrens besteht darin, daß der Kationenaustauscher, z. B. Wofatit oder ein Zeolith, die mehrwertigen Metallionen der Pektinsalze gegen Wasserstoffionen austauscht und auf diese Weise lösliches Pektin bildet. Der Ersatz der Metallionen durch Wasserstoffionen bewirkt gleichzeitig ein Absinken des pH-Wertes auf etwa 2,7, wodurch bei Zuführung von Wärme weitere Pektinsalze in Lösung gehen. Das Pektin wird also mit Hilfe dieses Verfahrens auf sehr schonende Weise freigemacht, ohne, wie es sonst bei Anwendung hoher Wasserstoffionenkonzentrationen geschieht, einen Abbau zu erleiden.

Als Beispiel sei im folgenden die Pektingewinnung aus Grapefruitschalen wiedergegeben, wie sie in den letzten 7 Jahren durch die Universal Colloids Company, Inc., MacAllen, Tex., USA., vorgenommen wird[152]) (Abb. 15).

Die angelieferten frischen Grapefruitschalen werden aus dem Behälter (a) zunächst auf ein geneigtes Förderband gebracht, dort unter Absprühen gewaschen und in einem Siebzylinder (b) von anhaftendem Pulp und von Kernen befreit. Sie werden dann vom Tank (c) aufgenommen und von hier aus in die Mühle (d) gebracht. Die gemahlenen Schalen kommen dann in einen Wasch-Tank, in dem

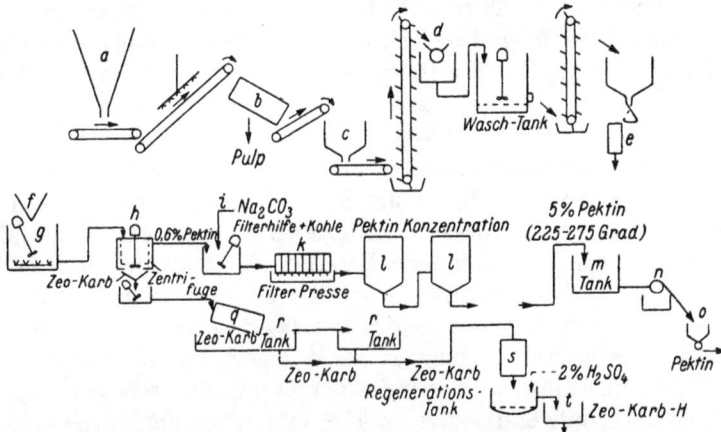

Abb. 15. Pektin-Gewinnung mit Kationenaustauscher
(Beohner u. Mindler)

sie einmal mit fast kochendem Wasser zur Inaktivierung der Enzyme und zweimal mit Wasser von 60° gewaschen werden. Die gewaschenen Schalen werden dann in der hydraulischen Presse (e) ausgepreßt und entweder für eine spätere Verarbeitung getrocknet und gelagert oder in frischem Zustande gleich weiterverarbeitet. Hierzu werden auf der Waage (f) 5 Gewichtsteile Schalen auf ein Gewichtsteil feuchtes Zeo-Karb (39,5% Wassergehalt) abgewogen, Wasser hinzugegeben und die Mischung im Extraktionstank (g) eine Stunde unter Rühren auf etwa 90 bis 91° gehalten. Hier findet dann unter Absinken des pH-Wertes auf etwa 2,7 der Ionenaustausch statt. Die Extraktionsmischung wird dann in der Zentrifuge (h) zentrifugiert, wobei sich das Zeo-Karb mehr im äußeren Teil, die extrahierte Pülpe mehr im inneren Teil der Zentrifuge ansammelt. Die ungefähr 0,6% Pektin enthaltende Lösung wird darauf im Tank (i) mit Filterhilfe und Aktivkohle gereinigt, in der Filter-Presse (k) filtriert und in einem zweistufigen Vakuumverdampfer (l) konzentriert. Hierbei erhält man eine 5%ige Pektinlösung. Im Mischtank (m) wird sie dann auf die gewünschte Stärke gemischt, im Walzentrockner (n) getrocknet und in der Mühle (o) wird das erhaltene Trockenpektin dann gemahlen.

Die Regenerierung des Kationenaustauschers, der sich in der Zentrifuge (h) angesammelt hat, geschieht folgendermaßen: Die Mischung aus abzentrifu-

giertem Zeo-Karb und ausgezogener Schalenmasse wird in einen Rühr-
tank und von dort in einen Siebzylinder (q) gebracht, aus dem das
Zeo-Karb mit Wasser herausgewaschen und so von der Schalenmasse getrennt
wird. In den Tanks (r) läßt man es absitzen und bringt es dann in einen Lagertank (s) und von dort in den Regenerationstank, wo es noch einmal gründlich
gewaschen und mit 2%iger Schwefelsäure regeneriert wird. Die überschüssige
Schwefelsäure wird dann ausgespült und das regenerierte Zeo-Karb für den
erneuten Gebrauch im Tank (t) gelagert.

Das Pektin, das man mit diesem Verfahren erhält, besitzt vor dem Mischen
durchschnittlich 260 amerikanische Geliergrade (s. S. 113), es sollen jedoch
auch Geliergrade über 300 erreicht worden sein. Aus 1 Zentner gewaschener
Schalen werden 3 kg 100grädiges Pektin als Ausbeute angegeben. Der Verlust
an Zeo-Karb pro kg produziertes 100grädiges Pektin beträgt nur 0,15 bis 0,2 kg.

g) Herstellung von „Pektin-Albedo"

Die Überführung der unlöslichen Pektinstoffe in lösliches Pektin mittels der
Säure-Alkohol-Behandlung[136]), die auf Seite 65 bereits erwähnt wurde, wird
von der California Fruit Growers Exchange bei der Herstellung von „Pektin-
Albedo" benutzt[153]). Der patentierte Prozeß verläuft folgendermaßen: Durch
die Mineralsäure wird das Protopektin im Albedo der Citrusschalen hydrolysiert
und die vorhandenen Pektinate werden in wasserlösliches Pektin übergeführt.

Durch die gleichzeitige Gegenwart des Alkohols, in dem sich das wasserlösliche Pektin nicht löst, wird aber das Pektin im Zellgewebe zurückgehalten.
und nur die Farbstoffe und andere lösliche Substanzen werden herausgezogen,
Wenn das Albedo dann zur Entfernung der Säure mit Alkohol gewaschen und
schließlich getrocknet wird, so erhält man ein Material, das nur aus relativ
reiner Cellulose und in Wasser leicht löslichem Pektin besteht. Nach dem Zerkleinern kommt dieses Produkt unter dem Namen „Pektin-Albedo" als medizi-
nisches Präparat in den Handel. Man nimmt es, in Wasser dispergiert, gegen
Erkrankungen der Verdauungsorgane.

h) Schlußwort über die Gewinnung der hochveresterten Pektine

Die Pektine, welche mit den genannten zahlreichen Verfahren erhalten werden,
haben, sofern die Extraktionszeit bei hohen Wasserstoffionenkonzentrationen nicht zu lange ausgedehnt wurde, einen Methoxylgehalt von etwa 9—12%
und sind befähigt, in einer Mischung mit 60 bis 65% Zucker in Gegenwart von
Säure Gallerten zu bilden. Das in Deutschland hergestellte Pektin dient in
seiner überwiegenden Menge für die Großversorgung der Marmeladen- und
Geleefabrikation, nur ein kleiner Teil desselben wird für den Haushaltsgebrauch
im Kleinhandel auf den Markt gebracht. Das bekannteste unter ihnen ist das
in den Haushalten viel gebrauchte „Opekta", welches von der gleichnamigen
Gesellschaft, die den Pomosin-Werken angeschlossen ist, in Köln-Riehl ver-
kauft wird. Weiter werden Pektine und Pektinpräparate auch für die übrige
Lebensmittelindustrie für medizinische, pharmazeutische und kosmetische
Zwecke sowie für andere Industriezweige erzeugt. Ihre vielseitigen Verwendungsmöglichkeiten werden im Kapitel VIII dieses Buches besprochen.

V. Die niederveresterten Pektine, Pektinsäure und Pektate

A. Allgemeines

Nachdem es sich erwiesen hatte, daß der Methoxylgehalt des Pektins für die Bildung von zuckerreichen Gelen nicht von solch ausschlaggebender Bedeutung ist, wie früher angenommen wurde, und nachdem man wußte, daß das Pektin, wenn es weitgehend seiner Methoxylgruppen beraubt ist, befähigt wird, in Anwesenheit von Calciumionen noch andere Gele zu bilden, die des Zuckerzusatzes nicht bedürfen, lag es nahe, die Darstellung der niederveresterten Pektine, ihr Gelierverhalten und ihre sonstigen Eigenschaften eingehend zu studieren und den Versuch zu machen, die gewonnenen Erkenntnisse in der Praxis auszuwerten. Diesem Bestreben kam insbesondere in den Vereinigten Staaten von Amerika von Seiten der Industrie der Wunsch entgegen, dem Pektin, dessen Erzeugung dort während des vergangenen Krieges bedeutend angewachsen war, neue Absatzmöglichkeiten zu schaffen. Die Entwicklungsarbeiten taten dar, daß man durch zweckmäßig gelenkte Entesterung des isolierten oder noch im Zellverbande verankerten Pektins zu sehr gebrauchsfähigen Produkten gelangt. Sie machten es möglich, die industrielle Erzeugung der niederveresterten Pektine, der Pektinsäure und Pektate erfolgreich durchzuführen.

Während die bisher in der Praxis zur Verwendung gelangten hochveresterten Pektine zu rund 55—74% verestert sind, d. h. einen Methoxylgehalt von durchschnittlich 9—12% aufweisen, sind die niederveresterten Pektine zu weniger als rund 44% verestert, d. h. ihr Bereich beginnt erst unter einem Methoxylgehalt von etwa 7% (s. Übersichtstabelle S. 37). Eine genaue Grenze zwischen beiden läßt sich jedoch nicht festlegen, da die niederveresterten Pektine in ihren Eigenschaften weitgehend von der Art ihrer Herstellung abhängig sind. Durch völlige Entesterung des Pektins entsteht die Pektinsäure, die als solche oder in Form ihrer Salze, der Pektate, in der Technik ebenfalls Verwendung gefunden hat.

Die Entesterungsmethoden

Von den Methoden, welche zur Entesterung des Pektins führen, werden im allgemeinen nur drei genannt. Das sind:

1. die Entesterung mit Säure,
2. die Entesterung mit Alkalien bzw. Ammoniak in wäßriger Lösung,
3. die enzymatische Entesterung.

Zu diesen drei Methoden gesellt sich aber noch eine weniger bekannte vierte [154], [160]), bei welcher mit Ammoniak in alkoholischer Lösung oder mit sehr konzentriertem Ammoniak in wäßriger Lösung gearbeitet wird und bei welcher ein Produkt von etwas abweichender Zusammensetzung entsteht (siehe S. 92).

Die saure Entesterung dauert, mit den übrigen Verfahren verglichen, am längsten und erfordert säurebeständige Ausrüstung. Sie kann schon am Rohmaterial eingesetzt werden, führt aber, wenn man nur geringveresterte Produkte erzielen will, wegen der langen Säureeinwirkung zu einer Schädigung des Pektins. Die alkalische Methode verläuft schnell und bei Verwendung von Ammoniak schonend für das Pektin. Bezweckt sie die Herstellung von niederveresterten Pektinen, so führt man sie an Pektinextrakten durch, die durch kurze Säurehydrolyse zuvor aus dem Rohmaterial gewonnen wurden. Soll sie Pektate oder Pektinsäure liefern, so wird das Rohmaterial direkt der Alkalieinwirkung ausgesetzt. Die enzymatische Entesterung kann bei pektasehaltigem Ausgangsmaterial an diesem selbst oder an Pektinextrakten unter Zusatz von Pektase erfolgen. Sie zeichnet sich wie die alkalische Methode durch große Schnelligkeit aus und schont das Pektinmolekül in weit größerem Maße als die anderen Methoden. Es bildet sich aber ein etwas anderes Produkt als bei der sauren oder alkalischen Methode (siehe S. 92/93).

Im einzelnen ist von den genannten Entesterungsmethoden zur Gewinnung der niederveresterten Pektine folgendes zu sagen:

B. Gewinnung der niederveresterten Pektine

1. Die Entesterung mit Säure

Die Herstellung der niederveresterten Pektine mit Säure schließt sich eng an die Methoden an, die bei der Gewinnung der hochveresterten Pektine angewandt werden. Der Aufschluß des im Rohmaterial vorhandenen unlöslichen Protopektins, der in jedem Falle erforderlich ist, wird hier gleichzeitig mit der Entesterung vorgenommen. Man arbeitet bei pH-Werten unter 1 über längere Zeit, wobei die Temperatur aber niedrig gehalten werden muß, um die Depolymerisierung des Pektins möglichst zu verhindern. Als vorteilhaft hat es sich erwiesen, den Aufschluß des Protopektins und die gleichzeitige Entesterung in Gegenwart von nur geringen Flüssigkeitsmengen vor sich gehen zu lassen und darauf erst die Extraktion in dem verdünnten Gut bei höherem pH vorzunehmen. Durch letztere Maßnahme wird die Ausbeute an Pektin beträchtlich erhöht.

Nach einem Verfahren nach Olsen und Stuewer [128]) kann man folgendermaßen vorgehen:

1 kg getrocknete Apfeltrester werden in der üblichen Weise gewaschen, evtl. mit Clarase von Stärke befreit, und abgepreßt. Die gewaschenen Trester werden dann mit verdünnter Salzsäure durchfeuchtet, wobei ein pH von 0,7 eingestellt wird. Nach gründlichem Umrühren läßt man die Mischung 48 Stunden bei 40⁰ stehen. Dann verdünnt man auf das 10—15fache mit Wasser, gibt Natriumbicarbonat zu, bis das pH auf 3 gestiegen ist und

erwärmt 1 Std. auf 60° C. Danach preßt man ab und klärt. Das Filtrat wird im Glasumlaufverdampfer konzentriert und das Pektin mit 70%igem Alkohol zur Fällung gebracht*). Das gefällte Pektin wird mit Alkohol und Äther gewaschen und im Vakuum bei etwa 60° getrocknet.

Ausbeute etwa 6—7% auf Trockentrester berechnet. Der Methoxylgehalt der Präparate liegt zwischen 5—7%. Bei längerer Einwirkung der Salzsäure (über 48 Std.) erhält man Präparate von beliebig geringerem Methoxylgehalt.

Die folgenden Kurven von Woodmansee und Baker[155]) zeigen die Ergebnisse einer ähnlich durchgeführten sauren Entesterung des Pektins in getrockneten Apfeltrestern bei höherer Temperatur und verschiedenen pH-Werten. Die Herstellung geschieht folgendermaßen:

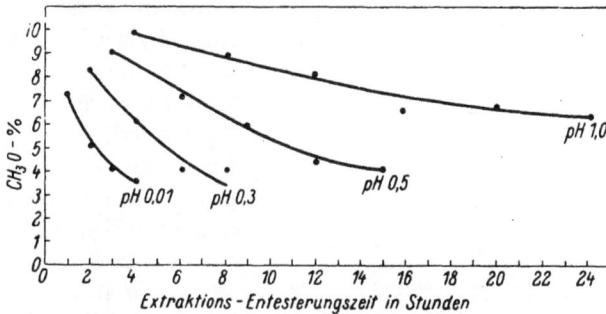

Abb. 16. Wirkung der Dauer der Extraktions-Entesterungs-Reaktion bei 60° auf den Methoxylgehalt von Pektin aus Apfeltrester (Woodmansee u. Baker)

500 g Apfeltrester, welche zuvor auf 2 mm Korngröße vermahlen wurden, werden in Wasser von 65° eingetragen, das pH wird mit 38%iger Salzsäure auf 0,3 eingestellt und das Gewicht der Extraktionsmischung auf 3000 g gebracht. Nach rund 4stündigem Stehen im bedeckten Gefäß im Wärmeofen bei 60° wird die Mischung mit 5 Liter Wasser, das so viel Natriumcarbonat enthält, daß das pH auf 4,5 gebracht wird, verdünnt. Man mischt gründlich durch und preßt mit der Hand durch ein Tuch ab. Um die folgende Filtration zu erleichtern, wird die relative Viskosität (gemessen im Ostwald-Viskosimeter bei 25°) der abgepreßten Flüssigkeit, wenn notwendig, durch weiteres Verdünnen mit Wasser auf etwa 5—10 eingestellt. Dann wird geklärt durch Zufügen von 30 g Filterhilfe (Standard-Super-Cel) auf je 2 Liter Flüssigkeit und Filtrieren durch einen Büchner-Trichter, der eine gewaschene Schicht aus Filtrierpapier und 30 g Filterhilfe enthält. Das Filtrat wird mit Jod auf Stärke geprüft und, falls diese vorhanden ist, Clarase zugeben. Durch Zugabe des gleichen Volumens 99%igen Isopropylalkohols wird das Pektin ausgefällt. Es wird abgepreßt, erst mit 75%igem und dann mit 99%igem Isopropylalkohol gewaschen und bei 60° 20 Stunden getrocknet. Schließlich wird es vermahlen und durch ein Sieb von 40 Maschen (pro Zoll) gesiebt (Abb. 16 u. 17).

Man erhält ein Pektin von rd. 6% Methoxylgehalt. Abb. 16 zeigt, daß bei pH 0,3 in 4 Stunden und pH 1 in 24 Stunden das gleiche Ergebnis in bezug auf

---

*) Olsen u. Stuewer fällen mit Calcium-Ionen.

den Methoxylgehalt erreicht wird. Das Produkt aus Ausbeuten und Geliergraden beträgt in den genannten Zeiten 13 (s. Abb. 17). Bei niedrigerer Temperatur werden bessere Qualitäten erhalten, aber hierzu ist, wenn ein Methoxylgehalt von etwa 6% angestrebt wird, eine Extraktionszeit bis etwa 24 Stunden erforderlich. Bei nur 50° erhielten Baker und Goodwin[99]), wie Abb. 18 zeigt, bei pH 1 in 24 Stunden die besten Resultate. (Ausbeute mal Geliergrad = 19). Der entsprechende Methoxylgehalt (5,6%) geht aus Abb. 19 hervor (Abb. 18 u. 19).

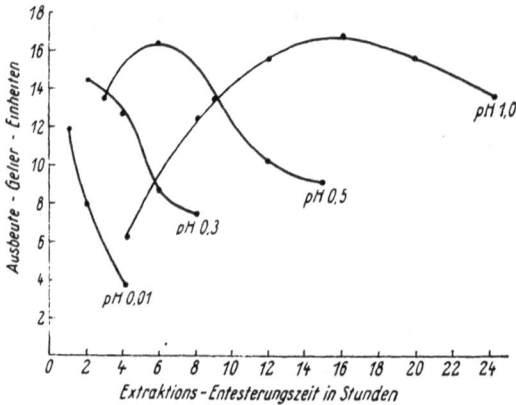

Abb. 17. Veränderung der Geliereinheiten-Ausbeute von Pektin mit der Dauer der Behandlung (bei 60°) (Woodmansee u. Baker)

Bei der Entesterung von Trokkenpektinen fanden Baker und Goodwin ferner, daß Pektin mit geringem Aschegehalt durch Säure schneller entestert wird als solches mit höherem Aschegehalt. Ist Alkohol bei der Entesterung zugegen, so geht die Entesterung langsamer vor sich. Es erwies sich aber als praktisch, das Trokkenpektin zunächst mit 95%igem Äthylalkohol anzufeuchten (pro Gramm Pektin 1 ccm Alkohol) und es dann in 80 ccm Säure zu dispergieren. Das Pektin läßt sich dann leicht nach der Entesterung durch Fällung mit geringen Alkoholmengen zurückgewinnen.

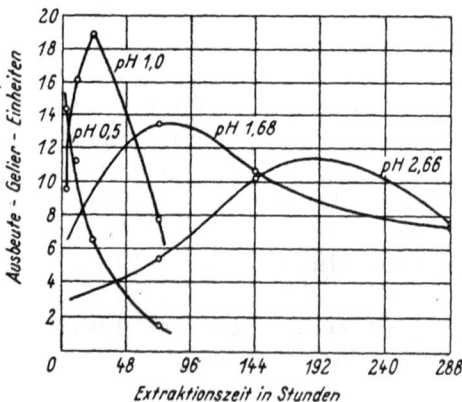

Abb. 18. Veränderung der Geliereinheiten-Ausbeute von Pektin, extrahiert bei 50° C in ausgedehnten Extraktionszeiten (Baker u. Goodwin)

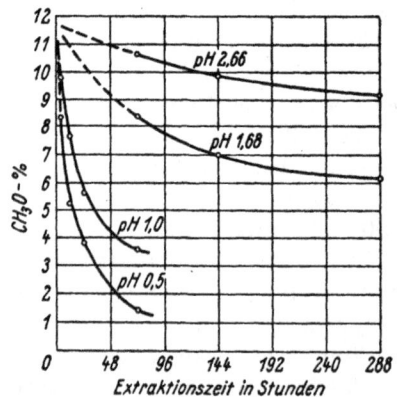

Abb. 19. Entesterung während der Pektinextraktion bei 50° C bei verschiedenen pH-Werten (Baker u. Goodwin)

84

2. Die Entesterung mit Alkalien bzw. Ammoniak in wäßriger Lösung

Die alkalische Entesterung bietet der sauren Entesterung gegenüber den Vorteil, daß sie bedeutend schneller verläuft und daß sie keine säurebeständigen Apparaturen verlangt. Als mildes Entesterungsmittel wird hier gerne Ammoniak verwendet, wobei die Reaktionsgeschwindigkeit zwar etwas langsamer ist als bei dem Gebrauch von Natronlauge (s. S. 48), aber durch Zusatz von Kationen gesteigert werden kann, und zwar wirken hierbei Calciumionen stärker ein als Magnesiumionen und diese wiederum stärker als Kalium- oder Natriumionen.

Man verfährt im allgemeinen so, daß man zunächst das Ausgangsmaterial eine Stunde mit Säure hydrolysiert und dann das Hydrolysat 2½ bis 3 Stunden alkalisch entestert. Man erhält auf diese Weise Produkte mit einem Methoxylgehalt von 3,5—4%, d. h. geringer veresterte Pektine als bei der sauren Methode in gleicher Zeit. Die Produkte können dann durch Zugabe von Säure ausgefällt werden, was gegenüber der Isolierung mit Alkohol den Vorzug großer Billigkeit besitzt. Auch die sauer entesterten unter 4% Methoxylgehalt kann man mit Säure fällen[155]), nur dauert die saure Entesterung bis zu diesem Methoxylgehalt sehr lange, z. B. bei pH 1 und 50⁰ etwa 60 Stunden.

Es folgt zunächst eine Vorschrift von McCready, Owens und Maclay für die ammoniakalische Entesterung von bereits isoliertem, hochverestertem Citruspektin und Ausfällung des Entesterungsproduktes mit Alkohol, auf S. 86, eine Vorschrift der gleichen Autoren für die Isolierung mit Säure und auf S. 87 Angaben über die Durchführung des Prozesses in der Technik.

a) Die ammoniakalische Entesterung von Citruspektin[80]) und Isolierung des niederveresterten Pektins mit Alkohol

Zu 15 Gallonen (56,8 Liter) einer 4%igen Citruspektinlösung, die sich in einem mit Glas ausgekleideten Kessel befinden, wird bei 15⁰ C unter Rühren konzentriertes Ammoniak hinzugegeben, bis ein pH-Wert von 10,5 erreicht ist. Durch Zufügen von Eisstückchen wird die Temperatur 3 Std. lang konstant gehalten, und nach Ablauf dieser Zeit werden 15 Gallonen (56,8 Liter) 95%iger Äthylalkohol hinzugefügt, der so viel Salzsäure enthält, daß das pH auf 5 erniedrigt wird, wobei das Pektin gefällt wird. Das gefällte Produkt wird gründlich umgerührt, 1 Std. stehengelassen und dann in einer hydraulischen Presse abgepreßt. Der Preßkuchen wird zerteilt in 14 Gallonen (53 Litern) 50%igem Alkohol suspendiert, das pH auf 5,2 eingestellt und die Mischung weitere 30 Min. umgerührt. Diese Behandlung dient zur Entfernung des bei der Neutralisierung gebildeten Ammoniumchlorids. Das feuchte Pektin wird dann wieder abgepreßt, zerteilt und eine Stunde lang in 10 Gallonen (37,8 Litern) 95%igem Äthylalkohol gerührt. Das gehärtete Pektin wird abgepreßt, im Vakuum 20 Std. bei 65⁰ C getrocknet und in einer Hammermühle auf eine Siebgröße von 100—150 Maschen pro Zoll zerkleinert. Als Ausbeute ergeben sich 3,9 lb (1770 g), das sind 90% der theoretischen Ausbeute, berechnet auf wasser- und aschefreie Substanz und auf den während der Behandlung eingetretenen Verlust an Methoxylgruppen.

(Das Ausgangsmaterial, das zu diesem Ergebnis führte, bestand aus 185grädigem Citruspektin, das 2% Asche, 3% Feuchtigkeit und 9,8% Methoxylgehalt besaß.)

Auch die Fällung mit Aluminiumhydroxyd kann bei der Isolierung des niederveresterten Pektins angewandt werden.

Die Qualität der so erhaltenen niederveresterten Pektine wird durch Bestimmung ihres Methoxylgehaltes und ihrer Viskosität geprüft, die miteinander verglichen werden müssen, um die Geliereigenschaften abschätzen zu können. Die Bestimmung des Methoxylgehaltes wird nach den gleichen Methoden, wie sie später für die hochveresterten Pektine angegeben werden, vorgenommen. Die Viskositätsmessung wird in 1%iger Lösung bei 25° C durchgeführt. Gute, nach vorstehender Methode dargestellte niederveresterte Pektine besitzen einen Methoxylgehalt von 2,8—4% und Viskositäten von 6—9 Centipoise. Auch die Bestimmung des Äquivalentgewichtes, die ebenfalls später angegeben wird, kann als Wertmaßstab gebraucht werden, sie wird aber durch den Aschegehält beeinflußt und muß ebenfalls mit den Viskositätsmessungen verglichen werden. Die Messung der Geliereigenschaft kann durch einfache Fingerprobe folgendermaßen erfolgen:

Einfache Gelierprüfung:

140 ccm Wasser, die 17 mg Calciumionen pro g niederverestertes Pektin enthalten, werden zu einer trockenen Mischung von 1,6 g des Pektins und 10 g Zucker hinzugegeben. Die Mischung wird zum Kochen erhitzt und 55 g Zucker werden langsam unter Umrühren hinzugefügt. Man bringt dann wieder zum Kochen und kocht die Mischung auf ein Gewicht von 200 g ein, füllt dann in ein Geleeglas, das 1 ccm Citronensäure (96 g auf 100 ccm Wasser) enthält. Man läßt die Mischung erkalten und gelieren und prüft die Festigkeit nach 16stündigem Stehen und Umstürzen durch Fingerprobe.

Die Mengen an niederverestertem Pektin und Calcium, die für die Gelbildung notwendig sind, variieren mit der Beziehung des Methoxylgehaltes zur Viskosität. McCready und Mitarbeiter geben an, daß ihre niederveresterten Pektine mit einem Methoxylgehalt von 3—4% und Viskositäten von 6—10 Centipoise in 1%iger Lösung 15—20 mg Calcium pro g niederverestertes Pektin für die Gelbildung unter den obengenannten Bedingungen benötigen.

b) Ammoniakalische Entesterung von Pektin und Isolierung des niederveresterten Pektins mit Säure

Da die Isolierung sowohl der hoch-, als auch der niederveresterten Pektine, geschehe sie nun durch Einengung im Vakuum, durch Alkohol- oder Aluminiumhydroxydfällung, immer mit großen Kosten verbunden ist, haben McCready und Mitarbeiter[156] für die niederveresterten Pektine eine Isolierung mittels Säure ausgearbeitet. Diese Methode beruht auf der Tatsache, daß die Pektine mit abnehmendem Methoxylgehalt in steigendem Maße durch Säure gefällt werden können, und zwar liegt die Grenze der Fällbarkeit für ammoniakalisch entesterte Pektine bei 5—6%, für enzymatisch entesterte schon etwas höher, bei 7—8% Methoxylgehalt. Die Unterschiede beruhen auf der verschiedenartigen Verteilung der Estergruppen in den beiden Pektinen. Durch Säure entesterte Pektine sind in ihrem physikalischen Verhalten den alkalisch entesterten Produkten ähnlich, sie lassen sich unter 4% Methoxylgehalt mit Säure fällen. Die Temperatur muß niedrig gehalten werden und das Molekulargewicht der Pektine darf den Wert von 7000 nicht unterschreiten, wenn noch eine Fällung durch Säure bewirkt werden soll.

Als günstigste Bedingungen für die Säurefällung werden von McCready, Owens, Shepherd und Maclay ein pH-Wert unter 2, Temperaturen unter 25°C und ein Methoxylgehalt unter 4 angegeben.

Die vorausgehende ammoniakalische Entesterung des Pektins entspricht den in der ersten Vorschrift angegebenen Richtlinien. Der gesamte Herstellungsgang wird von den Autoren folgendermaßen beschrieben:

1500 g handelsübliches Citruspektin (Wassergehalt 7,0%, Methoxyl 9,0%, Uronsäureanhydrid 83% (korrigiert nach Feuchtigkeit und Asche), werden in 30 Litern Wasser bei 25°C gelöst. Die Lösung wird auf 13° gekühlt und dann mit 1200 ccm 28%igem Ammoniak versetzt. Die Temperatur steigt hierbei auf 15°C, wo sie 3 Std. und 20 Min. gehalten wird. Die ammoniakalische Lösung wird dann in 20 Liter Wasser gegossen, die 800 ccm konzentrierte Schwefelsäure enthalten. Die Mischung wird langsam gerührt, um die Klumpen zu zerteilen und die völlige Fällung des Pektins zu gewährleisten. Das entstehende pH ist etwa 1,3. Man gießt dann die Mischung durch ein mit einem Tuch ausgelegtes grobes Sieb, wodurch die Flüssigkeit abgetrennt wird. Das Gel wird dann in Tüchern in einer hydraulischen Presse bis zu einem Trockengewichtsgehalt von etwa 30% ausgepreßt.

Der Überschuß an Säure und Ammoniumsalz wird durch Waschen des Gels in 40 Litern Wasser entfernt. Nach gründlichem Rühren wird das Waschwasser wie oben von dem Gel abgegossen und dieses in der hydraulischen Presse ausgepreßt. Nach nochmaligem Waschen und Pressen wird der Preßkuchen zerteilt, auf Horden ausgebreitet und im Vakuum bei 66°C getrocknet. Die getrockneten Flocken des niederveresterten Pektins werden dann in einer Hammermühle so weit zermahlen, daß sie durch ein Sieb von 100 Maschen pro Zoll gesiebt werden können. An Stelle der Trocknung im Vakuum kann auch bei 80°C unter normalem Druck getrocknet werden. Die Ausbeute an getrocknetem, pulverisiertem niederverestertem Pektin ist 1275 g oder 95% (korrigiert auf Wassergehalt und Verlust an Methoxyl).

Um die Löslichkeit des Produktes zu erhöhen, wird es in Gegenwart von Ammoniakdämpfen so lange gerührt, bis eine 1%ige Lösung ein pH von etwa 4,5 ergibt. Hierfür sind etwa 10 Min. erforderlich.

c) Herstellung von niederverestertem Pektin durch Entesterung mit Ammoniak und Säurefällung in der Technik
(nach Owens, McCready und Maclay)[157]

Der technische Gewinnungsprozeß, der nach dem auf Abb. 20 wiedergegebenen Fabrikationsschema verläuft, setzt bereits am Rohmaterial ein. Die Extraktion des Pektins und die Entesterung werden getrennt voneinander, aber in einem Fabrikationsgang durchgeführt.

Die als Ausgangsmaterial benutzten Citrusschalen werden zerkleinert, in heißem Wasser im Schneckenextrakteur gewaschen, abgepreßt und in einem zweiten Schneckenextrakteur kontinuierlich im Gegenstrom bei pH 1,3 bis 1,4

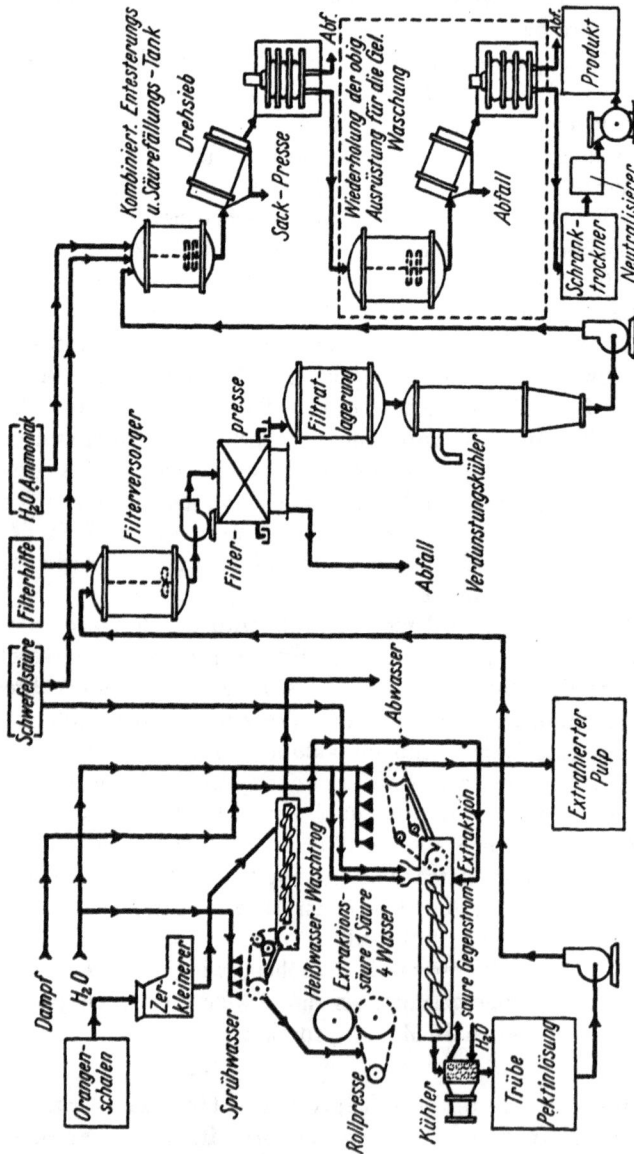

Abb. 20. Schematische Darstellung der Herstellung von niederverestertem Pektin aus Orangenschalen (Owens, McCready und Maclay)

und 90—100° eine Stunde lang extrahiert. Das Mischungsverhältnis der frischen Schalen zu Wasser beträgt hierbei 1 : 3 (für trockene Schalen etwa 1 : 30). Die Flüssigkeit wird in einem Kühler auf 35—40° abgekühlt, in einem Filterversorgungstank mit Filterhilfe unter Rühren versetzt, filtriert und gelagert. In einem Verdunstungskühler wird das gesammelte Filtrat dann auf 13° C abgekühlt, anschließend in einen Entesterungstank gebracht und dort mit wäßrigem Ammoniak bis pH 10,5 versetzt und 2½ Stunden hierbei belassen. Durch Zugabe von Schwefelsäure wird dann das pH auf etwa 1,2 erniedrigt, wodurch das niederveresterte Pektin zur Fällung gebracht wird. In einem Drehsieb wird die Fällung von der Flüssigkeit abgetrennt, in einer Sackpresse ausgepreßt, sodann gewaschen und wieder auf etwa 35% Trockensubstanz entwässert. Dann wird bis zur halben Neutralisation Natriumbicarbonat eingemahlen und getrocknet. Das Endprodukt besitzt etwa 3,5% Methoxylgehalt.

Gelierprüfung des Pektins

Zur Bereitung von 750 g Gel werden zunächst 7,5 g des oben erhaltenen Produktes und 80 g Zucker zu 300 g Wasser, die 0—15 ccm 2 n-Natriumcitrat enthalten, zugeben und die Mischung eine Minute erhitzt.

In weiterer etwa 210 ccm Wasser, die 0—15 ccm 2 n-Zitronensäure und 410 mg Calciumchlorid enthalten, werden 160 g Zucker gelöst und die Lösung zum Sieden erhitzt.

Dann werden die beiden Lösungen gemischt und die Mischung 2 Minuten lang gekocht. (Die Wassermenge der zweiten Lösung muß so abgemessen sein, daß nur eine geringe zusätzliche Menge oder geringes zusätzliches Kochen genügen, das Endgewicht von 750 g Gel zu erzielen.)

Die Gelmischung wird dann in Geliergläser mit Papierrändern (s. S. 114) gegossen und bei 23° C 16 Stunden stehengelassen. Danach wird der Papierstreifen entfernt, das Gel über dem Rand des Glases abgeschnitten und die Messung mit dem Tarr-Baker-Tester, dem Rigidometer oder dem Ridgelimeter (Sagmometer) durchgeführt (s. S. 113—115).

Man kann die Gele auch ohne oder mit geringerem Zuckergehalt prüfen. Erhöhung des Calciumzusatzes steigert ihre Festigkeit.

3. Gewinnung von niederverestertem Pektin durch enzymatische Entesterung

Bei der enzymatischen Herstellung der niederveresterten Pektine bedient man sich des in einem späteren Kapitel genauer besprochenen Fermentes, der Pektase, deren Wirkungsweise darin besteht, die Estergruppen des Pektins abzuspalten. Gegenüber der Entesterung mittels Säure oder Lauge, welche die Gefahr eines Molekülabbaues in sich schließen, besitzt dieses Verfahren den Vorzug, unter milden Bedingungen zu verlaufen, die eine weitgehende Schonung der Molekülgröße des Pektins gewährleisten. Man kann zu dieser Entesterung die Pektase verschiedener Fruchtarten verwenden [158]), vorausgesetzt, daß das zur Entesterung benutzte Pflanzenmaterial bzw. das hieraus gewonnene Enzympräparat sehr wenig oder keine Pektinase enthält, die einen Abbau des Pektins bewirkt. Diese Voraussetzung trifft besonders für Pektase aus Tomaten und Eierpflanzen zu. Da die Pektinase am Neutralpunkt unwirksam ist und durch verdünnte Laugen rasch zerstört wird, kann man ihren schädigenden Einfluß auch dadurch ausschalten, daß man in neutralem oder schwach alkalischem Medium arbeitet.

a) Niederverestertes Pektin durch enzymatische Entesterung mittels Citruspektase in situ

Das Vorkommen der Pektase in den Schalen der Citrusfrüchte veranlaßte Owens, McCready und Maclay[159]), eine Methode auszuarbeiten, die es gestattet, das Ausgangsmaterial für die Pektingewinnung gleichzeitig als Enzymquelle zu benutzen. Hierbei wird die Pektinasewirkung durch Arbeiten bei pH 8 ausgeschaltet.

Grapefruit-, Zitronen- oder Orangenschalen werden zunächst von der gefärbten äußeren Schicht befreit und in einer Fleischmaschine zerkleinert. 500 g des zerkleinerten Materials werden dann in der dreifachen Wassermenge gelöst und in einem kleinen Teil der Mischung durch Titration mit $\frac{1}{2}$-n-Natronlauge die Menge an Lauge festgestellt, die notwendig ist, um die gesamte Mischung auf einen pH-Wert von 8 zu bringen. Die gefundene erforderliche Menge an $\frac{n}{2}$-Natronlauge wird dann bei 25° C schnell zu der Mischung hinzugegeben und diese 5 Min. bei pH 8 und 25° C gehalten, wobei die Entesterung vor sich geht. Dann wird durch Zugabe von schwefliger Säure oder Schwefelsäure bis zu einem pH von 3 bis 4 die Enzymreaktion unterbrochen. Anschließend erfolgt ein Zusatz von Natriumhexametaphosphat (1 Gewichtsteil auf 100 Gewichtsteile Schalen), Wiedereinstellen des pH auf 3—4 und 10—15 Minuten langes Erhitzen zum Kochen. Darauf wird die Flüssigkeit abgepreßt, filtriert und im Vakuum eingeengt. Die eingeengte Flüssigkeit kann als solche verwendet werden oder man isoliert aus ihr das niederveresterte Pektin mittels Alkohol und wäscht und trocknet bei 60—70° im Vakuum in der üblichen Weise. Die Ausbeute aus 500 g Schalen ist etwa 13 g. Durch Versetzen des konzentrierten Filtrates mit Calcium-, Aluminium-, Eisen- oder anderen wirksamen Metallsalzen erhält man in Wasser unlösliche Produkte, die auch vielseitige Verwendung finden können.

b) Niederverestertes Pektin aus Apfeltrestern durch Entesterung mit Tomatenpektase

Mottern und Hills[123]) benützen die Pektase des Tomatensaftes als Mittel zur Entesterung. Sie nehmen im Gegensatz zur vorstehenden Methode zunächst die Extraktion des Pektins in Gegenwart von Natriumtetraphosphat vor und setzen erst den eingeengten Pektinextrakt der Enzymbehandlung aus, was den Vorteil bietet, die Stärkeentfernung mittels Diastase gleichzeitig mit der Entesterung erfolgen zu lassen. Als pH für die Enzymbehandlung wählen sie 6,5. Bei diesem Werte ist die Wirksamkeit der Tomatenpektase nur um einen geringen Betrag schwächer als bei dem Optimum ihrer Aktivität und die Bedingungen für die Diastasereaktion sind günstiger als die, welche sich nach der gewöhnlichen sauren Extraktion der hochveresterten Pektine ergeben. Auch der Polyphosphat-Zusatz wirkt sich vorteilhaft auf die Aktivität der Pektase aus, da diese durch Salzzusätze gesteigert wird. Die im Tomatensaft neben der Pektase in geringen Mengen vorhandene Pektinase kann nicht in Aktion treten, da sie bei dem genannten pH 6,5 keine Wirksamkeit mehr besitzt. Um die Diastase und Pektase nicht bis in das Endprodukt mitzuschleppen, wird die Inaktivierung durch Hitze empfohlen. Auch durch Waschen des gefällten Pektins mit angesäuertem Alkohol bei Zimmertemperatur werden die Enzyme zerstört.

Die für diese Darstellungsweise benötigte Tomatenpektase wird nach einer Methode nach Willaman und Hills gewonnen (Patent)[243]).

Gewinnung von Tomatenpektase: Etwa 3000 g halbreife Tomaten werden durch eine mit einem Sieb ausgerüstete Obstpresse gedreht, wobei man etwa 2550 g pulpigen Saft und etwa 450 g Samen und Schalen erhält. Der Pulp wird durch Zufügen von 5-n-Natronlauge auf pH 6,5 gebracht, wodurch die Pektase aus dem Pulp eluiert wird. Nach einigem Stehen wird die Flüssigkeit vom Pulp abgepreßt und filtriert. Der Extrakt wird bis zur Benutzung bei 0° unter Toluol aufgehoben (s. auch Pektaseherstellung auf S. 152).

Erster Schritt: Extraktion des Pektins. 80 pounds (= 36,29 kg) getrockneter Apfeltrester werden in einen 200 Gallonen (= 757 Liter) fassenden Behälter aus rostfreiem Stahl gebracht, der mit einer Heizschlange und einem Rührwerk ausgestattet ist. Heißes Leitungswasser wird bis zu einem Gesamtvolumen von 150 Gallonen (= 567,7 Liter) zugegeben und die Mischung auf 80° erhitzt. Sodann werden 3 pounds (= 1361 g) Natriumtetraphosphat und 830 ccm verdünnte (1:5) Schwefelsäure zugegeben. Der pH-Endwert ist dann 3,1.

Man läßt die Mischung 1 Stunde bei 80° C stehen und kühlt dann auf 60°, indem man kaltes Wasser durch die Heizschlange leitet. Der Pektinextrakt wird mit einer hydraulischen Presse abgepreßt und durch eine Filterpresse unter Zugabe von Filterhilfe filtriert. Der filtrierte Extrakt (416 Liter) wird dann im Vakuumverdampfer auf 147,6 Liter eingeengt.

Das Pektinkonzentrat wird anschließend in einen Behälter von 190 Litern gegeben, der ebenfalls mit einem Rührwerk ausgestattet ist. Ein aliquoter Teil des Konzentrates wird auf Methoxylgehalt bzw. auf die bei der Entesterung durch Pektase zur Aufrechterhaltung des pH notwendige Laugenmenge in folgender Weise geprüft:

Zweiter Schritt: Ausführung der Prüfung. Man gibt 100 ccm (103 g) in ein Becherglas von 600 ccm Inhalt und verdünnt auf 500 ccm. Die Lösung wird bis pH 7,5 neutralisiert und 50 ccm Tomatenpektase-Extrakt, der ebenfalls ein pH von 7,5 besitzt, werden zugegeben. Nach 30 Min. wird die Lösung wieder auf pH 7,5 titriert. Wenn der Verbrauch an 0,5-n-Natronlauge bei der Titration a ccm beträgt und eine 50%ige Verseifung der labilen Methoxylgruppen gewünscht wird, errechnet sich die zur Aufrechterhaltung des pH erforderliche Menge an 2-n-Natronlauge durch die Formel

$$\frac{1476 \cdot a \cdot 0,5}{4} = x \text{ ccm } 2 \text{ n NaOH}$$

(x liegt etwa in der Größenordnung von 1400 ccm).

Dritter Schritt. Entesterung. Das gesamte Pektinkonzentrat wird dann auf pH 6,5 und eine Temperatur von 40° C gebracht und 2 Liter Tomatenpektaseextrakt (pH 6,5) und 10 g Diastase (Clarase) zugeben. Die Mischung wird gerührt, und das pH durch fortgesetzte Zugabe von 2-n-Natronlauge aus einer großen Bürette aufrechterhalten. Die Diastasereaktion kommt schon nach etwa 30 Min. zum Abschluß. (Prüfung mit Jod und Stärke.) Die Entesterungsreaktion läßt man so lange vor sich gehen, bis die vorher berechnete Menge an 2-n-Natronlauge aus der Bürette zugegeben ist, was etwa 38 Min. erfordert. Die Mischung wird dann durch Zufügen von 800 ccm verdünnter (1 : 5) Schwefelsäure auf pH 4 gebracht, auf 65° C erhitzt und 20 Min. bei dieser Temperatur gehalten. Das niederveresterte Pektin wird dann mit dem 1,25fachen Volumen Alkohol (80%ig) gefällt und in einer hydraulischen Presse ausgepreßt. Der Preßkuchen wird zerteilt, mit 38 Litern 95%igem Alkohol bedeckt und 2 Stunden stehengelassen. Nach mehrmaligem Abpressen wird das niederveresterte Pektin 16 Std. bei 70° in einem Trockenofen mit Zwangsluftumlauf getrocknet und in einer Hammermühle auf eine Korngröße von 60 Maschen pro Zoll zermahlen. Man erhält etwa 5 pound (= 2268 g) oder 6,25% des Gewichtes des Apfeltresters. Das Produkt enthält 4,2% Methoxyl.

4. Ammoniakalische Entesterung in alkoholischer Lösung[160]

Die vierte Entesterungsmethode, bei welcher mit Ammoniak in alkoholischer Lösung oder mit hochkonzentriertem Ammoniak gearbeitet wird, findet in der California Fruit Growers Exchange Verwendung und führt zu Produkten von etwas anderer Konstitution als die ersten drei genannten Methoden. Es entstehen hierbei Säureamide. Die Analyse eines solchen Säureamids ergab, daß von jeweils 7 Säuregruppen des Pektins eine als freie Carboxylgruppe, zwei als Ammoniumsalz, zwei als Methylester und zwei als Säureamide vorliegen. Im Gegensatz zu den übrigen niederveresterten Pektinen eignet sich dieses Produkt, das als „Pectin LM" mit 4 bis 5% Methoxylgehalt in den Handel kommt, nicht zur Herstellung von Gelen, deren Zuckerkonzentration über 55 bis 60% liegt, sondern lediglich zur Bildung der calciumhaltigen, trockensubstanzarmen, die für die niederveresterten Pektine charakteristisch sind. Da für das „Pectin LM" eine besondere Vorschrift zur Messung der Gelierkraft vorgeschrieben ist, wird dieselbe hier schon angegeben:

Messung der Gelierkraft von „Pectin LM"[61]

Der Ansatz für die Gelierprobe soll 600 g Gel ergeben, das 30% zugesetzten Zucker, 1% Pectin LM, 0,1% Natriumcitratdihydrat, 25 mg Calcium pro Gramm Pectin LM und Säure, um einen pH-Endwert von 3,0 ±0,05 zu erreichen, enthält. Dieses Gel wird als Standard-Gel betrachtet, wenn das Exchange Ridgelimeter (siehe Seite 114/115) ein Sacken zwischen 20 und 21% zeigt. In den Prüfungsgelen ist — wie ersichtlich — Natriumcitrat enthalten, aber in den meisten Gelen, die Früchte, Beerensäfte oder Milch enthalten, ist es gewöhnlich nicht erforderlich.

C. Die Eigenschaften der niederveresterten Pektine

Die mit Hilfe der vorstehenden Methoden hergestellten niederveresterten Pektine weisen unterschiedliche Eigenschaften auf, was daran liegt, daß durch die verschiedenen Entesterungsmittel das Pektin in ungleicher Weise angegriffen wird. Bei der sauren Entesterung und auch bei der ammoniakalischen Entesterung, der eine Säurebehandlung vorausgeht, werden die Ballaststoffe, die Pentosen, weitgehend entfernt, während bei der enzymatischen Entesterung viel mehr davon im niederveresterten Pektin erhalten bleiben. Bei der ersten Methode findet auch immer eine mehr oder weniger starke Depolymerisierung statt, während das enzymatisch behandelte Produkt fast die gleiche Molekülgröße wie das ursprüngliche Pektin besitzt (siehe Abb. 21). Die Mechanismen der Entesterung selbst weisen auch Unterschiede auf. Säure und Alkali spalten die Methoxylgruppen nach den Gesetzen der Wahrscheinlichkeit ab, so daß hiernach jedes einzelne Molekül ungefähr denselben Methoxylierungsgrad besitzt wie der Durchschnitt aller vorhandenen Moleküle. Bei

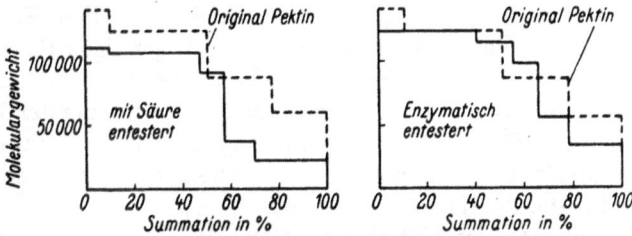

Abb. 21. Molekulargewichtsverteilung in Abhängigkeit von der Entesterungsmethode. (Die Werte auf der Abszisse geben an, wieviel Prozent der Pektinmoleküle größer sind als das entsprechende Molekulargewicht auf der Ordinate anzeigt)

der enzymatischen Entesterung ist dies nicht der Fall. Sie erzeugt, wie elektrophoretische Messungen ergaben[161]), stärker und weniger stark entesterte Moleküle nebeneinander. Außerdem werden nach Jansen und MacDonnell[165]) durch die Pektase die Methoxylgruppen des Pektins längs der Molekülkette der Reihe nach angegriffen, so daß Moleküle entstehen, die an einem Ende völlig, am anderen Ende kaum entestert sind, Moleküle also, die eine sehr ungleiche Verteilung der Estergruppen aufweisen. Die Pektase führt also zu Produkten, die in zweifacher Weise inhomogen sind, während Säure und Alkali homogen zusammengesetzte Produkte ergeben[162]).

Über die Verteilung des Molekulargewichtes bei den auf verschiedene Weise entesterten Pektinen geben oben die Diagramme von Speiser u. Eddy [162,164]) Auskunft (Abb. 21).

1. Löslichkeit und Viskosität (s. auch S. 40—42)

Die sauer entesterten Pektine sind weniger löslich und bilden Lösungen von größerer Viskosität als die enzymatisch entesterten. Die Viskosität der ammoniakalisch entesterten liegt zwischen diesen beiden[61]). Durch die Zugabe von Alkalimetallionen wird die Löslichkeit erhöht. Schwermetallionen erhöhen die Viskosität der Lösungen. Je mehr der Methoxylgehalt abnimmt, desto größer wird der pH-Bereich, in dem die Schwermetallionen ihre viskositätserhöhende Wirkung ausüben. Bei pH 3,5 verhindern Kupfersalze die Dispersion von Pektinen, gleichgültig, welchen Methoxylgehalt diese besitzen. Pektine über 8%

Methoxylgehalt lassen sich auch in Gegenwart von Calcium, Magnesium, Eisen und Mangan dispergieren[101]).

2. Die Gelbildung

Bei der Besprechung der Geliereigenschaften der Pektine wurde schon darauf hingewiesen, daß auch die niederveresterten Pektine in Anwesenheit von Zucker und Säure Gele mit 65%igem Zuckergehalt zu bilden vermögen, und daß die Entesterung die Erstarrungszeit dieser Gele beeinflußt, was dazu geführt hat, die niederveresterten Pektine häufig als „langsam erstarrende Pektine" zu bezeichnen. Der Einfluß der Entesterung erstreckt sich in zuckerreichen Gelen aber nicht nur auf die Erstarrungszeit, sondern auch auf die Festigkeit, die durch teilweise Demethoxylierung erhöht wird und auf die unerwünschte Synärese, die gleichzeitig geringer wird. Vielleicht sind diese Erscheinungen auf die Entfernung von nicht galakturonsäureartigen Molekülbestandteilen zurückzuführen[163]). Stärkere Entesterung setzt die Festigkeit der zuckerreichen, calciumfreien Gele jedoch wieder herab. Ein bestimmter Methoxylierungsgrad läßt sich für diesen Übergang nicht angeben, da er von der Art der Entesterung abhängt. Die Erhöhung der Gelfestigkeit durch teilweise Entesterung ist für die Praxis von Wichtigkeit.

Von besonderem Interesse sind aber die Gele, die aus niederveresterten Pektinen mit nur geringem Zuckerzusatz entstehen. Für diese Gele sind die Natur des Pektins, seine Konzentration sowie die Konzentration an Calciumionen und der pH-Wert die wichtigsten Faktoren[90]). Solange ein Pektin hochverestert ist, zeigt es in wäßriger Lösung keine Gelbildung in Gegenwart von Calcium, wenn aber der Veresterungsgrad der Polygalakturonsäurekette auf 50% herabgesunken ist, tritt in 35%igen Zuckerlösungen eine Gelbildung ein[163]), und die Stärke dieser Gele ist nach Speiser und Eddy[164]) am größten, wenn der Veresterungsgrad der Pektinkette zwischen 30 und 50% liegt. Es wurde schon darauf hingewiesen, daß auch bezüglich der Fähigkeit, calciumhaltige Gele zu bilden, eine genaue Grenze zwischen hoch- und niederveresterten Pektinen nicht gezogen werden kann.

Die enzymatisch entesterten Pektine geben weichere calciumhaltige Gele als die sauer entesterten, da sie weniger homogen sind und durch die Ballaststoffe eine geringere Konzentration an Polygalakturonsäure aufweisen. Der Umstand, daß ein Teil der Moleküle des enzymatisch behandelten Pektins stark entestert ist und ein anderer Teil weniger stark, und daß die einzelnen Moleküle verschiedene Verteilung der Estergruppen besitzen, ist dafür verantwortlich, daß eine bestimmte Calciumionenkonzentration nicht das Optimum für alle Moleküle sein kann. Dies ist auch ein Grund dafür, daß die enzymatisch entesterten Pektine schwächere, mehr zur Synärese neigende Calciumgele ergeben. Mit Abnahme des Methoxylgehaltes von 8 auf 5% nehmen die Calciumgele der enzymatisch entesterten Pektine an Stärke zu, da die Inhomogenität vermindert wird. Gele der sauer entesterten nehmen mit Abnahme des Methoxylgehaltes zunächst auch an Stärke zu, aber mit weiter abnehmendem Methoxylgehalt von 6 auf 3,8% werden sie wieder schwächer, da die dazu erforderliche längere Demethoxylierungszeit einen Molekülabbau herbeiführte. Mit sauer entesterten Pektinen unter 4,5% Methoxylgehalt enthält man nur noch un-- befriedigende Gele, die allenfalls noch durch Calcium- oder Natriumcitratzusatz verbessert werden können. In zuckerreichen, calciumfreien Gelen sind die enzymatisch entesterten Pektine den sauer entesterten Pektinen an Stärke überlegen, weil sie weniger abgebaut sind.

Die notwendige Pektinmenge richtet sich nach dem Methoxylgehalt, nimmt er ab, so braucht man weniger Pektin. Alle nach den vier vorstehenden Methoden dargestellten niederveresterten Pektine geben gute Calciumgele, wenn sie in 0,5—1%iger Konzentration vorhanden sind[160]).

Calciumbedarf. Die sauer entesterten Pektine sind weniger empfindlich gegen Calciumionen als die enzymatisch entesterten, was sich in der Praxis dergestalt auswirkt, daß die sauer entesterten eines höheren Calciumzusatzes zur Gelbildung bedürfen als die enzymatisch entesterten und daß letztere oft so empfindlich gegen Calcium sind, daß hartes Wasser ihre Löslichkeit schon merklich herabsetzen kann. Der Calciumbedarf der mit Ammoniak in konzentrierter Lösung entesterten Pektine liegt zwischen beiden Werten. Die sauer entesterten brauchen etwa 30—60 mg Calciumionen pro Gramm Pektin, die mit Ammoniak-Alkohol entesterten 15—30 mg, die mit verdünntem Ammoniak entesterten etwa ebensoviel (15—20 mg), die enzymatisch entesterten 4—10 mg pro Gramm Pektin[160]). Mit Abnahme des Methoxylgehaltes werden die Calciumsalze der Pektine schwerer löslich. Bei der Gelbereitung ist es daher ratsam, zuerst das Pektin in Lösung zu bringen und dann erst das Calcium zuzusetzen, oder, wenn dies nicht möglich ist, langsam oder schwach lösliche Calciumsalze, wie Monocalciumphosphat und Tricalciumphosphat, zu verwenden. Mit steigendem Calciumgehalt nehmen die Gele an Festigkeit zu.

Die Prüfung auf den Calciumbedarf[101]) kann man folgendermaßen ausführen: Man löst das Pektinat zunächst in der Hälfte des für das Prüfungsgel zur Verfügung stehenden Saftes, erhitzt zum Kochen und gibt dann die ebenfalls kochende zweite Hälfte des Saftes, die den notwendigen Zucker und jeweils verschiedene Calciummengen enthält, hinzu. Mit Wasser bringt man die verschiedenen in dieser Weise hergestellten Kochungen auf das gleiche Gewicht. Man läßt erkalten und vergleicht die Festigkeit, die Schmelztemperatur usw. Mehr als die Hälfte bis zu $^2/_3$ der Calciummenge, die man für die optimale Gelstärke im Prüfungsgel gebraucht hat, soll man bei der fabrikatorischen Herstellung der Gele wegen des sonst frühzeitigen Gelierens nicht anwenden.

Calciumbedarf und pH-Wert. Als pH-Optimum zur Herstellung der Testgele wird sowohl bei den sauer, als auch bei den alkalisch entesterten Pektinen ein Bereich von pH 2,5—3 benützt. Der pH-Wert ist aber nicht von so großem Einfluß wie bei den hochveresterten Pektinen. Baker und Goodwin[90], von denen eingehende Arbeiten über die Geliereigenschaften der sauer entesterten Pektine vorliegen, konnten Gele im pH-Bereich von 1,8—6,5 darstellen, deren Calciumbedarf sich nach der jeweiligen Wasserstoffionenkonzentration richtet. Sie entwarfen folgendes Diagramm (s. Abb. 22), das einen Überblick über die Beziehungen zwischen der Wirkung des Calciums und dem pH-Wert gibt.

Aus dem Diagramm geht hervor, daß zwischen pH 3 und 4 wenig Calcium zur Gelbildung erforderlich ist. Höhere und geringere pH-Werte verlangen größere Calciummengen. Nähert man sich aber bei diesen höheren Konzentrationen an Calcium dem mittleren pH-Bereich, so gerät man in das Gebiet der Fällung, d. h. es entsteht kein Gel mehr, sondern eine flockige Abscheidung. Bei pH 2,8 braucht man im Ansatz z. B. für 0,64% 200grädiges Trockenpektin, das 5,7% Methoxyl enthält, 0,15% $CaCl_2 \cdot 2 H_2O = 0,04\%$ Ca zur Herstellung eines guten Gels von 30% Zuckergehalt.

Man kann also gute Gele mit Milch bei pH 6,5 und mit Frucht- und Gemüse-säften bei pH 2,5 herstellen. Gewöhnlich wählt man den Bereich von 3—4. Auch die Zuckerkonzentration spielt in den Calciumgelen der nieder-veresterten Pektine keine so große Rolle wie in den Gelen, die durch Neben-valenzbindungen zwischen den Wasserstoffatomen zustande kommen. Er ist zur Gelbildung nicht nötig und beeinflußt die Löslichkeit nicht. Hohe Zuckerkonzentrationen ändern jedoch den Charakter des Gels. Je weniger Zucker man nimmt, desto mehr Calcium ist zum Erreichen der gleichen Gelfestigkeit nötig. Mit der Abnahme des Zuckers steigt auch das pH-Optimum

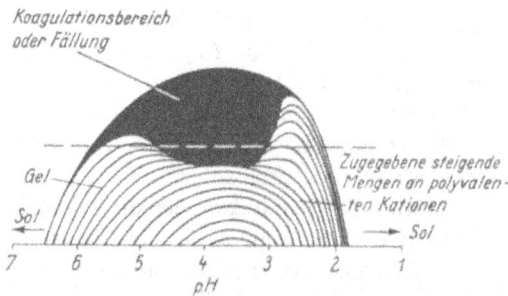

Abb. 22. Calciumbedarf und pH-Wert
(Baker u. Goodwin)

der Gelierung bei sauer entesterten Pektinen mit Methoxylgehalten von 7—4,5%. Ein wesentlicher Unterschied zwischen den Gelen der hoch- und nieder-veresterten Pektine besteht in ihrer Temperaturempfindlichkeit. Gele nieder-veresterter Pektine sind gegen höhere Temperatur empfindlicher als die hoch-veresterter, die sich auch oberhalb der Sterilisierungstemperatur bilden. Die Hitzeempfindlichkeit der Gele niederveresterter Pektine kann aber durch geeignete Zusammensetzung der Gele herabgesetzt werden.
Über die vielen Verwendungsarten, die die niederveresterten Pektine gefunden haben, wird in Kapitel VIII gesprochen werden.

D. Die Pektinsäure und die Pektate

Neben den bisher genannten Pektinen werden in neuerer Zeit auch Pektin-säure und Pektate, die sich für viele, zum Teil neuartige Verwendungszwecke nützlich erwiesen haben, in industriellem Maßstab erzeugt. In Amerika, wo die täglich in riesigen Mengen anfallenden Citrusschalen für die Fabriken zu einem Problem wurden, stellt man insbesondere die Rohprodukte, Pektinsäurepulp und Pektatpulp in großen Mengen her. Man benutzt sie zum Teil in rohem Zu-stande für die in Kapitel VIII beschriebenen Zwecke, zum Teil zur Gewinnung reiner Pektinsäure und Pektate.

1. Die Pektinsäure

Bei der Gewinnung von Pektinsäure kann man sowohl von Pektinlösungen, die durch Extraktion von Obsttrestern erhalten wurden, als auch von Pektinsäurepulp ausgehen[166, 153]).

Aus Pektinlösungen stellt man in der Technik die Pektinsäure nach der schon von den ersten Pektinforschern angewandten Weise dadurch her, daß man die Pektinlösungen in der Kälte zunächst mit Calciumhydroxyd und Natronlauge behandelt. Das gefällte Calciumpektat wird von der Reaktionsflüssigkeit abgetrennt und mit Salzsäure umgesetzt. Die hierbei entstehende schwer lösliche Pektinsäure wird mit Wasser gewaschen, dem etwas Salzsäure zugefügt ist, um die Dispersion der Pektinsäure zu verhindern. Zum Schluß wird mit reinem Wasser kurz nachgespült und getrocknet. Wenn man Citrusschalen an Stelle von Pektinlösungen einer Behandlung in diesem Sinne unterwirft, so verbleibt die gebildete Pektinsäure im Cellulosematerial und man erhält den Pektinsäurepulp. Dieses Rohprodukt wird in großen Trommeltrocknern getrocknet und in der California Fruit Growers Exchange zum Teil als Vorstufe für die reine Pektinsäure benutzt. Zum Unterschied von Pektatpulp (siehe unten) läßt sich Pektinsäurepulp leicht dispergieren, wenn man ihm lösliches Alkali, wie Natriumcarbonat oder Ammoniak zusetzt.

Ein gutes Pektinsäurepräparat ist fast rein weiß, geruchlos, schwach sauer schmeckend und je nach seinem Molekulargewicht entweder wasserunlöslich oder von beschränkter Löslichkeit in Wasser. Sein Aschegehalt darf nicht mehr als 2% betragen.

2. Die Pektate

Bei der Umsetzung mit Alkali oder organischen Basen bildet die Pektinsäure wasserlösliche Pektate. Die Erdalkalisalze und die Schwermetallsalze sind unlöslich. Durch Neutralisation mit Alkali erhält man aus Pektinsäure Alkalipektatlösungen, die nur von mäßiger Viskosität sind und auf Zusatz von Alkohol nur ein granuliertes, nicht fibrinöses Pektatgel abscheiden.

Die fibrinösen oder viskosen Pektate

Außer den eben genannten mäßig viskosen Alkalipektatlösungen, die auch bei der Behandlung von Pektin mit kalter Alkalilauge entstehen, existiert aber noch eine zweite Form, die hochviskos ist und beim Versetzen mit Alkohol ein faserartiges Pektatgel abscheidet, das hauptsächlich für technische Zwecke Verwendung findet. Um zu diesen viskosen Pektaten zu gelangen, ist es notwendig, das Pektin schon in seiner früheren Zustandsform, dem Protopektin, der Alkalibehandlung zu unterwerfen. In der California Fruit Growers Exchange wird zunächst sogenannter „Pektatpulp" dadurch hergestellt, daß man zehn Zentner Citruspulp mit etwa 10 bis 15 Kilo rohem Natriumcarbonat versetzt und durch Einstellen der Temperatur und des pH dafür Sorge trägt, daß das gebildete Pektat nicht aus den Zellen herausgelöst wird. Der Pulp wird dann abgepreßt, mit Wasser gewaschen, getrocknet und gemahlen. Als Ausbeute erhält man 50 bis 70 Kilo Pektatpulp, dessen Natriumpektatgehalt etwa 30 bis 35% beträgt.

Zur Herauslösung des Pektates ist es erforderlich, den getrockneten Pulp mit einer Lösung von Alkalicarbonat und -phosphat 3 bis 4 Minuten zu kochen. Die Kochflüssigkeit wird nach Baier und Wilson[166]) zweckmäßig folgendermaßen zusammengestellt:

>2 % Pektatpulp,
>0,1% Tetranatriumpyrophosphat (auf Wasserfreiheit bezogen),
>0,1% Natriumcarbonat,
>97,8% Wasser.

Nach dem Abkühlen erhält man eine viskose, dispergierte Zellulosepartikel enthaltende, rohe Pektatlösung. Nach dem Trocknen ist der Rückstand in heißem Wasser dispergierbar, in kaltem Wasser aber nicht.

Werden reinere Produkte verlangt, so entfernt man aus den rohen Pektatlösungen die Zellulose durch Filtration und versetzt das Filtrat mit Alkohol, wobei sich das Pektat in verschlungenen Fasern abscheidet. Dieses fibrinöse Alkalipektat ist nach dem Trocknen — ebenso wie das granulierte Alkalipektat — in kaltem Wasser löslich, bildet aber im Gegensatz zu diesem hochviskose Lösungen, die seine Brauchbarkeit wesentlich erhöhen.

Aus Pektin mit kaltem Alkali und aus Pektinsäure mit Alkali erhält man die nicht fibrinösen Pektate, während man bei der Behandlung von protopektinhaltigem Ausgangsmaterial mit kaltem Alkali die fibrinösen Pektate erhält. In folgendem Schema von Baier und Wilson[166]) sind diese Beziehungen übersichtlich dargestellt:

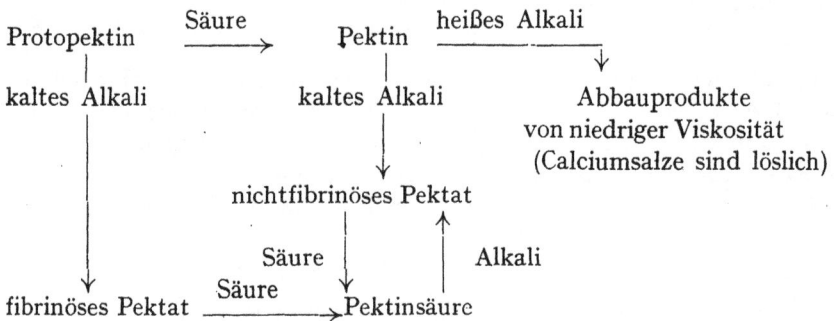

Sowohl die in der genannten Weise mit Alkalicarbonat und -phosphat hergestellten wäßrigen Suspensionen des Pektatpulpes, als auch die daraus gewonnenen reinen Pektate haben ihre später beschriebenen Anwendungsgebiete gefunden.

VI. Nachweis und Analyse des Pektins

A. Der qualitative Nachweis

Für den qualitativen Nachweis des Pektins in Pflanzenschnitten, Pflanzenextrakten oder -säften werden verschiedene Färbungs- und Fällungsmethoden benützt, von denen einige hier genannt werden sollen, obwohl sie kein eindeutiges Urteil darüber geben, ob in dem zu prüfenden Material Pektin vorhanden ist oder nicht. Wir besitzen kein spezifisches Nachweismittel für das Pektin, denn die neben dem Pektin vorhandenen Hemicellulosen, Pflanzenschleime oder auch Eiweißstoffe geben häufig ähnliche Reaktionen. Das Resultat einiger, nebeneinander ausgeführter einfacherer Prüfungen läßt den Untersuchenden aber immerhin erkennen, ob und wieweit die Anwesenheit des Pektins zu erwarten ist. Eine genaue Bestimmung und Charakterisierung des Pektins kann erst nach seiner Abtrennung von den Begleitstoffen durchgeführt werden.

1. Nachweis in Pflanzenschnitten

Für den Nachweis des Pektins in Pflanzenschnitten dient vor allem die von Mangin entdeckte Färbung mit Rutheniumrot (Rutheniumsesquichlorid). Pektinstoffe werden durch den in geringer Menge auf die Schnitten aufgebrachten Farbstoff sofort leuchtend karminrot gefärbt. Auch einige Pflanzenschleime geben diese Reaktion, nicht aber celluloseartige Substanzen. Das Rutheniumrot wird in schwach ammoniakalischer, wäßriger Lösung angewandt und muß im Dunkeln aufbewahrt werden. Der Farbstoff ist von der Firma Merck, Darmstadt, zu beziehen.

2. Nachweis in Pflanzenextrakten und Obstsäften

Will man eine vorläufige Prüfung auf die Anwesenheit von Pektin in Pflanzenextrakten oder Obstsäften anstellen, so kann man sich dazu einiger Fällungsmittel, wie Alkohol, Aceton, Bleiessig, Kalk- oder Barytwasser, bedienen, die mit dem Pektin — aber nicht nur mit diesem allein — schleimige, gallertartige Niederschläge liefern. Hierbei empfiehlt es sich, die Pflanzenauszüge oder -säfte vor Anstellung der Probe etwas einzuengen. Nicht zu stark verdünnte Lösungen geben schon beim Überschichten mit Alkohol an der Berührungszone einen weißen Ring.

a) Unterscheidung zwischen Pektin und verschiedenen Gummiarten nach Bryant[167])

Die meisten Gummiarten erfordern zur Fällung in etwa 1%iger Lösung das zweifache Volumen 96%igen Alkohols, während Pektine schon in 40- oder 50%iger alkoholischer Lösung gefällt werden. Ist die Substanz pulverförmig, und enthält sie keine Beimengungen von Zucker oder Säuren, so bereite man davon eine 1%ige Lösung. Ist Verdacht auf Beimengungen vorhanden, so extrahiert man sie zunächst mit 50%igem Alkohol. Man kann sie auch lösen, mit dem gleichen Volumen 96%igen Alkohols fällen und von der getrockneten Fällung eine 1%ige Lösung herstellen. Flüssige Proben fällt man in der gleichen Weise. Die 1%ige wäßrige Lösung der getrockneten Fällung dient als Untersuchungslösung.

Gibt die Untersuchungslösung eine gute Fällung mit dem gleichen Volumen 96%igen Alkohols, so kann es sich um Pektin, Quittensamengummi und Akazienbohnen-Gummi handeln. Traganth gibt nur eine schwache Fällung. Irisches Moos, Agar, Gummi arabicum und Caraya Gummi geben keine Fällung in 50%igem Alkohol.

Zur weiteren Unterscheidung dient die Fällung mit Thoriumnitrat von Bryant:

Man füge zu 10 ccm der 1%igen wäßrigen Untersuchungslösung 1 ccm einer 10%igen Thoriumnitrat-Lösung hinzu, rühre um und lasse 10 Min. stehen. Entsteht ein Gel, so liegt entweder Pektin oder Quittensamengummi vor, bildet sich kein Gel, so ist kein Pektin vorhanden. (Irisches Moos gibt kein Gel, sondern nur eine faserige weiße Fällung, die leicht zu unterscheiden ist.)

Um zwischen Pektin und Quittensamengummi zu unterscheiden, gibt man zu 10 ccm der 1%igen Untersuchungslösung 1 ccm 5-n-Essigsäure und dann 1 ccm 10%ige Thoriumnitratlösung hinzu, rührt um und läßt 2 Minuten stehen. Entsteht kein festes Gel, so liegt Pektin vor, bildet sich ein festes Gel, so rührt es von Quittensamengummi her.

Wiederholt man die genannten Reaktionen mit 10%iger neutraler Bleiacetatlösung an Stelle von Thoriumnitrat, so entsteht ohne Zugabe von Essigsäure bei Quittensamengummi und Pektin ein Gel. Gibt man vorher Essigsäure zu, so erhält man bei Anwesenheit von Pektin ein festes, klares, brüchiges Gel, während Quittensamengummi nur ein sehr schwaches Gel oder eine viskose Lösung gibt. Mit neutralem Bleiacetat erzielt man also gerade das gegenteilige Ergebnis wie mit Thoriumnitrat.

Zur Unterscheidung von Traganth[75]) wird auch die Reaktion mit Kaliumhydroxyd benutzt. Gibt man einige Tropfen 10%ige Kaliumhydroxydlösung zu 5 ccm einer 1%igen wäßrigen Untersuchungslösung, so entsteht eine grünlich-gelbe Färbung bei Anwesenheit von Pektin, Überschuß des Alkalis erzeugt eine Fällung oder ein Gel.

b) Qualitativer Nachweis einiger Spaltprodukte des Pektins

Die mit Alkohol oder Aceton in pektinhaltigen Lösungen erhaltenen Niederschläge geben in Wasser oder Säuren gelöst und mit verdünnten Säuren gekocht die für Kohlenhydrate charakteristische Reaktion mit α-Naphthol und die Orcinreaktion der Pentosen und Uronsäuren.

α-Naphthol[168]) gibt mit Kohlenhydraten in schwefelsaurer Lösung eine Violettfärbung. Man vermischt $\frac{1}{2}$ ccm der mit Säure gekochten, wäßrigen Versuchslösung mit 1—2 Tropfen einer 15%igen alkoholischen Lösung von reinem α-Naphthol und unterschichtet vorsichtig mit 1 ccm reiner konzentrierter

Schwefelsäure. An der Berührungsstelle beider Schichten entsteht alsbald ein violetter Ring. Durchmischt man beide Flüssigkeiten, wobei man in kaltes Wasser eintaucht, um zu starke Erhitzung zu verhindern, so nimmt die Lösung einen roten bis blauvioletten Farbton an.

Orcin[169]) (1-Methyl-3,5-Dioxybenzol, Dioxytoluol) und Salz- oder Schwefelsäure gibt beim Erwärmen mit pentosehaltigem Material und auch mit Uronsäuren (z. B. Galakturonsäure und Glucuronsäure) eine blaue bis grüne Lösung.

Charakteristisch für Uronsäure ist insbesondere die Naphthoresorcin-Reaktion[46]), die also auch von dem Hauptbestandteil des Pektinmoleküls, von der Galakturonsäure, gegeben wird. Ihre Ausführung geschieht in der Weise, daß man 1 Volumen der zu untersuchenden Lösung mit dem gleichen Volumen 38%iger Salzsäure vermischt und nach Zugabe von Naphthoresorcin im Überschuß eine Minute lang kocht. Nach dem Abkühlen unter der Wasserleitung schüttelt man mit Äther aus, wobei sofort oder nach kurzem Stehen eine deutlich rotviolette Färbung auftritt, die im Spektroskop die typische Bande zwischen gelb und grün zeigt. Nach Zusatz von Alkohol tritt ein Farbumschlag nach Indigoblau ein. Anwesenheit von viel anderen Zuckern verzögert die Reaktion. Ist nur wenig Galakturonsäure vorhanden, so fällt sie negativ aus. (10 mg Galakturonsäure in einem Gemisch aus 3 ccm konz. Salzsäure und 3 ccm Wasser gelöst und mit 100 mg Naphthoresorcin eine Minute lang gekocht, zeigen die positive Reaktion.)

Zur Unterscheidung zwischen Glucuronsäure und Galakturonsäure und somit zum Nachweis des Pektins kann die von Ehrlich gefundene Reaktion mit Bleiessig[46]) dienen. Man erhitzt die mit Wasser und Alkohol ausgewaschene pflanzliche Substanz mit 10—20 Teilen 1%iger Schwefelsäure ¼ bis ½ Stunde im Autoklaven auf 145°, versetzt dann das Hydrolysat mit überschüssigem Bariumcarbonat und erwärmt auf dem Wasserbade, wobei die Schwefelsäure entfernt und die organischen Säuren neutralisiert werden. Nach dem Abfiltrieren des Bariumsulfates und -carbonates dampft man das Filtrat auf ein kleines Volumen ein, reinigt es mit Tierkohle, filtriert und versetzt das Filtrat mit dem 3—4fachen Volumen Alkohol. Der entstehende flockige Niederschlag wird nach dem Abfiltrieren in wenig Wasser gelöst und Bleiessig im Überschuß hinzugegeben. Beim Erhitzen auf dem Wasserbade bildet sich bei Anwesenheit von Galakturonsäure ein deutlich ziegelroter Niederschlag.

Methylalkohol: Der Nachweis des im Pektin als Ester gebundenen Methylalkohols geschieht in der Weise, daß man zunächst die zu untersuchende Substanz mit viel Wasser destilliert, bis alle flüchtigen Stoffe übergegangen sind. Der Rückstand wird mit überschüssiger Natronlauge versetzt und eine Zeitlang stehengelassen. Dann wird die Lösung mit Schwefelsäure angesäuert und der Methylalkohol abdestilliert. Durch erneute Destillation wird der Methylalkohol im Destillat angereichert. Dann oxydiert man den Methylalkohol nach Ansäuern mit einigen Tropfen Phosphorsäure mit verdünnter Kaliumpermanganatlösung und weist den gebildeten Formaldehyd nach Versetzen mit Oxalsäure und Schwefelsäure mit Schiffs-Reagenz (Fuchsinbisulfitlösung) nach. Es entsteht eine deutliche Blau- oder Violettfärbung[46, 170]).

Essigsäure: Bei der qualitativen Prüfung auf Essigsäure verfährt man zunächst wie oben, indem man die flüchtigen Substanzen abdestilliert. Dann erwärmt man die zurückbleibende Lösung auf dem Wasserbade längere Zeit mit überschüssiger Natronlauge und destilliert nach dem Ansäuern mit Schwefelsäure die Essigsäure über. Eine saure Reaktion des Destillates gegenüber Phenolphthalein und Lackmus zeigt Essigsäure an. Durch die Zersetzung von Kohlenhydraten entstandene Ameisensäure kann man durch Oxydation mit Bichromat und Schwefelsäure entfernen, dann erneut destillieren und das Destillat auf saure Reaktion prüfen[46]. (Siehe auch Seite 131.)

c) Nachweis von Pektin nach Griebel

Eine empfindliche, aber etwas umständliche Prüfung auf Pektin kann man nach Griebel[171]) mit dem Saft aus Speierlingen (Pirus domestica) oder aus Elsebeeren (Pirus Sorbus torminalis) vornehmen. Ein in diesen Säften vorhandenes Kolloid gibt mit dem Pektin auch in stärkster Verdünnung eine deutliche Trübung oder Ausflockung. Die Reaktion ist sehr empfindlich und verlangt peinliche Reinhaltung der Geräte. Man führt sie in der Weise aus, daß man in einige Reagenzgläser von 10 cm Länge und 0,5—0,6 cm lichter Weite je 1 ccm der zu prüfenden Substanz einbringt und tropfenweise 0,2 ccm des aus dem Saft bereiteten Reagens zusetzt. Bei Anwesenheit von 0,01% Pektin entsteht eine opaleszierende Trübung, 0,1% Pektin erzeugt stärkere Trübung, die nach kurzer Zeit sehr fein ausflockt. Daneben ist ein Vergleichsversuch mit destilliertem Wasser anzustellen.

Zur Herstellung des Reagens benutzt man eben gereifte, noch harte Speierlinge oder Elsebeeren, die mit einem Messingmesser geschält, im Wolf zerkleinert und ausgepreßt werden. Der Saft wird zum Sieden erhitzt, heiß filtriert, und das Filtrat in dunkle, mit wenig Alkohol ausgespülte Medizinflaschen bis zum Halse gefüllt. Man überschichtet etwa 0,5 cm hoch mit Toluol und verschließt mit einem Korken. Nach einiger Zeit bildet sich im Saft eine Trübung die sich absetzt. Da der Saft mit Wasser eine weitere Trübung gibt, ist es nötig ihn vor Gebrauch mit dem gleichen oder 1½- bis 2fachen Volumen Wasser zu versetzen und über Nacht im Kühlschrank stehen zu lassen, wobei sich die Trübung absetzt. Das klare Filtrat darf dann bei weiterem Versetzen mit Wasser keine Trübung mehr geben und kann in der obenbeschriebenen Weise als Reagens für Pektin dienen.

B. Die quantitative Bestimmung des Pektins
(Einfache Bestimmungsmethoden)

Die quantitative Pektinbestimmung in pektinhaltigen Lösungen wird hauptsächlich durch zwei Methoden vorgenommen, entweder durch die Fällung mit Alkohol oder Aceton, oder durch die Methode von Carré-Haynes, nach der das Pektin mit Natronlauge verseift und als Calciumpektat abgeschieden wird. Beide Methoden geben jedoch kein Urteil über die Gelierkraft des vorhandenen Pektins. Durch Alkohol und Aceton werden außer dem Pektin noch andere

Substanzen mit abgeschieden, und die Calciumpektatfällung erfaßt nicht nur die großen, für die Gelierwirkung ausschlaggebenden Pektinmoleküle, sondern auch abgebaute Pektinsubstanzen. Besitzt man aber einige Übung, so kann man nach der Art der Alkohol- oder Acetonfällung die Qualität des Pektins in etwa abschätzen. Wenn die gefällte Masse flockig ist, werden sich mit dem Pektin meistens keine oder nur sehr weiche Gele herstellen lassen; ist die Fällung aber gelatinös und fest, so kann man gute Gele erwarten. (Über eine moderne, einfach auszuführende Bestimmung des Pektins als Pektinsäure siehe Seite 127).

1. Die Bestimmung des Pektins durch Acetonfällung

Nach Hinton[87b] ist Aceton ein geeigneteres Fällungsmittel für Pektin als Alkohol, da es ein festeres Koagel liefert und leichter zurückzugewinnen ist. Man muß das Aceton aber in geringerer Konzentration anwenden als den Alkohol, da sonst mehr fremde Substanz mitgefällt wird. Hinton sieht das entscheidende Merkmal eines Fruchtpektins in der Tatsache, daß es in 50%iger Acetonlösung zur Fällung gebracht werden kann, und daß seine Menge durch Wiederauflösen und erneute Fällung nicht weiter vermindert wird. Nach Hinton verfährt man folgendermaßen:

Die für die Bestimmung zu verwendende Menge an Lösung oder Extrakt richtet sich nach dem vermutlichen Pektingehalt, der etwa 0,1 g betragen soll (wenn nötig, verdünnt man diese Menge auf etwa 100 ccm). Langsam rührt man dann so viel Aceton zu, daß die Mischung 50% Aceton enthält, läßt einige Minuten stehen und gießt durch ein 15 cm-Filter. Wenn die Flüssigkeit ganz abgelaufen ist, wird der Niederschlag mit kaltem Wasser in das Becherglas zurückgewaschen und das Volumen mit Wasser auf ungefähr 100 ccm gebracht. Nötigenfalls erwärmt man die Flüssigkeit, um das Pektin zu lösen, läßt wieder erkalten und fällt das Pektin noch einmal in 50%iger Acetonlösung wie oben. Man kann, wenn es erforderlich ist, hierbei etwas Natriumchloridlösung hinzugeben, um die Koagulation zu unterstützen. Die Fällung wird dann auf einem gewogenen aschefreien Filter (15 cm) abfiltriert, mit 60%igem Aceton gewaschen und bei 100° über Nacht zu konstantem Gewicht getrocknet. Zur Erlangung eines genaueren Ergebnisses kann man das Filter samt Fällung nach dem Wägen veraschen und das halbe Aschegewicht von dem Gewicht der Acetonfällung abziehen. (Diese Korrektur ist jedoch nur eine angenäherte, und die Genauigkeit leidet, wenn der Aschanteil hoch ist.) Wegen des Einschlusses fremder Substanzen, die durch das Aceton mitgefällt werden, können die Ergebnisse mit dieser Methode gelegentlich etwas zu hoch sein.

Für eine gröbere, schneller auszuführende Bestimmung empfiehlt Morris[172] 10 ccm verdünnten, etwa 0,1 g Pektin enthaltenden Extrakt mit 50 ccm Aceton zu fällen. Die Mischung wird gerührt und die Fällung mit einem Glasstab durchgeknetet, damit innerhalb des Klumpens gründliche Mischung und Fällung stattfinden kann. Dann wird durch ein gewogenes Sieb aus Silber- oder versilbertem Kupferdraht (80—100 Maschen pro Zoll) abfiltriert. Die Fällung kann auf dem Sieb mit Aceton gewaschen oder leicht geknetet werden oder sogar gesammelt und zwischen Filtrierpapier ohne Verlust ausgepreßt werden, da sie nicht klebrig ist. Sie wird zu einer dünnen Schicht gepreßt, wieder auf das

Sieb gebracht und bei 90—100⁰ zu konstantem Gewicht getrocknet. Die Trocknung ist in 15—20 Min. vollständig. Das Gewicht der Fällung mit 10 multipliziert gibt angenähert den Prozentsatz des Pektins in dem Extrakt.

2. Bestimmung von Pektin als Calciumpektat

Die Bestimmung von Pektin als Calciumpektat ist von Carré und Haynes[173] eingeführt und von einigen Forschern, wie Hinton, Griebel und Mehlitz, modifiziert worden. Sie wurde früher fast ausschließlich zur Pektinbestimmung benützt und auch den gesetzlichen Vorschriften als Wertmaßstab für Pektinerzeugnisse zugrunde gelegt. Seit sich aber erwiesen hat, daß die Menge an gefundenem Calciumpektat nichts über die Gelierkraft des Pektins aussagt, kann die Calciumpektat-Methode nicht mehr als Qualitätsprüfung, sondern lediglich noch zur mengenmäßigen Bestimmung der insgesamt vorhandenen, sowohl hochwertigen wie abgebauten Pektinsubstanz dienen.

a) Ausführung der Bestimmung (nach Hinton)[87b]

Von der zu untersuchenden Pektinlösung nimmt man eine Menge, die schätzungsweise 0,05—0,1 g Pektin enthält, bringt sie in ein großes Becherglas und verdünnt mit destilliertem Wasser auf etwa 300 ccm, dann fügt man einige Tropfen Phenolphthalein hinzu und neutralisiert mit Natronlauge. Man gibt dann 20 ccm n/2-Natronlauge unter Rühren hinzu und läßt die Mischung bei Zimmertemperatur über Nacht stehen. (Nach Täufel und Just[174]) kann die Stehzeit auch auf eine Viertelstunde verkürzt werden.) Danach fügt man 50 ccm n-Essigsäure und fünf Minuten später 50 ccm m-Calciumchloridlösung hinzu und rührt gut um. Nach einer Stunde wird die Lösung einige Minuten gekocht und siedend heiß durch ein grobporiges Filtrierpapier (15 cm) filtriert. Die Fällung wird kurz mit heißem Wasser gewaschen, dann in das Becherglas zurückgespült und mit etwa 100 ccm Wasser 10—15 Min. gekocht. Man filtriert dann siedend heiß durch ein 9—10 cm-Filter, das vor Gebrauch auf konstantes Gewicht getrocknet und im verschlossenen Wägeglas gewogen worden ist, und wäscht mit heißem Wasser so lange aus, bis das Filtrat mit 5 %iger Silbernitratlösung keine Chlorreaktion mehr zeigt. Dann trocknet man 8 Stunden bei 100—105⁰ C bis zur Gewichtskonstanz bzw. bis zu einem Gewichtsverlust von höchstens 0,5 mg. Das Vortrocknen des Niederschlags erfolgt im Trichter. Man zieht das Filter zur Vermeidung des Anklebens etwa 1 cm in die Höhe. Wenn es fast trocken ist, kommt es in das Wägegläschen. An Stelle eines Filters kann man auch einen mit Glaswolle oder Asbest ausgelegten, sorgfältig gereinigten und auf konstantes Gewicht getrockneten Goochtiegel nehmen.

b) In handelsüblichen Pektinextrakten (nach Mehlitz)[176a]

Liegt ein handelsüblicher Pektinextrakt zur Untersuchung vor, so wägt man davon genau 10 g in einer Porzellanschale ab, spült diese Menge mit heißem Wasser quantitativ in einen 100er-Meßkolben und füllt mit destilliertem Wasser genau bis zur Marke auf. Nach gründlichem Durchschütteln pipettiert man hiervon 5 ccm in ein 400 ccm Becherglas, versetzt mit 100 ccm $\frac{n}{10}$ Natronlauge und läßt über Nacht (bzw. $1/_4$ Stunde) stehen. Dann gibt man 50 ccm n-Essigsäure und 5 Minuten später 50 ccm 2 n-Calciumchloridlösung zu. Man läßt eine Stunde stehen, kocht dann kurz auf und filtriert sofort durch ein getrocknetes und gewogenes Filter, auf dem man den Niederschlag bis zur Chloridfreiheit mit heißem Wasser auswäscht. Darauf trocknet man wie oben angegeben. Die Differenz zwischen vollem und leerem Filter gibt dann die Calciumpektatmenge in 5 ccm Analysenlösung an. Nach Multiplikation mit 200 erhält man den Pektingehalt des Pektinextraktes als % Calciumpektat.

c) In Trockenpektinen nach Mehlitz)[176a]

Von Trockenpektinerzeugnissen wägt man genau 10 g ab, verreibt sie in einem Porzellanmörser innig mit 20 g Zucker, fügt destilliertes Wasser hinzu und erwärmt unter Rühren auf einem siedenden Wasserbad. Dann spült man die Lösung quantitativ in einen 1 Liter-Meßkolben und füllt nach dem Erkalten bis zur Marke auf. 5 ccm der gründlich durchmischten Lösung benützt man wie vorstehend zur Analyse. Die gefundene Menge Calciumpektat, multipliziert mit 2000, gibt den Pektingehalt des Trockenpektins in Prozent Calciumpektat an.

d) Calciumpektatbestimmung in Früchten

Für die Bestimmung von Pektin in Früchten kann man die Modifikation der Calciumpektat-Methode von Macara[28]) benutzen. Ungefähr 1 Pfund der Früchte wird im Wolf zerkleinert, 100—150 g des Fruchtbreies werden abgewogen und eine Stunde in einem großen Becherglas unter gelegentlichem Umrühren mit der 4fachen Menge destillierten Wassers gekocht. Das verkochte Wasser ist durch Zufügen von heißem Wasser zu ersetzen. Nach dem Abkühlen bringt man die Mischung in einen Meßzylinder, füllt auf 500—750 ccm mit Wasser auf und schüttelt gut durch. Dann wird der Extrakt durch ein Sieb von 120 Maschen pro Zoll oder durch ein grobporiges Filter filtriert. Bei Früchten, von welchen man die Steine vor der Extraktion nicht sauber abtrennen kann, z. B. bei Kirschen, werden die zerdrückten Früchte mit den Steinen gekocht und diese nach der Extraktion vor dem Auffüllen im Meßzylinder entfernt, gewogen und von der Einwage abgezogen. 50 ccm des im Meßzylinder aufgefüllten und filtrierten Extraktes werden mit Natronlauge neutralisiert und mit 20 ccm n/2-Natronlauge zwecks Verseifung des Pektins versetzt. Das Volumen soll dann etwa 100 ccm betragen. Gegebenenfalls ist mit Wasser bis zu diesem Volumen zu verdünnen. Nach 2stündiger Verseifung verdünnt man auf 400 ccm und fällt, wie unter a) angegeben, durch Zufügen von Essigsäure und Calciumchloridlösung.

Die gefundene Menge Calciumpektat gibt die Calciumpektatmenge in 50 ccm des Obstextraktes an. Hat man 100 g Brei eingewogen und nach dem Kochen auf 500 ccm aufgefüllt, so multipliziert man mit 10 und erhält damit den Pektingehalt der Früchte in Prozent Calciumpektat. Die Resultate stimmen im allgemeinen bis auf etwa 0,1% mit den Ergebnissen der Acetonfällung überein.

e) Calciumpektatbestimmung in Marmeladen und Gelees nach Griebel und Weiß[175])

Man löst 25 g der gut durchmischten Substanz in warmem Wasser, filtriert durch ein Faltenfilter in einen 500 ccm Meßkolben, wäscht das Filter gründlich mit warmem Wasser nach und füllt das Filtrat bis zur Marke auf. 100 ccm dieser Lösung (= 5 g Substanz) werden in ein 400 ccm Becherglas gebracht und mit 100 ccm 0,1 n-Natronlauge vermischt. Dann läßt man, wenn die Reaktion der Flüssigkeit alkalisch ist, über Nacht (nach Täufel und Just ¼ Std.) bedeckt stehen. Danach gibt man 50 ccm einer etwa n-Essigsäure und nach 5 Minuten 50 ccm einer ungefähr molaren Calciumchloridlösung zu. Man rührt um, läßt eine Stunde stehen, kocht dann eine Minute unter wiederholtem Verteilen des ausgeschiedenen Niederschlages und filtriert siedend heiß durch ein grobporiges Filter. Dann wäscht man mit heißem Wasser nach, spült das Calciumpektat in das Becherglas zurück und filtriert nach nochmaligem Erhitzen auf einem getrockneten und gewogenen 9 cm-Filter ab. Auswaschen mit heißem Wasser bis zum Verschwinden der Chlorreaktion und Trocknen geschieht wie auf S. 104. Bei Anwendung von 100 ccm = 5 g Substanz ergibt sich durch Multiplikation der gewogenen Calciumpektatmenge mit 20 der Prozentgehalt an Pektin in der untersuchten Substanz als Prozent Calciumpektat.

Ist das Gewicht des erhaltenen Niederschlages größer als 0,05 g oder geringer als 0,02 g, so muß die Bestimmung mit einer entsprechend kleineren oder größeren Materialmenge wiederholt werden.

f) Calciumpektatbestimmung in Obstsäften nach Mehlitz[176])

Für die Bestimmung des Pektins als Calciumpektat in Obstsäften benutzt man die Modifikation der Methode nach Mehlitz. 50 ccm Saft werden mit Natronlauge im Meßkolben auf 500 ccm so aufgefüllt, daß eine etwa n/10-Natronlauge resultiert. Die dabei zuweilen entstehenden Niederschläge, die meist von Metallen herrühren, werden vor Ausfällung des Calciumpektates abfiltriert. Man läßt 7—10 Stunden stehen. Nach der Verseifung kann man den Pektingehalt des alkalischen Saftes durch Fällung einer Probe abschätzen. Auch aus einer inzwischen vorzunehmenden Viskositätsmessung des reinen Saftes (s. Abb. 23) ist der Pektingehalt annähernd zu entnehmen. Je nach dem ge-

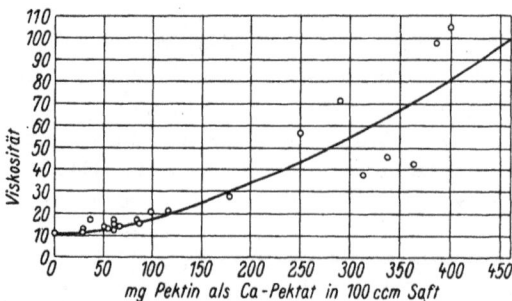

Abb. 23. Viskosität und Pektingehalt (Ca-Pektat) in frisch gepreßten Fruchtsäften (Mehlitz)

schätzten Pektingehalt nimmt man dann eine mehr oder weniger große, etwa 20—30 mg Calciumpektat ergebende Menge des verseiften Saftes und gibt auf je 100 ccm dieses alkalischen Saftes je 50 ccm n-Essigsäure und 50 ccm 2 n-Calciumchloridlösung zu. Nach 1 stündigem Stehen kocht man 5 Minuten und filtriert den Niederschlag auf einem zur Gewichtskonstanz gewogenem Filter (11 cm Durchmesser, Schleicher & Schüll, Nr. 589) ab. Man wäscht mit siedendem Wasser, bis das Filtrat keine Chlorreaktion mehr zeigt, trocknet wie üblich bei 100—105° auf konstantes Gewicht.

Zur Abschätzung des Pektingehaltes nimmt Mehlitz Viskositätsmessung des reinen Saftes in einem Ostwald-Viskosimeter von 10 ccm Inhalt und 9,3 sec Wasserwert bei 19° C vor. Aus der in Sekunden gemessenen Durchlaufzeit des Saftes kann man mittels der Kurve auf Abb. 23 den Pektingehalt annäherungsweise ablesen und die für die Calciumpektatfällung zu verwendende Menge an verseiftem Saft berechnen. Annähernde Parallelität zwischen Calciumpektatwert und Viskosität ist nur dann gegeben, wenn es sich um frische Preßsäfte aus gerade baumreifen Äpfeln handelt.

C. Die Messung der Gelierkraft

Die Qualitätsprüfung eines Pektins geschieht durch die Messung seiner Gelierkraft, denn je fester das Gel ist, das aus einem Pektin bereitet werden kann, um so besser ist das Pektin. Bei der Ausführung dieser Prüfung bediente man sich anfänglich der Fingerprobe, die auch heute noch gelegentlich als grobe Vorprüfung dient, aber natürlich nur undefinierte und individuelle Resultate ergibt.

1. Einfache Gelierbestimmungsmethode

Für viele praktische Zwecke genügt es, durch eine einfache Geleckochung die Mindestmenge an Pektinlösung zu bestimmen, die zur Erzielung einer deutlichen Gelierung gerade noch ausreicht. Nach einer Vorschrift von Mehlitz[177]) verfährt man dabei wie folgt:

In einer ¼ Liter fassenden Porzellanschale mit Holzgriff wägt man 60 g Kristallzucker ab, gibt dazu 30 ccm Wasser und 20 g Pektinlösung (von Trockenpektinerzeugnissen benützt man eine 10%ige Lösung). Die zu prüfenden Pektinlösungen müssen ein pH 3,0 haben und sind, wenn sie zu schwach sauer sind, durch Zusatz von Milch- oder Weinsäure vor Ausführung der Prüfung auf dieses pH zu bringen. Man rührt den Inhalt der Schale mit einem Porzellanlöffel gut durch und tariert die Schale nebst Löffel auf einer ausreichend empfindlichen Waage. Dann kocht man unter dauerndem Rühren zur Vermeidung des Anhängens, bis die Masse aufwallt. Durch öfteres Unterbrechen und Wägen stellt man fest, ob das Gewicht der Schale mit Löffel um 10 g abgenommen hat. Wenn der durch das Kochen bewirkte Gewichtsverlust 10 g beträgt, gießt man die Masse sofort möglichst restlos in ein 150 ccm genormtes Jenaer Becherglas von breiter Form und stellt es in ein Kühlgefäß, durch das Wasser fließt. Nach einer Stunde stürzt man das Gel und prüft, ob Gelierung eingetreten ist. Während des Abkühlens macht man weitere Gelkochungen in der Weise, daß man die Pektineinwaage jeweils um 5 g verringert und die Wasserzugabe um den entsprechenden Betrag erhöht. Bei Annäherung an den „kritischen Gelierpunkt" kann man kleinere Intervalle bezüglich des Pektinzusatzes machen, um auf diese Weise möglichst genau die Menge des Pektinpräparates festzustellen, die eben noch eine deutliche Gelierung bewirkt.

2. Die Gelierzahl nach Serger[178])

Eine weitere, in der Praxis viel benützte einfache Methode zur Prüfung der Gelierkraft eines Pektins ist die Bestimmung der Gelierzahl nach Serger. Sie gibt an, wieviele Prozente Pektinextrakt einen Gelansatz mit 60% Zuckergehalt gelieren. In der Form der Gelierzahl „neu" nach Serger ist die Methode bei einiger Übung mit geringen Substanzmengen schnell auszuführen. Benutzt man jedoch die nach Serger angegebenen Mengenverhältnisse, so kann man nur bis zu einer Gelierzahl 6 prüfen. Da die im Handel befindlichen Pektine aber häufig eine höhere Gelierzahl (schwächere Gelierkraft) zeigen, soll hier nur eine im Institut für Lebensmitteltechnologie praktisch erprobte Erweiterung dieser Methode angegeben werden, die auch bei höheren Gelierzahlen noch mit hinreichender Genauigkeit ein Qualitätsurteil über das zu prüfende Pektin erlaubt:

Von handelsüblichen Pektinextrakten stellt man eine 40%ige Lösung dadurch her, daß man 20 g des Extraktes in einem Erlenmeyerkolben abwiegt, mit 30 ccm destilliertem Wasser versetzt und gut durchmischt. Dann gibt man in 6 Reagenzgläser von 16 mm Weite (lichte Weite etwa 14 mm) und 130 mm Höhe die bereitete Pektinlösung und Wasser in den nachstehenden Mischungsverhältnissen, zweckmäßig bei Glas 5 beginnend bis Glas 10 einschließlich. Das Einwiegen der 40%igen Pektinlösung geschieht am schnellsten in der Weise, daß man das jeweilige Reagenzglas in einem Korkfuß auf eine Sartorius-Schnellwaage stellt, das Leergewicht abliest und die Pektinlösung eintropfen läßt, bis die Waage das gewünschte Gewicht anzeigt.

Füllung der einzelnen Gläser:

Glas	40%ige Pektin- lösung	Wasser ccm	Glas	40%ige Pektin- lösung	Wasser ccm
2	0,50 g	3,50	10	2,50 g	1,50
3	0,75 g	3,25	11	2,75 g	1,25
4	1,00 g	3,00	12	3,00 g	1,00
5	1,25 g	2,75	13	3,25 g	0,75
6	1,50 g	2,50	14	3,50 g	0,50
7	1,75 g	2,25	15	3,75 g	0,25
8	2,00 g	2,00	16	4,00 g	0,00
9	2,25 g	1,75			

Nach dem Einfüllen der Pektinlösung und des Wassers gibt man in jedes Glas 6 g Zucker, die vorher abgewogen wurden. Nach der Füllung von 6 Gläsern rührt man den Inhalt des ersten Glases mit einem dünnen Glasstab um, gibt 0,5 ccm 10%ige Weinsäure zu und kocht leicht unter ständigem Rühren auf offener Flamme genau 2 Min. (Stoppuhr). Der Wasserverlust hierbei beträgt etwa 0,5 ccm. Darauf legt man das Glas schräg in ein Wasserbad von etwa 12⁰ und verfährt nach Zusatz von Weinsäure in gleicher Weise mit dem nächsten und den übrigen Gläsern. Nach einer Kühlzeit von einer Stunde nimmt man die Gläser vorsichtig nacheinander aus dem Bad und beobachtet, in welchem Glas das Gel beim Senkrechtstellen des Glases nicht mehr sofort zusammenfließt.

Fließt z. B. in Glas 7 das Gel nicht mehr sofort zusammen, so hat das Pektin die Gelierzahl 7, d. h. 7% Pektinextrakt gelieren einen Gelansatz mit 60% Zucker. Gute Pektine zeigen eine Gelierzahl von 5. Die mit dieser Methode erhaltenen Werte gelten nur angenähert.

3. Messung der Gelierkraft mit Hilfe von Meßinstrumenten

Um genauere Urteile über die Gelierkraft eines Pektines zu erhalten, wurden zu ihrer Messung eine Reihe von Methoden ersonnen und in den Gebrauch gebracht. Das erste Meßinstrument dieser Art stammte von Sucharipa[134] und maß die Gelfestigkeit durch den Druck eingeblasener Luft, der erforderlich war, um eine dünne Gelschicht zu durchbrechen.

Obgleich die Zahl der inzwischen vorgeschlagenen Methoden sehr groß ist, konnte sich doch bis heute keine für den alleinigen Gebrauch durchsetzen. Dies beruht darauf, daß sich der exakten Messung der Geliereigenschaften erhebliche Schwierigkeiten entgegenstellen. Diese Schwierigkeiten bestehen sowohl in der Art der Zubereitung des zu messenden Geles, als auch in der klaren Definition der Größe, die man mißt bzw. messen soll. Die Pektine, z. B. hoch- und niederveresterte, zeigen bei der Gelkochung in bezug auf Zucker- und Säurezusatz ein verschiedenes Verhalten. Bei Pektinen gleicher Art steht man vor der Frage, in welcher Weise das Standardgel zubereitet werden soll, ob es zweckmäßiger ist, die Säure während des Kochens, oder erst nach der Kochung zuzugeben und welcher pH-Wert und welche Zuckerkonzentration eingehalten werden sollen. In dem Kapitel über die Geliereigenschaften wurde schon darauf hingewiesen, wie weitgehend diese von allen den genannten Faktoren abhängig sind. Auch die Erstarrungszeit spielt für das Ergebnis der Messung eine wichtige Rolle.

In bezug auf den Apparat ergibt sich die Schwierigkeit, alle Geliereigenschaften durch eine einzige Messung zu erfassen und in einer physikalisch definierten Größe auszudrücken, wobei der Apparat doch so einfach gebaut sein soll, daß man in der Praxis Reihenuntersuchungen mit ihm durchführen kann. Es ist z. B. verhältnismäßig leicht, die Kraft zu messen, die erforderlich ist, ein Gel zu durchstoßen oder zu durchreißen, aber diese Werte geben keine Auskunft über die Elastizität des Gels. Ein Gel, das sehr fest, aber leicht brüchig ist, kann bei dieser Messung den gleichen Wert ergeben wie ein Gel, das weich, aber sehr elastisch ist. Neuere Bestrebungen gehen darauf hin, den Elastizitätsmodul, eine physikalisch definierte Größe, zur Kennzeichnung eines Gels zu benutzen. Zu seiner Berechnung ist es für einen nach dem genannten Beispiel arbeitenden Apparat nötig, auch die Formänderung des Gels, die vor Erreichung der Bruchgrenze eintritt, mit zur Messung zu bringen. Da es hier nicht möglich ist, alle Methoden zu schildern, die zur Prüfung der Gelfestigkeit eingeführt worden sind, sollen nur die Methoden und Apparate besprochen werden, die in der Pektinindustrie bekannt sind und am meisten angewandt werden. An der Verbesserung der bestehenden Methoden wird in allen Ländern fortlaufend gearbeitet.

a) Das Lüerssche Pektinometer[92, 179])

Der in Deutschland am häufigsten benutzte Apparat ist das Pektinometer von Lüers, das von der Firma Lautenschläger in München hergestellt wird. Es besteht, wie die Abbildung zeigt, aus einer Waage, die an Stelle der Waagschalen rechts einen Becher zur Aufnahme von Schrotkörnern und links einen Haken zum Aufhängen einer Zerreißfigur besitzt. Die Zerreißfigur wird in das gekochte Gel eingeliert und nach dem Erkalten die Kraft gemessen, die erforderlich ist, um sie aus dem Gel zu reißen. Die Vorschrift von Lüers für die Ausführung der Bestimmung lautet wie folgt (Abbildung 24):

60 g Zucker werden mit 35 g Pufferlösung (s. unten) in einer Porzellanschale von etwa 14 cm Durchmesser auf einem Elektrobrenner (bzw. Sandbad oder Luftbad mit Gasbrenner) auf 85 g unter Rühren eingedampft. Dann wägt man möglichst rasch und genau 15 g Pektinextrakt direkt in die Schale ein und rührt 60 Sekunden nach der Stoppuhr rasch und gründlich um. Hierauf gießt man möglichst quantitativ die heiße Lösung umgehend in den vorbereiteten Lüers-Becher und kühlt eine Stunde lang in fließendem Wasser ab. Beim Eingießen muß man darauf achten, daß die Zerreißfigur ordnungsgemäß, d. h. „gerade" im Nut und daß beim Kühlen der Becher unbedingt auf waagrechter Unterlage steht.

In das Kühlgefäß tritt von unten Wasserleitungswasser ein und fließt kontinuierlich 3 cm unter dem oberen Becherrand wieder ab. Das Kühlwasser soll bei allen Versuchen möglichst konstante Temperatur besitzen. Ist die Kühlzeit abgelaufen, so wird der Becher aus dem Kühlgefäß herausgenommen und in die Führung am Pektinometer eingesetzt.

Man muß für eine ganz gleichmäßige „Einflußzeit" der Schrote (1 mm ∅) in der Weise sorgen, daß je Sekunde 10 g Schrote ohne Stockung einfließen. Unter „Einflußzeit" der Schrote versteht man die Zeit vom Beginn der Schrotzugabe bis zum Beginn kontinuierlichen Zerreißens des Gels. Die Schrotzugabe wird jetzt gestoppt und man bestimmt nun das Gewicht

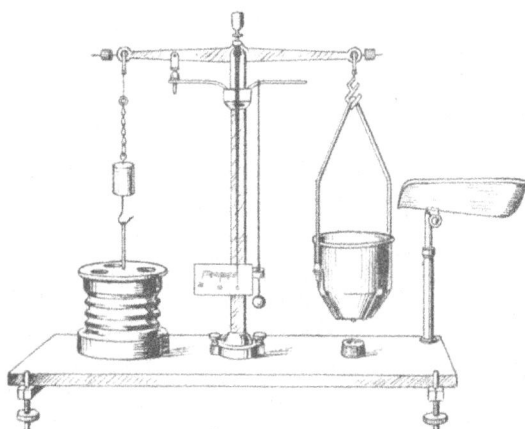

Abb. 24. Das Pektinometer nach Lüers

der erforderlich gewesenen Schrotmenge = „Zerreißgewicht". Das gesamte Arbeitsverfahren dauert im allgemeinen etwa 3 Minuten.

Unerläßlich ist eine anschließende Bestimmung der H-Ionenkonzentration des Gels. Zu diesem Zwecke bringt man 5 g des Gels mit Wasser auf 25 g, erwärmt das Gemisch im Wasserbad, bis sich das Gel gelöst hat, kühlt ab, wiegt eventuell das verdampfte Wasser wieder auf und mißt das pH am besten nach der elektrometrischen Methode. Wenn kein elektrometrisches Meßinstrument vorhanden ist, kann man notfalls auch Lyphanstreifen benutzen, in diesem Fall die Nummer L 656 mit einer pH-Spanne von 2,6 bis 4,1. Es soll sich ein pH zwischen 2,95 und 3,05, das Optimum der Gelierfähigkeit, ergeben.

Die zur Gelkochung verwendete Pufferlösung besteht aus 7 Teilen n/10-Kaliumacetat und 3 Teilen 2 n-Milchsäure. Das Gemisch ist auf pH 2,95 nachzuprüfen.

Nimmt man an Stelle der Bleischrote Quecksilber, so kann dadurch der Zulauf verfeinert werden. Da Quecksilberdämpfe aber giftig wirken, ist Quecksilber in Lebensmittelbetrieben zu vermeiden.

Einige von Lüers gemessene Zerreißfestigkeiten verschiedener Pektine sind:

Pektinerzeugnis	Zerreißgewicht
Citrus-Pektin (National Pectin Products, Chicago)	540 g
Eigenes Apfelpektin-Präparat, Extrakt	440 g
Eigenes Zitronenpektin-Präparat	380 g
Pomosin-Pektinextrakt	300 g
Französisches Pektin	290 g

Die von Lüers angegebene Stehzeit des Gels von einer Stunde ist, wie neuere Arbeiten ergeben haben, zu gering. Erst nach 18—24 Stunden bei Zimmertemperatur werden verläßliche Resultate erhalten. Aus dem eben Gesagten geht außerdem hervor, daß der Apparat nicht alle Geleigenschaften erfaßt, die Elastizität der Gele bleibt unberücksichtigt. Die Geschwindigkeit in der Zugabe der Schrotkugeln ist von Einfluß auf das Meßergebnis, außerdem auch die Fallhöhe. Da sie bei der Messung durch verschiedene Prüfer nicht gleichmäßig eingehalten werden kann, ergeben sich häufig abweichende Resultate. Die Fehlergrenze ist ungefähr ± 5 %.

Für die deutsche pektinverarbeitende Industrie wäre es sehr wünschenswert, wenn eine zuverlässige Standardmethode zur Gelmessung allgemein eingeführt würde, so daß auch bei uns wie im Ausland die Pektine nach ihrem Geliergrad gehandelt werden könnten.

α) *Die Geliereinheiten.* Nach Henglein[193, 345]) kann man die Prüfung auf die Zerreißfestigkeit auch mit steigenden Pektinmengen durchführen und aus der erhaltenen Kurve, welche die Abhängigkeit der Gelfestigkeit vom Pektingehalt zum Ausdruck bringt, die Pektinmenge ermitteln, die zur Erreichung eines Standardgels von 200 g Zerreißfestigkeit notwendig ist. Diese Abwandlung der Lüersschen Methode erlaubt es, das Geliervermögen des Pektins in Geliereinheiten auszudrücken. Man kocht hierzu 60%ige Zuckergele (Normalgele) mit unterschiedlichem Pektingehalt in der Weise, daß man z. B. 0,2, 0,4, 0,6, 0,8, 1,0 g Trockenpektin in 150 ccm fassende Bechergläser einwiegt und unter völliger Auflösung des Pektins so viel Wasser hinzugibt, daß jeweils 15 g Lösung entstehen. Zu jeder dieser Pektinlösungen gießt man dann unter Umrühren eine nach Lüers aus 60 g Zucker und 35 g Pufferlösung bereitete, auf 85 g eingedampfte Zuckerlösung. Nach kurzem nochmaligem Erhitzen bis zum Aufwallen gießt man die Gelmischungen in die Pektinometerbecher. Man läßt jede Gelprobe 24 Stunden im Wasserbad erkalten und mißt ihre Zerreißfestigkeit. Dann zeichnet man eine Kurve, auf deren Ordinate man die Zerreißfestigkeit in Gramm und auf deren Abszisse man die entsprechenden Gramme Pektin im Gel aufträgt. Die Menge Pektin, welche in einem Normalgel die Zerreißfestigkeit von 200 g und damit ein Standardgel erzeugt, kann aus dem Kurvenbild abgelesen werden. Aus der abgelesenen Pektinmenge läßt sich leicht berechnen, wieviel Gramm Zucker von 1 g Pektinsubstanz gebunden werden, um ein Standardgel zu erzeugen. Diese Zuckermenge in Gramm heißt die Geliereinheit. Es wurde deshalb ein Gel (60 g Zucker auf 100 g Gel) mit der Zerreißfestigkeit 200 als Standardgel festgelegt, weil diese Festigkeit im allgemeinen von den Marmeladenfabriken, also den Pektinverbrauchern, gewünscht wird.

Geht z. B. aus der aufgezeichneten Kurve hervor, daß z Gramm Pektin ein Standardgel von 200 g Zerreißfestigkeit erzeugen würden, so bedeutet dies, daß z Gramm Pektin 60 g Zucker im Standardgel binden können.

1 Gramm Pektin vermag dann $\dfrac{60}{z} = x$ Gramm Zucker zu einem Standardgel zu binden. x ist die gesuchte Geliereinheit in Gramm. Bezieht man die Angaben auf 1 kg Pektinstoff, so hat man x Kilo Geliereinheiten.

Auch die Geliereinheiten handelsüblicher Pektinlösungen kann man in ähnlicher Weise bestimmen. Man mischt hierzu verschiedene Mengen der Pektinlösung (z. B. 2 g, 4 g, 6 g usw.) mit Wasser auf 15 g und benutzt die jeweils erhaltene verdünnte Lösung zum Gelansatz.

Nach Henglein benutzt man zweckmäßig Schrot von 1 mm Korngröße zur Festigkeitsprüfung. Der Zulauf von 100 g Schrot soll während 20 Sekunden erfolgen. Die Schrotzugabe soll bis zum Aufschlagen des Schrotaufnahmegefäßes vorgenommen werden.

Die von Henglein vorgeschlagene Bewertungsweise der Pektine ist dem amerikanischen Verfahren, von dem weiter unten gesprochen wird, ziemlich angepaßt. Die amerikanischen Geliergrade (siehe Seite 113) lassen sich aber nicht auf die deutschen Geliereinheiten umrechnen, da die Methoden zur Prüfung der Gelfestigkeit verschieden sind und insbesondere darum, weil die deutschen Standardgele einen Gehalt von 60 % Rohrzucker besitzen, während die amerikanischen Standardgele 65 % Rohrzucker bzw. lösliche Extraktstoffe enthalten.

Gudjons[346]) schlägt vor, auch die deutschen Pektine nach Graden zu kennzeichnen, wofür ein Standardgel mit 60 % Zuckergehalt und 300 ± 15 g Zerreißfestigkeit im Lüers'schen Pektinometer zugrunde gelegt werden soll. Dieses Verfahren bietet den Vorteil, einen direkten Qualitätsvergleich mit den amerikanischen Trockenpektinen zu bekommen.

b) Ausländische Gelmesser

In Amerika fand zunächst das Gelometer von Bloom[180]) und dann der Geltester von Tarr und Baker ausgedehnte Anwendung. Das Bloomsche Gelometer wurde aus der Leim- und Gelatineindustrie übernommen und arbeitet in der Weise, daß ein Stempel nach und nach durch Schrotkugeln belastet wird, bis er 5 mm in das Gel eingetrieben wird. Die Festigkeit wird durch das für das Eindringen des Stempels notwendige Gewicht der Schrotkugeln ausgedrückt. In dem Geltester von Tarr und Baker[91, 181]), der nach einigen Modifikationen heute als „Delaware Jelly-Strength-Tester"[182]) eines der meistgebrauchten Meßinstrumente für Pektingele in Amerika ist (siehe Abbildung 25) wird ein Stempel von 2,1 cm $\pm$ 0,05 cm Durchmesser durch Komprimieren von Luft in einem verschlossenen Gefäß in Bewegung gesetzt und in das Gel hineingedrückt.

Das Komprimieren der Luft geschieht durch Zulauf einer Flüssigkeit, die schwerer als Wasser ist — z. B. Tetrachlorkohlenstoff —, aus einem höhergelegenen Reservoir. Ein Manometer mißt den Luftdruck in cm Wassersäule. Bricht das Gel bei einem Druck von 50 cm Wassersäule, so hat es Standardfestigkeit. Aus dem in der Gelmischung vorhandenen Verhältnis zwischen Pektin und Zucker kann dann der Geliergrad des Pektins berechnet werden, der in der Praxis die Qualität eines Pektins ausdrückt.

α) *Der Geliergrad in U. S. A.* Unter dem Geliergrad versteht man die Menge Zucker in Gramm, die durch ein Gramm Pektin zu einem Gel von Standardfestigkeit gebunden werden kann. Das Gel muß hierbei 65% lösliche Extraktstoffe enthalten und nach einer genau vorgeschriebenen Methode gekocht werden. Ein Pektin besitzt z. B. 150 Geliergrade, wenn 1 g dieses Pektins 150 g Zucker bindet und das entstehende Gel von 65% löslichem Extraktgehalt im „Delaware Jelly-Strength-Tester" eine Festigkeit von 50 cm Wassersäule aufweist. In Amerika werden alle Pektine nach ihrem Geliergrad gehandelt.

Zur Ermittlung des Pektinzusatzes für die Kochung des Gels empfehlen Baker und Woodmansee[98]) zunächst die relative Viskosität (s. S. 134) von 0,5- oder 1%igen Pektinlösungen in einer Ostwaldpipette zu messen und zwar von hochveresterten Pektinen bei pH 2,5, von niederveresterten Pektinen (unter 7% OCH$_3$) bei pH 4,5. Aus einer Kurve (Ordinate: relative Vis-

Abb. 25. Tarr-Baker Delaware Jelly-Strength-Tester (A. H. Thomas Co.)

kositäten, Abszisse: die entsprechenden Geliergrade) kann darauf der angenäherte Geliergrad entnommen und die Pektinmenge berechnet werden, die ein Gel von annähernder Standardfestigkeit ergibt. Die Daten der Gelmessung führen dann zur Feststellung des genauen Geliergrades. Um genaueren Aufschluß über das Verhalten eines Pektins zu bekommen, wird geraten, mehrere Gel-Messungen im pH-Bereich von 3,5 bis 2,5 auszuführen und in einer Kurve die Gelfestigkeiten gegen die pH-Werte einzutragen, woraus sich das für die Gelierung günstigste pH ergibt, das bei verschiedenen Pektinen unterschiedlich ist. Die Gegenwart von Säure während der Kochung des Gels wird von Baker bei hochveresterten Pektinen für vorteilhafter gehalten als das Zufügen der Säure am Ende der Kochung (siehe S. 55). Um den Bedingungen in der Praxis näher zu kommen, kann man zu den Kochungen an Stelle von Wasser auch standardisierte Salzlösungen nehmen. Die bereiteten Gele werden vor Ausführung der Messung 24 Std. bei 30⁰ erkalten gelassen.

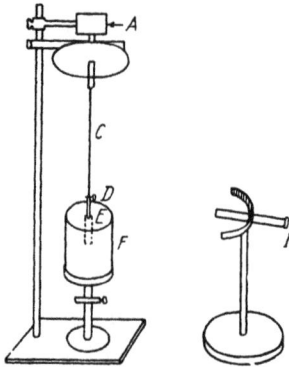

Abb. 26. Rigidometer
A=Motor, C=Torsionsdraht, D=Spiegel, E=Klinge, F=Gelbehälter, I=Fernrohr mit Skala
(Owens u. Mitarbeiter)

Der Tarr-Baker-Geltester (Delaware Jelly-Strength-Tester) ist einfach und rasch zu handhaben. Kennt man die Maße und das Gewicht des Stempels, so lassen sich die Ergebnisse in nicht ganz exakter und nur beschränkt umrechenbarer Weise in g/cm^2 ausdrücken, aber die Elastizität bleibt ebenso wie im Pektinometer von Lüers unberücksichtigt. Erst eine neue Modifikation von Speiser, in der zusätzlich der vom Stempel zurückgelegte Weg gemessen wird, erlaubt die Berechnung des Elastizitätsmoduls.

Genaue, physikalisch saubere Resultate lassen sich mit dem ebenfalls in Amerika gebräuchlichen „Rigidometer" von Owens[183]) erzielen, das Werte für den Schubmodul angibt. Der Apparat besteht wie aus Abb. 26 ersichtlich ist, aus einem Torsionsdraht, der durch einen an seinem oberen Ende angebrachten Motor von gleichbleibender Geschwindigkeit (Telechron-Motor) tordiert werden kann und an seinem unteren Ende eine Klinge trägt, die in das Gel versenkt wird. Wird der Draht nun um einen bestimmten Winkel gedreht, so dreht sich auch die Klinge um einen gewissen kleineren Betrag. Mit Hilfe eines Spiegels, der am oberen Ende der Klinge befestigt ist, kann die Drehung der Klinge durch ein Fernrohr mit Skala oder durch Lichtreflexion auf einer Skala beobachtet werden. Aus den abge-

Abb. 27. Ridgelimeter (Sagommeter)
(Joseph und Baier, Food Techn. Vol III 18. [1949])

lesenen Winkeln läßt sich dann der Schubmodul in g/cm² berechnen. Gele mit dem Wert von 3 g/cm² werden als Standard gewählt und geben etwas geringere Geliergrade als der Delaware Jelly-Strength-Tester, aber die gleichen Geliergrade, wie diejenigen, welche nach einer weiteren, ebenfalls sehr modernen Methode von Cox und Higby ermittelt werden.

Mit diesem ähnlich benannten, aber in ganz anderer Weise arbeitenden, von Cox und Higby erfundenen Exchange-Ridgelimeter[95]) (auch Sagmometer genannt), wird das Zusammensacken eines umgestürzten Gels gemessen und sein elastisches Verhalten bestimmt. Der Apparat besteht aus einem rechtwinklig gebogenem breiten Stativ, an dessen oberem Ende eine Mikrometerschraube angebracht ist (s. Abb. 27). Das Gel wird 6 Min. ohne Säurezusatz gekocht, dann in kali-brierte Gläser gegossen, in denen sich 2,6 ccm 37,6 %ige Weinsäure befinden, wodurch das pH auf 2,2—2,4 gebracht wird. Der Zuckergehalt muß 65 % betragen. Die Gläser sind oben mit Streifen aus festem Papier umklebt, der das Glas um 1,27 cm überragt, und werden bis zum oberen Rande dieser Streifen gefüllt. Nach

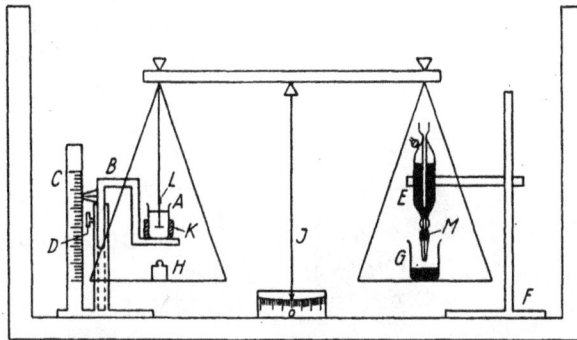

Abb. 28. Apparat zur Messung der Zerreißfestigkeit (National Bureau of Standards)

24stündigem Erkalten bei 30⁰ wird jeweils der Papierstreifen entfernt, das Gel am Glasrand glatt abgeschnitten, auf eine Glasplatte gestürzt und unter das Ridgelimeter gestellt. Man dreht dann die Mikrometerschraube so weit herunter, bis die Spitze der Schraube die Oberfläche des Gels berührt und kann damit das Zusammensinken des Gels direkt in Prozent der ursprünglichen Höhe messen. Ein Einsacken um 23,5 % wird als normal angesehen und dient zur Berechnung des Geliergrades, der mit den Werten des Rigidometers von Owens in Übereinstimmung zu bringen ist. In jüngster Zeit wurde von dem National Bureau of Standards[184]) ein Apparat entwickelt (s. Abb. 28), der für uns deshalb interessant ist, weil er weitgehend dem Lüersschen Pektinometer entspricht. Wie schon von Lüers vorgeschlagen, wird bei diesem zur Ausübung der Zugkraft Quecksilber benutzt. Die kreuzförmige Zerreißfigur ist durch eine Scheibe von bekannter Oberfläche ersetzt. Durch die Division des Quecksilbergewichtes, das für das Zerreißen des Gels benötigt wird, durch den Flächeninhalt der Scheibe, läßt sich die Gelstärke in beschränkt umrechenbarer Weise in g/cm² ausdrücken. Eine weitere Verbesserung des Lüersschen Apparates wird dadurch erreicht, daß der Gelbehälter auf einem Halter steht, dessen Höhe verändert werden kann. In dem Maße, wie man das Quecksilber zugibt, ändert man auf der anderen Seite der Waage manuell die Höhe des Statives, auf dem der Becher steht, so daß die Zunge der Waage immer auf Null bleibt. Die Höhenveränderung schon vor dem Zerreißen des Gels kann auf einer Skala abgelesen werden, und sie zeigt den Widerstand an, den das Gel seiner Deformierung entgegensetzt. Eine große Höhenveränderung bedeutet, daß das Gel leicht, eine kleine Veränderung, daß es schwer deformierbar ist. Damit ist der Elastizität des Geles Rechnung getragen.

Eine andere interessante Methode von Goldberg und Sandvik[185]) aus dem Kodak-Forschungslaboratorium soll nur kurz erwähnt werden. Sie mißt die Kennzahlen der elastischen und plastischen Verformung durch Oszillieren bei Frequenzen von 10 bis 6000 Hz. In einer Modifikation kann man den Schervorgang photographisch registrieren.

Die in England gebräuchlichen Geltester, wie der viel benutzte B.A.R.- Tester[186]), arbeiten nach der Torsionsmethode, ähnlich wie das Rigidometer von Owens. Durch den B.A.R.-Tester wird der Schubmodul bestimmt.

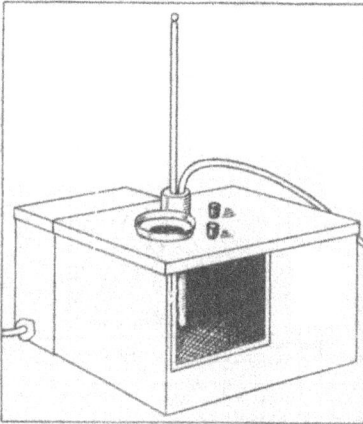

Abb. 29. Wasserbad-Apparat zur Messung der Erstarrungszeit (Joseph u. Baier)

4. Die Messung der Erstarrungszeit eines Gels

Da die Erstarrungszeit eines Gels für die Gelmessung eine große Rolle spielt und für den Praktiker von Wichtigkeit ist, soll hier noch eine Methode angegeben werden, die in den Laboratorien der California Fruit Growers Exchange benutzt wird[187]).

Der Apparat (s. Abb. 29) besteht aus einem Wasserbad, das an zwei gegenüberliegenden Seiten Glasfenster hat und in der Mitte zwischen den Fenstern einen Halter, auf den ein Gelglas gestellt werden kann. Wenn das Wasserbad mit destilliertem Wasser von 30° C bis oben gefüllt ist, wird das Gelglas durch ein rundes Loch im Deckel des Thermostaten fast bis zum Rande in das Wasser versenkt und mit einer Klammer festgehalten. Das Wasserbad wird durch eine Lichtquelle am rückwärtigen Fenster erleuchtet, so daß man das eingestellte Glas durch das vordere Fenster beobachten kann. Durch einen langsamen Luftstrom, der außerhalb des Beobachtungsbereiches durch das Wasser geschickt wird, bleibt dieses in Bewegung, während die Temperatur durch Wasserzugabe konstant gehalten wird. Die Gele, die nach der Methode von Cox und Higby durch Zugabe eines Überschusses an Säure am Ende der Kochung zubereitet werden (s. S. 55 u. 115), werden in die Gelgläser des Ridgelimeters gegossen. Das erste Glas (ohne Papierstreifen und wegen des kleineren Volumens nur mit 2 ccm Weinsäure versetzt) wird sofort in das Wasserbad gebracht und eine Stoppuhr angestellt. Von Zeit zu Zeit gibt man dem Gelglase eine kurze, schnelle Drehung und beobachtet die Wirkung durch das vordere Fenster des Thermostaten. Man sieht hierbei, wie das Festwerden von unten nach oben fortschreitet. Zuerst bewegen sich bei einer kurzen Drehung des Glases alle Gelpartikel in der Drehungsrichtung, dreht man etwas später wieder, so bewegen sich die Partikel in dem unteren Teil des Glases zunächst in der Drehungsrichtung und dann wieder zurück. Wenn endlich auch der letzte Teil des Gels in dem obersten Teil des Glases auf eine kurze Drehung hin die rückläufige Bewegung anzeigt, wird die Stoppuhr angehalten und die Erstarrungszeit auf ihr abgelesen. Die von der genannten Firma produzierten langsam erstarrenden Pektine fallen in den Bereich von 3,25 bis 4 Minuten Erstarrungszeit, die schnell erstarrenden Pektine können in 0,1 Minute fest werden. Im Wasserbad bei 30° erstarren die Pektine schneller als in Luft bei 20—25°, wie einige aus der Arbeit von Joseph und Baier entnommene Werte zeigen.

Beziehung zwischen der Erstarrungszeit von Exchange Standard Test Gelen bei Zimmertemperatur in Luft und im Wasserbad bei 30° C:

Erstarrungszeit in Minuten

In Luft bei 20—25° C	Im Wasserbad bei 30° C
1,00	0,9
3,00	2,25
5,00	3,25
10,00	5,10
14,00	6,30

5. Qualitätsprüfung von Trestern durch Bestimmung der Gelierkraft

Da man durch die Calciumpektatmethode kein Urteil über die Qualität von Pektinen erhält, empfiehlt es sich, die Güte eines für die Pektingewinnung vorgesehenen Ausgangsmaterials durch eine Gelierprüfung festzustellen. Nach Mehlitz[188]) verfährt man dabei folgendermaßen:

20 g lufttrockene Trester werden mit 500 ccm $\frac{1}{50}$ n-Milchsäurelösung versetzt

und in einem Einliter-Kochkolben am Rückflußkühler eine halbe Stunde lebhaft gekocht. Die Zeit vom Beginn des Erwärmens bis zum Kochen beträgt 15 Minuten. Hierauf wird das Kochgut abgekühlt und unter anfänglicher Zurückgabe des Filtrates quantitativ auf ein Haarsieb mit darunterliegendem Filtriertuch gebracht und leicht ausgepreßt. Die sich dabei ergebenden Ausbeuten an Extraktionssaft betragen je nach der Quellbarkeit der Trester etwa 300 bis 430 ccm. Quellfähigere Trester geben im allgemeinen pektinreichere Auszüge als weniger quellfähige.

Der Extraktionssaft wird mit Milchsäure auf pH 3,0 bis 3,1 eingestellt. Dann werden 100 ccm in einen kurz- und weithalsigen 500 ccm-Rundkolben pipettiert und mit 60 g Zucker versetzt. Das Gemisch wird gleichmäßig verteilt und der Kolben mit einem durchbohrten Gummistopfen verschlossen, in dessen Bohrung sich ein weites, zweimal rechtwinklig gebogenes Destillierrohr befindet. Das Destillierrohr wird durch einen zweiten Gummistopfen mit einem gewöhnlichen Kühler verbunden. Als Vorlage dient ein Meßzylinder. Man erhitzt ein Paraffinbad auf 150°, bringt es unter den Kolben, der bis zum Rande seines

Inhaltes hineinragen soll. In genau ½ Stunde werden aus dem Kolben bei 160 bis 180⁰ Badtemperatur 60 ccm Wasser in den Meßzylinder abdestilliert. Nach Beendigung der Destillation wird die heiße Geliermasse sofort restlos in den Becher des Lüersschen Pektinometers gegossen und die Zerreißfigur eingesetzt. Zur Vermeidung von Hautbildung wird das Kochgut sofort nach dem Einfüllen mit 10 ccm Paraffinöl aus einer Pipette vorsichtig überschichtet. Man kühlt den Becher 10 Minuten im fließenden Wasser und anschließend 50 Minuten im Wasserbad bei 15⁰. Danach mißt man die Zerreißfestigkeit, wie es auf Seite 110 angegeben ist.

Zahlreiche, von Mehlitz ausgeführte Prüfungen an Industrietrestern ergaben sehr schwankende Werte von 34 bis 739 Gramm Zerreißgewicht. Im Mittel betrug das Zerreißgewicht von Industrietrestern 375 g.

6. Die Messung des Extraktgehaltes der Gele

Die Messung des Extraktgehaltes, d. h. des Gehaltes an löslichen Stoffen, der meist für die bereiteten Prüfungsgele vorgeschrieben ist, geschieht am genauesten mit Hilfe eines Refraktometers. Die am häufigsten gebrauchte Form ist das Refraktometer von Abbé, auf dessen Skala die Brechungsindizes abgelesen werden. Näheres über den Bau, die Wirkungsweise und Handhabung dieses Instrumentes ist aus der Spezialliteratur und aus der jedem Instrument beigegebenen Gebrauchsanweisung zu entnehmen. Aus der folgenden Tabelle, die die Brechungsindizes von Rohrzuckerlösungen wiedergibt, kann der Extraktgehalt (ausgedrückt als % Rohrzucker) entnommen werden. Neuere Instrumente besitzen neben der Skala für den Brechungsindex auch eine Zuckerskala, auf der der Extraktwert sofort ohne Umrechnungstabelle abgelesen werden kann. Bei reinen, nur aus Pektin, Wasser, Zucker und Säure bestehenden Gelen kommt der Zuckergehalt dem Extraktgehalt sehr nahe, da der Pektingehalt im Endprodukt meist unter 1% beträgt. Bei Gelees oder Marmeladen, die Fruchtbestandteile enthalten, liegt der Zuckergehalt um mehrere Prozente unterhalb des gemessenen Extraktwertes.

Die nachstehend wiedergegebene Tabelle gilt für Rohrzuckerlösungen. Sie gibt auch zufriedenstellende Resultate für den Gehalt an löslichen Extraktstoffen in Fruchtsäften, Gelees, Konfitüren und Marmeladen[29]). Die verschiedenen Zucker haben bei gleicher Konzentration annähernd denselben Brechungsindex. In einer neueren Arbeit über refraktometrische Konzentrationsbestimmungen von Zuckerlösungen und Obstsäften stellte Schachinger[189]) fest, daß sowohl für Stärke, als auch für Pektin die Saccharosetabelle die richtigen Werte ergibt. Der reine Zuckergehalt von Obstsäften kann nur analytisch-chemisch erfaßt werden.

D. Die Bestimmung des Stärkegehaltes in Pektinlösungen

Die bei der Gewinnung des Pektins erhaltenen Pektinextrakte enthalten gewöhnlich einen nicht unerheblichen Prozentsatz an Stärke, der eine Trübung der Pektingele bewirkt und daher durch diastatische Enzyme entfernt werden

Brechungsindex von Rohrzuckerlösungen bei 20° C

Tabelle von Schönrock zur Bestimmung des Prozentgehaltes an Rohrzucker in Zuckerlösungen mit Hilfe des Abbéschen Refraktometers.

Brechungs- index bei 20° C	Rohr- zucker %	Brechungs- index bei 20° C	Rohr- zucker %	Brechungs- index bei 20° C	'Rohr- zucker %
1,3330	0,0	1,3829	31,0	1,4441	61,0
1,3344	1,0	1,3847	32,0	1,4464	62,0
1,3359	2,0	1,3865	33,0	1,4486	63,0
1,3374	3,0	1,3883	34,0	1,4509	64,0
1,3388	4,0	1,3902	35,0	1,4532	65,0
1,3403	5,0				
1,3418	6,0	1,3920	36,0	1,4555	66,0
1,3433	7,0	1,3939	37,0	1,4579	67,0
1,3448	8,0	1,3958	38,0	1,4603	68,0
1,3464	9,0	1,3978	39,0	1,4627	69,0
1,3479	10,0	1,3997	40,0	1,4651	70,0
1,3494	11,0	1,4016	41,0	1,4676	71,0
1,3510	12,0	1,4036	42,0	1,4700	72,0
1,3526	13,0	1,4056	43,0	1,4725	73,0
1,3541	14,0	1,4076	44,0	1,4749	74,0
1,3557	15,0	1,4096	45,0	1,4774	75,0
1,3573	16,0	1,4117	46,0	1,4799	76,0
1,3590	17,0	1,4137	47,0	1,4825	77,0
1,3606	18,0	1,4158	48,0	1,4850	78,0
1,3622	19,0	1,4179	49,0	1,4876	79,0
1,3639	20,0	1,4200	50,0	1,4901	80,0
1,3655	21,0	1,4221	51,0	1,4927	81,0
1,3672	22,0	1,4242	52,0	1,4954	82,0
1,3689	23,0	1,4264	53,0	1,4980	83,0
1,3706	24,0	1,4285	54,0	1,5007	84,0
1,3723	25,0	1,4307	55,0	1,5033	85,0
1,3740	26,0	1,4329	56,0		
1,3758	27,0	1,4351	57,0		
1,3775	28,0	1,4373	58,0		
1,3793	29,0	1,4396	59,0		
1,3811	30,0	1,4418	60,0		

muß. Die Stärkemengen, die in Apfelpektinen gelegentlich ebenso groß sein
können wie die Pektinmenge selbst, richten sich nach dem Reifegrad der zur
Pressung gelangten Früchte. Unreife Äpfel enthalten mehr Stärke als reife
Äpfel, da diese während des Reifeprozesses zu Zucker abgebaut wird. Browne[190])
indet in Baldwin-Äpfeln:

im August (Frucht sehr grün)	4,14% Stärke
im September (Frucht grün)	3,67% Stärke
im November (Frucht reif)	0,17% Stärke
im Dezember (Frucht überreif)	keine Stärke

Die Schnelligkeit, mit der die Stärke zu Zucker abgebaut wird, hängt von den
jeweiligen Lagerungsbedingungen der Früchte ab. Für den Nachweis der

Stärke benutzt man die Blaufärbung der Stärke durch Jod. Man kocht eine 2%ige Pektinlösung und fügt nach dem Abkühlen einige Tropfen Jodlösung hinzu. Ein reines Pektinpräparat darf hierbei keine Blaufärbung zeigen.

Wenn die Anwesenheit von Stärke festgestellt wurde, so kann ihr Anteil kolorimetrisch nach Eckart[191]) oder sedimetrisch nach Eckart und Diem[192]) bestimmt werden.

1. Kolorimetrische Bestimmung des Stärkegehaltes

Die kolorimetrische Methode benutzt ebenfalls die Blaufärbung der Stärke durch Jod für den Nachweis, wobei, um störende Färbungen zu vermeiden, die Löslichkeit der Stärke in konzentrierter Calciumchloridlösung ausgenutzt wird. Zur Ausführung der Messung wird ein Komparator nach Walpole benutzt, der auf der Additivität von Trübung und Färbung beruht, die sich getrennt voneinander in zwei hintereinanderstehenden Gläsern befinden.

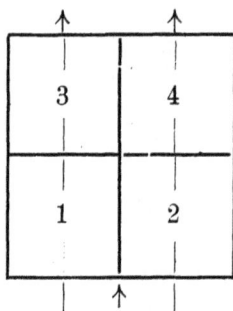

Abb. 30. Einsatz der Koloriskopgläser

Der Apparat besteht aus einem kleinen Blechkasten, in den vier gleich große zylindrische Koloriskopgläser eingesetzt werden können. An der Vorder- und der Rückseite des Kastens befinden sich Fenster, die ein gleichzeitiges Beobachten von Glas 1 und 3 und Glas 2 und 4 gestatten, wie aus der Abbildung 30 ersichtlich ist.

Zur Herstellung von Vergleichslösungen gibt man zunächst 0,1 g Kartoffel- oder Gerstenstärke in einen 100 ccm-Meßkolben, löst unter vorsichtigem Erwärmen in 90 ccm Calciumchloridlösung (1 Teil wasserfreies Calciumchlorid zu 2 Teilen Wasser) und füllt nach dem Erkalten mit der gleichen Calciumchloridlösung bis zur Marke auf. Von der erhaltenen Lösung werden dann nacheinander 1—8 ccm entnommen und jeweils mit doppelt molarer Calciumchloridlösung auf 50 ccm im Meßkölbchen aufgefüllt. Die erhaltenen acht Stärkelösungen, die 0,002 bis 0,016% Stärke enthalten, bringt man in die Standardgläser, färbt sie durch einige Tropfen Jod-Jodkaliumlösung eben blau und verschließt sie. Sodann werden 10 g des zu prüfenden Pektinextraktes mit 80 ccm Calciumchloridlösung (ein Teil wasserfreies Calciumchlorid zu 2 Teilen Wasser) versetzt. Wenn die Calciumchloridlösung gegen Phenolphthalein alkalisch reagiert, muß mit Essigsäure neutralisiert werden. Man erhitzt 10 Min. auf dem Wasserbad, gießt in einen 100 ccm-Kolben, spült mit heißer Calciumchloridlösung nach, füllt nach dem Erkalten mit der gleichen Calciumchloridlösung auf 100 ccm auf und filtriert durch ein trockenes Faltenfilter.

Durch Vergleiche im Reagenzglas stellt man dann fest, ob das Filtrat nach Versetzen mit Jod-Jodkaliumlösung etwa den gleichen Farbton aufweist wie die Mitte der Standardlösung, nötigenfalls ist das Filtrat mit einer gemessenen Wassermenge zu verdünnen. Man füllt dann in Koloriskopglas 1 und 2 je

20 ccm des Filtrátes bzw. der entsprechenden Verdünnung, gibt in Glas 3 destilliertes Wasser und färbt den Inhalt von Glas 1 vorsichtig mit Jod-Jodkaliumlösung. Die gefärbten Standardlösungen setzt man nun der Reihe nach als Glas 4 ein, bis beim Durchblicken der Farbton des hintereinanderstehenden Glaspaares 1 und 3 mit dem von Glas 2 und 4 übereinstimmt. Läßt sich der gleiche Farbton nicht erzielen, so setzt man das in der Färbung eben zu helle Standardglas ein und verdünnt die Pektinlösungen in Glas 1 und 2 vorsichtig aus einer Bürette mit Wasser. Die zur Verdünnung nötige Wassermenge muß bei der Berechnung des Resultates berücksichtigt werden.

Berechnung des Stärkegehaltes: Tritt z. B. Farbgleichheit bei dem fünften Standardglas, das 0,01% Stärke enthält, ein und hat man die Pektinlösung bis zur Messung einschließlich der Verdünnung mit Wasser auf eine 5,5%ige Lösung verdünnt, so ergibt sich

$$5,5\%\text{ige Pektinlösung} = 0,01\%\text{ Stärke}$$

$$100\%\text{ige Pektinlösung (verwendeter Extrakt)} = \frac{0,01 \cdot 100}{5,5}$$

$$= 0,182\%\text{ Stärke.}$$

2. Die Bestimmung des Stärkegehaltes aus dem Volumen des Sedimentes

Diese Bestimmung wird nach Eckart und Diem[192] folgendermaßen vorgenommen:

Man erwärmt in einer Porzellanschale auf dem Wasserbad 10 g des zu untersuchenden Extraktes 10 Min. mit 80 ccm einer neutralen Calciumchloridlösung (1 Teil wasserfreies Calciumchlorid in zwei Teilen Wasser; alkalische Calciumchloridlösung mit Essigsäure gegen Phenolphthaleïn neutralisieren). Dann gießt man den Schaleninhalt in einen 100 ccm-Meßkolben, spült mit heißer Calciumchloridlösung nach, füllt nach dem Erkalten mit der gleichen Calciumchloridlösung bis zur Marke auf und filtriert durch ein Faltenfilter.

In der gleichen Weise stellt man eine Vergleichslösung durch Anrühren von 0,1 g Kartoffelstärke mit Calciumchloridlösung, Erwärmen und Auffüllen auf 100 ccm her. Bei einem Stärkegehalt von 0,1 bis 1% wird dann von zwei gleich graduierten, unten verengten Zentrifugier-Röhrchen das eine mit 10 ccm der Pektin-Calciumchloridlösung, das andere mit 10 ccm der Stärkelösung beschickt und zu beiden ein Überschuß von Jod-Jodkaliumlösung gegeben. Man läßt den entstehenden Niederschlag sich innerhalb 30 Min. absetzen und zentrifugiert dann (u. U. muß die Pektinlösung vor der Fällung verdünnt werden und die Verdünnung in Anrechnung gebracht werden). Aus dem Volumen der Sedimente ergibt sich der Stärkegehalt.

$$\frac{\text{Niederschlagsmenge der Pektinlösung}}{\text{Niederschlagsmenge der Stärkelösung}} = \%\text{ Stärke.}$$

E. Genaue analytische Bestimmung des Pektins und seiner Spaltprodukte

Von der genauen analytischen Bestimmung und Charakterisierung eines Pektinpräparates werden vor allem folgende Angaben gefordert[193, 24]:

Reinheitsgrad,
Zahl der veresterten und freien Methoxylgruppen,
Molekulargewicht bzw. Polymerisationsgrad,
Prüfung auf Geliervermögen.

Da die exakte Erfassung der einzelnen Bestandteile des Pektins teilweise mit erheblichen Schwierigkeiten verknüpft ist, und da die Pektinanalytik noch nicht in jeder Hinsicht gelöst ist, können hier nur ihre Grundzüge wiedergegeben werden. Für ein eingehenderes Studium sei auf die Literaturangaben verwiesen.

1. Prüfung auf Reinheit des Pektinpräparates

Die Prüfung auf Stärke wird nach Seite 120 durch Kochen einer 2%igen Pektinlösung, Abkühlen derselben und Versetzen mit einigen Tropfen Jodlösung vorgenommen[75].

Auf Anwesenheit von Zucker und organischen Säuren prüft man in der Weise, daß man zu 5 g Pektin 50 ccm verdünnten Alkohol gibt (60 Teile Alkohol zu 40 Teilen Wasser). Man rührt 15 Min. gelegentlich um, filtert auf einem Saugfilter ab, wäscht mit 25 ccm verdünntem Alkohol und endlich mit 25 ccm reinem Alkohol. Das Pektin wird an der Luft getrocknet. Der Gewichtsverlust ist ein Maß für den anwesenden Zucker, für Glyzerin usw.[75].

2. Der Gehalt an Reinpektin

ergibt sich aus der Bestimmung der freien und der veresterten Carboxylgruppen.

Das Molekulargewicht eines unveresterten Grundmoleküls des Pektins = 176. Das Molekulargewicht eines mit Methylalkohol veresterten Grundmoleküls = 190.

Wenn das Pektin x Äquivalente unveresterte Carboxylgruppen und y Äquivalente veresterte Carboxylgruppen enthält, die in der unten beschriebenen Weise bestimmt werden können, so errechnet sich nach Deuel[194]) der Gehalt an Reinpektin (p_R) nach der Formel

$$\text{Gehalt an Reinpektin in Gramm} = p_R = 176 \cdot x + 190 \cdot y$$

Das noch unreine Pektin (p) unterscheidet sich hiervon durch den Gehalt an Begleitstoffen (b). Man kann es also durch die Formel ausdrücken:

$$p = 176 \cdot x + 190 \cdot y + b$$

Diese Formeln gelten mit der Einschränkung, daß das Pektin keine hauptvalenzmäßig gebundenen Acetylgruppen enthält und daß es sich um hochmolekulares Pektin handelt. Da die Grundbausteine des Pektinmoleküls unter

Wasseraustritt in glucosidischer Bindung verknüpft sind, kommen bei der Aufspaltung der glucosidischen Bindung auf jedes Grammäquivalent sich bildender Aldehydgruppe 18 g Wasser; auf a Grammäquivalente a · 18 g Wasser. Findet an einer Hydroxylgruppe des Pektins eine Veresterung mit Essigsäure statt, so tritt ein H-Atom der Hydroxylgruppe aus und dafür die $H_3C \cdot CO$-Gruppe ein. Ein Grammäquivalent Acetyl bedeutet also eine Zunahme von $43 - 1 = 42$ g; e Grammäquivalente eine Zunahme von e · 42 g. Die oben wiedergegebenen Formeln müßten also jeweils um die Glieder a · 18 + e · 42 vermehrt werden.

$$p_R = 176 \cdot x + 190 \cdot y + a \cdot 18 + e \cdot 42$$
$$p = 176 \cdot x + 190 \cdot y + a \cdot 18 + e \cdot 42 + b$$

Bei Obst- und Rübenpektinen, die durch Extraktion mit Salzsäure gewonnen wurden und die hochmolekular sind, kann man sie aber vernachlässigen[193]).

3. Die Bestimmung der freien und der veresterten Carboxylgruppen

kann nach der Titrationsmethode von Deuel[194]) durch Titration mit Natronlauge und Phenolphthalein oder Methylrot als Indikator oder durch potentiometrische Titration erfolgen.

Nach Deschreider und van den Driessche[195]) kann man die Titrationsmethode von Deuel sowohl für gereinigte, als auch für ungereinigte Pektine benützen, sofern bei Zimmertemperatur gearbeitet wird. Zur Erzielung zuverlässiger Werte empfiehlt es sich trotzdem, das Pektin vor Ausführung der Titration zu reinigen. Zu diesem Zweck suspendiert man etwa 2,5 g des Pektinpräparates in einer Flasche mit Glasstopfen in 100 ccm 60%igem Alkohol, die 1 ccm konzentrierte HCl enthalten, läßt eine Stunde unter öfterem Umschütteln stehen, filtriert dann durch einen Büchner Trichter und wäscht mit dem Alkohol-Säure-Gemisch, bis das Filtrat farblos und frei von Metallen ist. Dann wäscht man mit 60%igem Alkohol bis zur Chloridfreiheit, trocknet nach einmaligem Waschen mit 96%igem Alkohol zunächst an der Luft und dann im Vakuumschrank oder in der Fischer-Pistole bei 60—65° 16 Stunden lang und wägt das auf diese Weise gewaschene Pektin.

Ausführung der Titration mit Methylrot als Indikator

Etwa 0,5 g der im Exsiccator erkalteten, gereinigten Pektinprobe werden mit 1 ccm Alkohol befeuchtet und unter schnellem Rühren rasch etwa 70 ccm destilliertes Wasser zugegeben. Man läßt eine halbe Stunde unter gelegentlichem Umrühren stehen, bis alles gelöst ist, spült dann in einen 100er-Meßkolben über und füllt mit destilliertem Wasser bis zur Marke auf. 25 ccm dieser Lösung benutzt man dann für die Titration.

Man gibt 25 ccm der etwa 0,5%igen Pektinlösung in einen 300 ccm Erlenmeyer-Kolben und fügt 5 ccm destilliertes Wasser sowie 3 Tropfen Methylrot hinzu. Die Lösung wird dann mit n/20-Natronlauge unter Benutzung einer Mikrobürette bis zum Auftreten einer schwachen Gelbfärbung titriert. Die verbrauchten ccm n/20-Natronlauge seien f. Sie entsprechen den in der Pektinlösung vorhandenen freien Carboxylgruppen.

Dann fügt man 25 ccm n/20-Natronlauge hinzu, verschließt den Erlenmeyer und läßt zwecks Verseifung der veresterten Carboxylgruppen eine halbe Stunde stehen. Danach gibt man 25 ccm n/20-Schwefelsäure (die genau äquivalente Menge der zur Verseifung benutzten Natronlauge) hinzu, schüttelt bis die Flüssigkeit rötlich ist und titriert wieder unter Benutzung der Mikrobürette bis zur schwachen Gelbfärbung. Die bei der zweiten Titration verbrauchten ccm n/20-Natronlauge seien v. Sie entsprechen den in der Pektinlösung vorhandenen veresterten Carboxylgruppen.

Die Menge an Reinpektin, die in 25 ccm der Lösung vorhanden ist, kann gleich aus den jeweils verbrauchten ccm Lauge nach der Formel

$$\frac{0{,}176 \cdot f + 0{,}190 \cdot v}{20} = \text{Gramm Reinpektin*})$$

berechnet werden.

Zu dem gleichen Ergebnis gelangt man, wenn man aus den verbrauchten ccm f und v die Äquivalente x und y berechnet und diese in die Formel $p_R = 176 \cdot x + 190 \cdot y$ einsetzt.

Da 1 ccm n/20 NaOH $0{,}05 \cdot 10^{-3}$ val freiem wie verestertem Carboxyl entspricht, erhält man bei der ersten Titration $f \cdot 0{,}05 \cdot 10^{-3} = x$ Äquivalente freie Carboxylgruppen und bei der zweiten Titration $v \cdot 0{,}05 \cdot 10^{-3} = y$ Äquivalente veresterte Carboxyle.

Multipliziert man die in 25 ccm Titrationslösung festgestellte Menge an Reinpektin mit 4, so erhält man die in 0,5 g des gereinigten Präparates vorhandene Menge Reinpektin.

Unter Berücksichtigung des bei der Waschung mit Alkohol-Säure eingetretenen Gewichtsverlustes, läßt sich hieraus berechnen, wieviel Gramm Reinpektin in dem rohen (wasserfreien) Pektinpräparat vorhanden sind.

Bezeichnet man das wasserfreie, ungereinigte Pektinpräparat mit p, das hierin nach Reinigung und darauffolgender Titration gefundene Reinpektin mit p_R (s. Seite 122), so ist der Reinheitsgrad des untersuchten Ausgangspräparates in %

$$\text{Reinheitsgrad in \%} = \frac{p_R \cdot 100}{p}$$

a) Die Begleitstoffe

Die Differenz aus der eingewogenen Menge wasserfreiem Rohpektin und der berechneten Menge Reinpektin ergibt den Gehalt an Begleitstoffen b;

$$p - p_R = b$$

Die Begleitstoffe setzen sich zusammen aus Asche (b_A) und organischen Begleitstoffen (b_B)

$$b = b_A + b_B$$

Die organischen Begleitstoffe (b_B) ergeben sich indirekt aus

$$b_B = b - b_A$$

---

*) In der vorstehend angegebenen Originalveröffentlichung, Food Manuf. **23,** 77 (1948), enthält diese Formel einen Druckfehler. Die hier angegebene Form ist richtig.

Die Aschebestimmung erfolgt am besten im elektrisch beheizten Porzellantiegel.

b) Der Methoxylgehalt

Aus den bei der zweiten Titration verbrauchten ccm Natronlauge ergibt sich auch der Methoxylgehalt des Pektins, und zwar entspricht jeder ccm n/20-Natronlauge 0,00155 g OCH_3. Bei hochveresterten Pektinen muß der Prozentgehalt an Methoxylgruppen, auf wasser- und aschefreie Substanz bezogen, mehr als 7% betragen.

4. Die potentiometrische Titration zur Bestimmung der freien und veresterten Carboxylgruppen nach Deuel[194])

Man führt sie in der Weise aus, daß man zur Bestimmung der freien Carboxyle 50 ccm einer etwa 1%igen Lösung des gereinigten Pektinpräparates mit 0,02 n-Natronlauge elektrometrisch auf pH 7 mit Hilfe der Chinhydron- oder Glaselektrode titriert. Die verbrauchten ccm Lauge multipliziert mit $0,02 \cdot 10^{-3}$ = x Äquivalente freies Carboxyl.

In weiteren 50 ccm der etwa 1%igen Pektinlösung bestimmt man die insgesamt vorhandenen Carboxyle dadurch, daß man 40 ccm 0,1 n-Natronlauge zusetzt und nach gutem Mischen 2 Stunden bei 20⁰ stehen läßt. Dann wird mit 40 ccm 0,1 n-Salzsäure versetzt und mit 0,02 n-Natronlauge auf pH 7 titriert. Die verbrauchten ccm Lauge multipliziert mit $0,02 \cdot 10^{-3}$ = (x + y) = Äquivalente gesamt Carboxyl, d. h. Pektinsäure.

Die Äquivalente veresterte Carboxyle erhält man nach (x + y) — x = y.

a) Das Äquivalentgewicht des Reinpektins

Aus den Titrationsergebnissen läßt sich auch das Äquivalentgewicht des Reinpektins berechnen. Das Äquivalentgewicht ist eine Funktion des Methoxylierungsgrades. Man versteht darunter die Menge an Reinpektin, in Gramm, welche einem Äquivalent freier Carboxylgruppen entspricht.

$$\frac{176 \cdot x + 190 \cdot y}{x} = \text{Äquivalentgewicht des Reinpektins.}$$

Da $176 \cdot x + 190 \cdot y$ = Gramme Reinpektin ist, kann man auch schreiben:

$$\frac{\text{Gramme Reinpektin}}{x} = \text{Äquivalentgewicht des Reinpektins.}$$

Das Äquivalentgewicht der hochpolymeren Pektinsäure ist 176, das Äquivalentgewicht der Pektine kann Werte von 176 bis unendlich aufweisen. Die Bestimmung des Äquivalentgewichtes durch potentiometrische Titration kann nur in gereinigten Pektinpräparaten durchgeführt werden.

Über die Beziehung des Äquivalentgewichtes zum Methoxylgehalt gibt folgende Kurve von Eichenberger[196]) Auskunft. Siehe auch folgende Literaturstellen:[101,160, 197]) (Abb. 31).

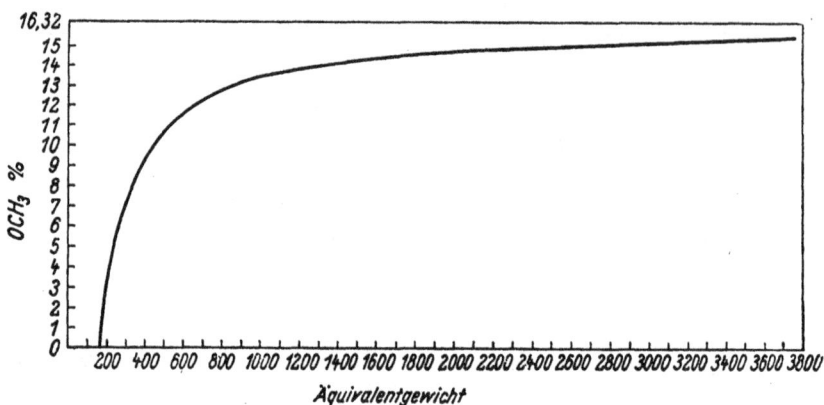

Abb. 31. Kurve für die Abhängigkeit des Äquivalentgewichtes vom Methoxylgehalt in Prozent (Eichenberger)

Theoretische Beziehung zischen Veresterungsgrad, Methoxylgehalt und Äquivalentgewicht

% Vereste-rungsgrad	% —OCH$_3$	Äquivalent-gewicht
0	0,00	176
10	1,63	197
20	3,26	224
30	4,90	257
40	6,53	303
50	8,16	366
60	9,79	461
70	11,42	619
75	12,24	746
80	13,06	936
85	13,87	1253
90	14,69	1886
95	15,50	3786
100	16,32	∞

b) Das Äquivalentgewicht des Pektins[76])

bezogen auf das schon mit Alkohol-Salzsäure gewaschene, zur Titration benutzte Pektin liegt gewöhnlich etwas höher als das Äquivalentgewicht des berechneten Reinpektins, da nach der Waschung immer noch geringe Mengen an Begleitstoffen bleiben. Es sagt aus, wieviel Gramme dieses gereinigten Produktes einem Äquivalent freier Carboxylgruppen entsprechen. Man findet es, indem man die in der Titrationslösung vorhandene Pektinmenge durch die in der gleichen Titrationslösung festgestellten Äquivalente freier Carboxylgruppen dividiert. Die in der Titrationslösung vorhandene Pektinmenge ergibt sich aus der Einwaage oder genauer durch Eindampfen eines aliquoten Teils der Lösung und Trocknen des Rückstandes innerhalb 16 Stunden bei 105°. Wenn in der Literatur von dem Äquivalentgewicht eines Pektins gesprochen wird, so versteht man darunter immer das Äquivalentgewicht eines bereits gründlich gereinigten Pektins.

$$\frac{\text{Gramm Pektin in Titrationslösung}}{x} = \text{Äquivalentgewicht des Pektins.}$$

c) Der Veresterungsgrad

An Stelle des Methoxylgehaltes in Prozent oder des Äquivalentgewichtes wird häufig auch der Veresterungsgrad des Reinpektins angegeben. Man versteht darunter die Zahl der veresterten Carboxylgruppen, die auf 100 Gesamtcarboxyle entfallen.

$$\text{Veresterungsgrad in } \% = \frac{v \cdot 100}{(f + v)}$$

Das durchschnittliche Molekulargewicht des Grundmoleküls ($\bar{M}_{gr}$) ergibt sich aus

$$\frac{176 \cdot x + 190 \cdot y}{(x + y)} = \bar{M}_{gr}$$

Sein Wert liegt zwischen 176 und 190.

5. Pektinsäurebestimmung durch Titration[76])

Das titrimetrische Verfahren kann auch dazu dienen, den Pektingehalt eines Präparates als Pektinsäure zur Bestimmung zu bringen. Es ist einfacher auszuführen als die Calciumpektat-Methode nach Carré-Haynes und gibt zuverlässige Werte.

Man verfährt in der Weise[76]), daß man das gelöste Pektin wie bei der Calciumpektat-Bestimmung nach Carré-Haynes zunächst durch Zugabe eines Überschusses von Natronlauge verseift und etwa zwei Stunden stehen läßt. Dann fügt man Salzsäure im Überschuß und darauf ein der Reaktionslösung gleiches Volumen 96%igen Alkohols zu, wodurch die Pektinsäure gefällt wird. Diese wird auf der Nutsche abgesaugt, mit 50%igem salzsaurem Alkohol (1 ccm konz. HCl auf 100 ccm) und dann mit 50%igem Alkohol bis zur Chlorfreiheit gewaschen (Prüfen des Filtrates mit Silbernitratlösung).

Die gereinigte Pektinsäure wird in einer bekannten Menge überschüssiger Natronlauge gelöst, wodurch die Pektinsäure neutralisiert wird. Die hiernach verbleibende überschüssige Laugenmenge wird mit Salzsäure zurücktitriert.

Die für die Neutralisation der Pektinsäure verbrauchte Lauge in Äquivalenten multipliziert mit 176 ergibt den Gehalt an Pektinsäure.

Da die Pektinsäure mit abnehmendem Molekulargewicht wasserlöslicher wird, muß der zur Fällung benutzte Alkohol um so konzentrierter sein, je niedermolekularer das zur Bestimmung benutzte Pektin ist.

6. Die Methoxylbestimmung nach Zeisel

Die veresterten Carboxyle können auch mit der Methode nach Zeisel bestimmt werden, die in der organischen Analyse allgemein angewandt wird. Da sie sowohl die als Ester als auch die als Äther gebundenen OCH_3-Gruppen erfaßt, kann sie nur an reinen Pektinpräparaten durchgeführt werden. Enthält das Untersuchungsmaterial (z. B. Trester) noch Zellsubstanz, so kommt man zu falschen Ergebnissen, da ätherartig gebundene Methoxylgruppen, wie sie beispielsweise im Lignin vorkommen, mitbestimmt werden.

Die Methode beruht auf der Überführung des Methyls der Methoxylgruppen in Methyljodid durch siedende Jodwasserstoffsäure vom spez. Gewicht 1,7. Das entwickelte flüchtige Methyljodid wird in eine Vorlage getrieben, die mit alkoholischer Silbernitratlösung beschickt ist. Dort scheidet sich zunächst ein Doppelsalz aus Jodsilber und Silbernitrat aus, das durch Einengen der Flüssigkeit auf dem Wasserbade und durch Zugabe von verdünnter Salpetersäure zerlegt wird. Das abgeschiedene Silberjodid wird dann gravimetrisch bestimmt. Die Beschreibung des Apparates und die genaue Anleitung zur Bestimmung findet sich bei H. Meyer[198]) und bei Gattermann-Wieland[199]).

7. Die Methoxylbestimmung nach von Fellenberg

Mit Hilfe dieser Methode wird nur der als Ester gebundene Methyl-alkohol erfaßt, der nach Oxydation kolorimetrisch bestimmt wird. Die Methode kann im Gegensatz zur Zeiselschen Methode auch auf ligninhaltige Ausgangsmaterialien, Früchte oder Trester angewandt werden.

Im Gang der Analyse werden zunächst die Estergruppen des Pektins mit Natronlauge verseift, darauf wird die Lösung angesäuert und der Methyl-alkohol abdestilliert, der dann mit Kaliumpermanganat in Gegenwart von Äthylalkohol zu Formaldehyd oxydiert wird. Mit fuchsinschwefliger Säure in stark schwefelsaurer Lösung gibt der Formaldehyd eine typisch rot-violette Färbung, deren Intensität im lichtelektrischen Kolorimeter gemessen wird. Die näheren Angaben über die Ausführung der Bestimmung finden sich in der Arbeit von Fellenberg[200]).

8. Die Uronsäurebestimmung

In dieser Methode, welche von Lefèvre-Tollens[201]) allgemein zur Bestimmung von Uronsäuren eingeführt wurde, werden die gesamten Carboxylgruppen des Pektins abgespalten und als Kohlendioxyd zur Bestimmung gebracht. Aus dem gefundenen CO_2 kann dann der Gehalt des Präparates an Pektinsäure berechnet werden. Die Methode hat weite Verbreitung gefunden und ist verschiedentlich modifiziert worden. Im allgemeinen führt man die Decarboxylierung des Pektins mit 12%iger Salzsäure bei Siedetemperatur aus[46, 79]). Da die Decarboxylierung unter diesen Bedingungen viel Zeit beansprucht (8—24 Std.) führen McCready, Swenson und Maclay[202]) die Decarboxylierung unter Anwendung von 19%iger Salzsäure bei einer Badtemperatur von 145⁰ C durch, wobei sich in 1½ Stunden Decarboxylierungszeit genaue Resultate erzielen lassen.

In jüngster Zeit wurde von Vollmert eine neue sehr interessante Methode ausgearbeitet, die die gleichzeitige Bestimmung von Galakturonsäure und Methoxyl in Pektinpräparaten erlaubt. Vollmert wendet 57%ige Jodwasserstoffsäure ($\alpha = 1{,}70$) an, welche bei der Einwirkung auf das Pektin Kohlendioxyd und Methyljodid in Freiheit setzt. Beide Stoffe lassen sich sowohl titrimetrisch, als auch gravimetrisch bestimmen. Zur Titration wird das Kohlendioxyd in 0,1 n-Bariumhydroxydlösung oder Natronlauge und das Methyljodid in bromhaltiger Natriumacetat-Eisessiglösung aufgefangen. Bei der gravimetrischen Bestimmung wird das Kohlendioxyd in Natronkalk und das Methyljodid in alkoholischer Silbernitratlösung absorbiert. Damit erhält Vollmert 4 Variationsmöglichkeiten für die Ausführung der Analyse.

Im folgenden wird nur die Vorschrift für die titrimetrische Bestimmung, die sich wegen des kurzen Zeitaufwandes für Reihenuntersuchungen besonders gut eignet, wiedergegeben:

a) Gleichzeitige Bestimmung von Galakturonsäure und Methoxyl durch Titration nach Vollmert[203])

Beschreibung der **Apparatur** (Abb. 32):

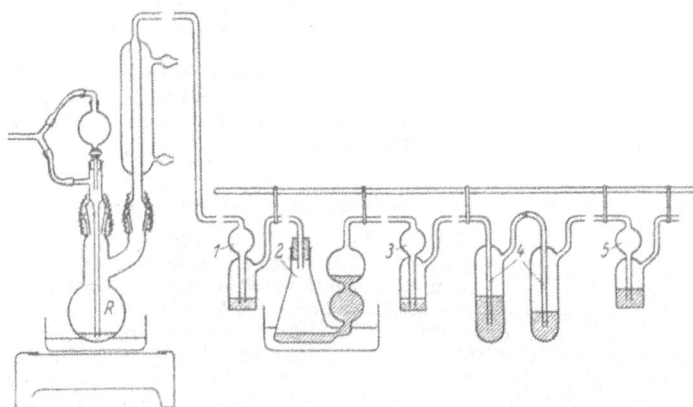

Abb. 32. Apparatur zur gleichzeitigen Bestimmung von Uronsäure und Methoxylgehalt in Pektinsubstanzen mit Jodwasserstoffsäure

Der als Trägergas zu verwendende Stickstoff (aus einer Stahlflasche oder besser aus einem Gasometer) geht zunächst durch einen Trockenturm, der mit Natronkalk gefüllt ist und gelangt in den Reaktionskolben R (Inhalt 100 ccm). Auf das Einleitungsrohr ist ein kleiner Tropftrichter aufgesetzt, der ein bequemes Zufließenlassen der Jodwasserstoffsäure gestattet und unter Stickstoffdruck steht. In der ersten Vorlage (1) befinden sich 3 ccm 1—2%ige wäßrige Kaliumjodidlösung, die etwa mitgerissene Joddämpfe zurückhält. Die folgende kleine Volhard-Vorlage (2) dient zur Absorption des Kohlendioxyds. Das Volumen der Vorlage beträgt 75 bis höchstens 100 ccm; die Kugeln müssen so groß sein, daß 30 ccm Flüssigkeit beim Durchleiten des Gases noch eben bis in die zweite Kugel steigen. Eine noch wirksamere Vorlage, die statt der Volhard-Vorlage verwendet werden kann, zeigt Abb. 33. Die Füllung des Absorptionsturmes besteht aus Raschig-Ringen aus Glas. Zur Titration spült man den Absorptionsturm nicht aus, sondern setzt ihn nach beendeter Titration wieder ein, wäscht erst dann durch Hochsaugen aus und titriert wieder. Nach nochmaligem Wiederholen der gleichen Manipulation ist das Auswaschen meist schon quantitativ. Als Beschickung werden — das gilt für beide Vorlagen — 30,00 ccm 0,1 n-Bariumhydroxydlösung einpipettiert. Das nächste Gefäß (3) ist ein kleiner Blasenzähler mit 3 ccm Bariumhydroxydlösung. Dieses Gefäß erfüllt einen doppelten Zweck: Erstens zeigt ein hier entstehender Niederschlag von Bariumcarbonat — eine leichte Trübung kann unberücksichtigt bleiben —, daß die Absorption des Kohlendioxyds nicht quantitativ war (zu rascher Gasstrom oder zu hohe Einwaage), und zweitens verhindert sie ein Zurückdiffundieren von Essigsäure aus der nächsten Vorlage. Diese, eine kleine Doppelvorlage, enthält 15 ccm 10%ige Natriumacetat-Eisessiglösung, der kurz vor der Bestimmung 20 Tropfen reines Brom zugesetzt werden, so verteilt, daß sich im ersten Teil etwa 10 und im zweiten Teil etwa 5 ccm Lösung befinden, was durch einfaches Neigen der Vorlage zu erreichen ist. Der letzte Blasenzähler enthält einige Kubikzentimeter verdünnte Ameisensäure. Die Verbindung der Vorlagen erfolgt durch einen guten Gummischlauch (Glas an Glas).

Reagenzien:

1. 0,1 n-Salzsäure, -Bernsteinsäure oder -Oxalsäure,
2. 0,1 n-Bariumhydroxydlösung oder carbonatfreie -Natronlauge,
3. 0,1 n-Natriumthiosulfatlösung,
4. 10%ige Natriumacetat-Eisessiglösung, hergestellt durch Auflösen von 10 g wasserfreiem Natriumacetat in 100 ccm 96%iger Essigsäure,
5. reine Ameisensäure,
6. jodfreies Brom,
7. Kaliumjodid pro anal.,
8. Stärkelösung,
9. 57%ige Jodwasserstoffsäure ($\alpha = 1,70$, für Zeisel-Bestimmungen).

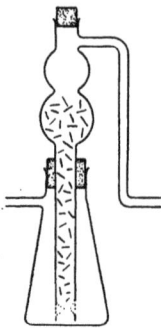

Zur Aufbewahrung carbonatfreier Laugen genügt nach Vollmert notfalls eine einfache Vorratsflasche mit Gummistopfen, der man jeweils die 30 ccm Bariumhydroxydlösung mit einer Pipette möglichst rasch entnimmt. Die Titerstellung muß mit größter Sorgfalt geschehen, da schon eine geringfügige Änderung des Faktors eine merkliche Verschiebung der CO_2-Werte bedingt. Man legt zur Einstellung 50 ccm Lauge vor und titriert mit 0,1 n-Salzsäure gegen Phenolphthalein.

Ausführung der Bestimmung:

Die Apparatur wird bis einschließlich Absorptionsvorlage 2 zusammengesetzt (vgl. Abb. 32). Nachdem die Einwaage von 0,1000 g in den Reaktionskolben R überführt wurde, wird zunächst ein ziemlich rascher Stickstoffstrom durchgeleitet, bis in

Abb. 33. Absorptionsvorlage

der Apparatur kein CO_2 mehr vorhanden ist (nach etwa 10—15 Minuten). (Bei der Analyse von ungereinigten Präparaten und Rohstoffen muß man mit der Anwesenheit von Carbonaten rechnen.) Man bestimmt daher in einer besonderen Einwaage diesen Carbonatwert mit verdünnter Schwefelsäure bei Zimmertemperatur und berücksichtigt ihn bei dem Analysenergebnis.) Dann läßt man mit Hilfe des kleinen Tropftrichters oder einer Pipette 5 ccm Jodwasserstoffsäure ($\alpha = 1,70$) in den Kolben eintreten, füllt die Vorlage 2 mit 30,00 ccm 0,1 n-Bariumhydroxydlösung und setzt die schon vorher mit 15 ccm 10%iger Natriumacetat-Eisessiglösung und 15—20 Tropfen Brom beschickte Vorlage 4 ebenfalls an die Apparatur. Nunmehr erhitzt man das Ölbad rasch so hoch, daß der Kolbeninhalt in lebhaftes Sieden gerät. Meist wird dazu eine Ölbadtemperatur von 150—160⁰ C erforderlich sein. Für die Geschwindigkeit des Stickstoffstromes läßt sich schwer ein genaues Maß angeben. Den Blasenzähler (1) sollen etwa 2 Blasen pro Sekunde passieren, wenn das Glasröhrchen, aus dem die Blasen austreten, einen inneren Durchmesser von 3,5—4 mm besitzt.
Etwa eine Stunde nach Beginn der Reaktion ist die CO_2-Absorption beendet. Man stellt den Stickstoffstrom etwas rascher ein und erhitzt nach einer halben Stunde, also 1½ Stunden nach Beginn der Reaktion, die Vorlage 2 durch Eingießen von heißem Wasser in die unter der Vorlage stehende Schale. Die Bariumhydroxydlösung soll ungefähr ¼ Stunde lang auf einer Temperatur von 40—50⁰ C gehalten werden (evtl. das heiße Wasser noch einmal erneuern). Nach Verlauf einer halben Stunde ist dann die Absorption des Methyljodids quantitativ.
Man nimmt zuerst die Vorlage 4 ab und spült den Inhalt in einen Erlenmeyer-Kolben mit Schliff, in welchem man zuvor 2 g Natriumacetat in wenig Wasser aufgelöst hat. Man reduziert dann das überschüssige Brom mit 10—15 Tropfen Ameisensäure, fügt nach Ansäuern mit verdünnter Schwefelsäure 1 g Kaliumjodid zu und läßt einige Minuten stehen. Sodann nimmt man auch die Vorlage 2 ab und titriert ihren Inhalt mit 0,1 n-Salzsäure gegen Phenolphthalein. Bei der Titration muß man gut umschwenken und, besonders gegen Ende, recht langsam titrieren, um eine Auflösung von Bariumcarbonat zu vermeiden. Nach 5 Minuten kann man auch das inzwischen ausgeschiedene Jod der Lösung aus Vorlage 4 mit 0,1 n-Natriumthiosulfatlösung titrieren.

130

Das Reaktionskölbchen läßt sich mit Alkohol oder Aceton leicht reinigen. Die gesammelten Jodwasserstoffsäure-Rückstände können nach Filtration unter Wasserstoff destilliert werden. Durch eine nochmalige fraktionierte Destillation, diesmal unter Zusatz von rotem Phosphor und Wasser, erhält man (bei 127° C übergehend) eine farblose Säure der richtigen Konzentration. Direkte Destillation der Rückstände mit rotem Phosphor kann zu Explosionen führen.

Berechnung der Resultate:

Die Decarboxylierung der Uronsäuregruppe mit Jodwasserstoffsäure verläuft nicht quantitativ, sondern nach Vollmerts Untersuchungen stets nur mit einer Ausbeute von $92,7 \pm 0,2\%$ CO_2 bzw. Galakturonsäure. Es wird angenommen, daß durch die Jodwasserstoffsäure eine gleichzeitige Reduktion von Galakturonsäure erfolgt. Die durch die Analysenwerte gefundenen CO_2- oder Galakturonsäurewerte müssen daher mit dem Faktor 1,075 korrigiert werden.

Wenn B ccm 0,1 n-Bariumhydroxydlösung vorgelegt und S ccm 0,1 n-Salzsäure zur Rücktitration verbraucht wurden, und E die Einwaage in mg bedeutet, so gilt für Pektinsubstanzen:

$$\frac{(B - S) \cdot 945}{E} = \% \text{ Galakturonsäureanhydrid} \quad (945 = \frac{176 \cdot 220 \cdot 1,075}{44})$$

Wenn bei der Methoxylbestimmung T ccm 0,1 n-Thiosulfatlösung verbraucht wurden und E wieder die Einwaage in mg bedeutet, so ist:

$$\frac{T \cdot 51,70}{E} = \% \text{ OCH}_3 \text{ und } \frac{T \cdot 23,35}{E} = \% \text{ CH}_2 \text{ (Methoxylanhydrid)}$$

Für die Beurteilung eines Pektinpräparates ist statt des Prozentgehaltes an Methoxyl meist die Angabe des Veresterungsgrades sinnvoller, der angibt, wieviel Prozent der insgesamt vorhandenen Carboxylgruppen mit Methanol verestert sind. Man erhält diesen Wert folgendermaßen:

$$\text{Veresterungsgrad} = \frac{\% \text{ OCH}_3 \cdot 176 \cdot 100}{\% \text{ Galakturonsäureanhydrid} \cdot 31}$$

Man muß jedoch mit der Angabe des Veresterungsgrades vorsichtig sein, da ein geringer Anteil des nach Zeisel gefundenen Methoxyls als Äthermethoxyl vorliegt (bis 0,5%). Außerdem muß man dafür sorgen, daß die Präparate keinen adsorbierten Alkohol enthalten (vorher mit Aceton umfällen oder Wasserdampfbehandlung).

Es wird empfohlen, die richtige Einstellung von Lauge und Säure sowie das einwandfreie Funktionieren der CO_2-Absorptionsvorlage durch einen Blindversuch mit analysenreiner, getrockneter Soda zu überprüfen. Einwaage an Soda etwa 50 mg. Man läßt durch den kleinen Tropftrichter einige Kubikzentimeter ausgekochte verdünnte Schwefelsäure treten und bestimmt das entstehende CO_2.

Vollmert macht noch auf folgende Fehlerquellen aufmerksam: Wenn man die Titration der Bariumhydroxydlösung nicht im Absorptionsgefäß selbst ausführt, sondern den Inhalt der Vorlagen erst in ein Titrierkölbchen überführt — das ist besonders dann von Vorteil, wenn man zur Absorption eine kleine Volhard-Vorlage benutzt, die zur Titration sehr unhandlich ist — muß man zum Ausspülen ausgekochtes Wasser nehmen; es genügt nicht, das Wasser bis zum Umschlag von Phenolphthalein zu neutralisieren, weil dabei Bicarbonat entsteht, wodurch die CO_2-Werte zu hoch ausfallen. Vollmert benutzt eine Spritzflasche, an deren Mundstück ein Natronkalk-Röhrchen angesetzt ist.

Da Methyljodid von heißer 0,1 n-Lauge in schon durchaus meßbarer Menge verseifbar ist, soll die Vorlauge 2 erst möglichst spät und nicht höher als notwendig erhitzt werden. Es genügt vollkommen, wenn der Inhalt der Vorlage etwa 20 Minuten lang eine Temperatur von 40° C hat. Bei andauerndem Erhitzen auf 80° C fallen die Methoxylwerte zu niedrig und die CO_2-Werte entsprechend zu hoch aus.

9. Die Bestimmung des Acetylgehaltes (e)[193] s. S. 123

Zunächst werden die Essigsäureester-Gruppen des Pektins durch Erhitzen mit verdünnter Schwefelsäure verseift, und die frei werdende Essigsäure wird abdestilliert. Die übergegangene Essigsäure enthält geringe Mengen Ameisensäure, welche durch Erhitzen mit Chromschwefelsäure zerstört wird. Man destilliert darauf noch einmal und titriert die Essigsäure im Destillat mit n/50-Natronlauge gegen Phenolphthalein. 1 ccm n/50-Natronlauge entspricht $0.02 \cdot 10^{-3}$ Äquivalenten Essigsäure $= 1.2 \cdot 10^{-3}$ g Essigsäure.

Nach einer neueren Mitteilung von Henglein u. Vollmert[338]) kann man auch folgendermaßen vorgehen: Man verseift das Pektin 3 Stunden unter Stickstoff mittels 5%iger H_2SO_4 bei 100^0, destilliert dann und titriert das Destillat nach Entfernung von CO_2 durch Rückkochen mit $\frac{n}{10}$ NaOH.

Hierbei wird die Ameisensäurebildung verhindert, und die Essigsäure kann nach einmaliger Destillation direkt titriert werden.

10. Die Bestimmung der freien Aldehydgruppen (a)[193],[79] s. S. 123, sogenannte Endgruppenbestimmung

Die freien Aldehydgruppen des Pektins können durch ihre reduzierende Wirkung, die sie auf alkalische Hypojoditlösung ausüben, bestimmt werden. Wie auf S. 123 ausgeführt wurde, kann das Glied a $\cdot$ 18 eine Ergänzung bei der Berechnung des Pektingehaltes darstellen. Da bei dem Abbau des Pektins (durch chemische oder enzymatische Hydrolyse) infolge der Sprengung der glucosidischen Bindungen neue Aldehydgruppen frei werden, kann der Pektinabbau auch an der Vermehrung der Aldehydgruppen verfolgt werden. In Zusammenhang damit kann die Bestimmung der freien Aldehydgruppen auch zur Berechnung des durchschnittlichen Polymerisationsgrades und des Molekulargewichtes dienen. Der durchschnittliche Polymerisationsgrad ($\overline{P}$) des Reinpektins errechnet sich durch Division der titrierten Äquivalente Gesamtcarboxylgruppen durch die Äquivalente freie Aldehydgruppen.

$$\overline{P} = \frac{x+y}{a}$$

Das durchschnittliche Molekulargewicht ($\overline{M}$) ergibt sich durch Division des gefundenen Reinpektins durch die Äquivalente freie Aldehydgruppen.

$$\overline{M} = \frac{P_R}{a}$$

Die beiden letzten Berechnungen sind aber nur für Vergleichsmessungen zulässig.

Für die Bestimmung des absoluten Molekulargewichtes eignet sich diese Methode nicht, da sie äußerst empfindlich gegen geringe Beimengungen an Ballaststoffen ist, und da bei schwach abgebauten Pektinen der geringe Gehalt an freien Aldehydgruppen zu falschen Ergebnissen führt.

Die Titration der freien Aldehydgruppen wird nach der Methode von Willstätter und Schudel[204]), die von Goebel[204a]) eingehend untersucht wurde, vorgenommen. Die Reaktion verläuft nach folgender Gleichung:

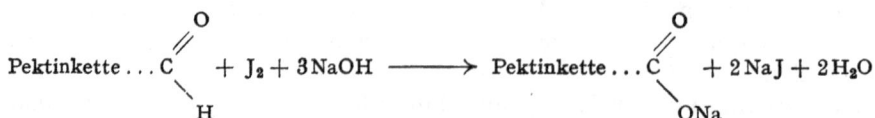

$$\text{Pektinkette} \ldots \overset{O}{\underset{H}{\overset{\|}{C}}} + J_2 + 3\,NaOH \longrightarrow \text{Pektinkette} \ldots \overset{O}{\underset{ONa}{\overset{\|}{C}}} + 2\,NaJ + 2\,H_2O$$

Man geht in der Weise vor, daß man eine etwa 1%ige Pektinlösung mit Natron-lauge neutralisiert und dann mit etwa dem Doppelten der erforderlichen Menge an 0,1 n-Jodlösung versetzt. Hierauf läßt man unter gutem Umrühren während etwa 2 Minuten etwa die 1½fache Menge 0,1 n-Natronlauge zutropfen. (Die langsame, tropfenweise Zugabe ist sehr wichtig!) Nach genau 20 Minuten wird die Lösung mit verdünnter Schwefelsäure schwach angesäuert und mit Thio-sulfat in Gegenwart von Stärke zurücktitriert. 1 ccm 0,1 n-Jodlösung ent-spricht $0,05 \cdot 10^{-3}$ Äquivalenten freier Aldehydgruppen. Die Anzahl an ccm 0,1 n-Jodlösung, die von 1 g Pektin verbraucht werden, heißt „Jodzahl".

Der Jodverbrauch von Pektinpräparaten kann nur verglichen werden und zur Beurteilung der Qualität dienen, wenn die Pektine die gleiche Vorbehandlung erfahren haben.

11. Die Bestimmung des Molekulargewichtes

Die Bestimmung des Molekulargewichtes von Pektinen stellt eines der schwie-rigsten Probleme der Pektinanalytik dar. Zu seiner Ermittlung wendet man viskosimetrische und osmometrische Methoden, Messungen mit der Ultra-zentrifuge und Messungen der Strömungsdoppelbrechung, Endgruppenbestim-mungen und Fällungstitrationen an. Von den viskosimetrischen Methoden, welche häufig zur Abschätzung des Molekulargewichtes dienen, werden im folgenden Abschnitt einige genannt (siehe Seite 137ff.).

12. Die durchschnittliche Zusammensetzung von Handelspektinen

Zum Schluß folgen einige Daten von Joseph über Trockenpektine desHandels[75]:

Wasser (4 Stdn. bei 100° C) . . . . 5—10%
Asche (3 Stdn. bei 500° C) . . . . 0,5—4%
pH der 1%igen wäßrigen Lösungen . . . . 3,0—4,0
Titration, ccm 0,1 n-NaOH/Gramm (bezogen auf asche- und
wasserfreie Subst.) Indikator Phenolphthalein . . . . 5 —20,0
Galakturonsäure (bez. auf asche- und wasserfreie Substanz)
berechnet aus CO_2, bestimmt durch Destillation mit 12,5%iger
HCl . . . . 70,0—85,0%
Pentosen und Pentosane (bez. auf asche- und wasserfreie
Substanz) . . . . 0,0—10,0%
Methoxylgruppen (bez. auf asche- und wasserfreie Substanz) . . 8,0—11,5%

F. Die Messung der Viskosität

Viskosimetrische Messungen an Pektinen werden in ausgedehntem Maße zu den verschiedensten Zwecken herangezogen. Sie können dazu dienen, die Qualität von Pektinen und Pektinrohstoffen zu beurteilen und die Gewinnungs-verfahren und Reinigungsmethoden zu überwachen. Man benutzt sie zur Ab-schätzung der Gelierkraft und des Molekulargewichtes. Auch der Pektinabbau kann mit ihrer Hilfe verfolgt und die Aktivität der pektolytisch wirkenden Enzyme durch sie bestimmt werden.

Für die Messung der Viskosität stehen zahlreiche Apparate zur Verfügung. Zu den gebräuchlichsten unter ihnen zählen das Ostwald-Viskosimeter und das Höppler-Viskosimeter.

Im Ostwald-Viskosimeter wird die Zähigkeit durch die Zeit gemessen, die ein gegebenes Flüssigkeits-Volumen braucht, um bei gegebenem Druckgefälle eine Kapillare·zu durchfließen.

Das Ostwald-Viskosimeter (s. Abb. 34) besteht aus einem U-förmigen Rohr, dessen einer Schenkel eine Kapillare ist. Das weite Rohr besitzt unten eine kugelförmige Erweiterung. Am oberen Ende der Kapillare befindet sich eine zweite Kugel, die von zwei Marken begrenzt wird. Man handhabt das Viskosimeter in der Weise, daß man durch das weite Rohr von der zu untersuchenden Flüssigkeit mit einer Pipette so viel einbringt, daß die untere Kugel gefüllt ist.

Abb. 34. Ostwald-Visko-simeter

Mit Hilfe eines kleinen Gummischlauches, der am oberen Ende des anderen Schenkels angebracht wird, saugt man darin die Flüssigkeit bis über die obere Kugel hoch und mißt dann mittels der Stoppuhr die Zeit, die für das Durchfließen des oberen, durch die beiden Marken begrenzten Kugelvolumens benötigt wird. Häufig wird die Zähigkeit einfach in den gemessenen Sekunden angegeben, wobei es allerdings erforderlich ist, die Durchlaufszeit von reinem Wasser (= Wasserwert des Viskosimeters) mit anzugeben. Hierbei ist streng darauf zu achten, daß das Viskosimeter jedesmal mit genau dem gleichen Meßvolumen gefüllt wird. Um die Viskosität unabhängig von dem jeweils benutzten Instrument auszudrücken, berechnet man die relative Viskosität, die sich aus folgender Beziehung ergibt:

$$\text{relative Viskosität} = \eta_{rel} = \frac{t_L \cdot \varrho_L}{t_{LM} \cdot \varrho_{LM}}$$

Hierbei sind t die Durchlaufszeiten für Lösung und Lösungsmittel, ϱ die entsprechenden Dichten. Für verdünnte Lösungen, deren Konzentration kleiner als 1 % ist, vernachlässigt man gewöhnlich die Änderung der Dichte der Lösung gegenüber der Dichte des Lösungsmittels und berechnet die relative Viskosität einfach durch Division der Durchlaufszeiten.

$$\text{relative Viskosität} = \eta_{rel} = \frac{\text{Durchlaufszeit der Lösung}}{\text{Durchlaufszeit des Lösungsmittels}}$$

Die spezifische Viskosität $= \eta_{sp} = \eta_{rel} - 1$

$$\eta_{sp} = \frac{\text{Durchlaufszeit der Lösung}}{\text{Durchlaufszeit des Lösungsmittels}} - 1$$

Da die Viskosität stark von der Temperatur abhängig ist, wird die Messung am besten in einem großen, mit Wasser gefüllten Filtrierstutzen ausgeführt, der mit einem mechanischen Rührer und einem Temperaturregler ausgestattet ist. Das Viskosimeter wird so weit in das Wasser eingetaucht, daß die obere Kugel und ihre obere Marke vom Wasser bedeckt sind. Nach 10—15 Min. Temperaturausgleich wird gemessen. Der Wasserwert des Viskosimeters soll 40—60 Sek.

betragen. Die vorstehende Formel für die relative Viskosität gilt nur für laminare Strömung.

Das Höppler-Viskosimeter (Abb.35), das in Präzisionsausführung und Industrieausführung von Gebr. Haake, Medingen, bezogen werden kann, beruht auf der Kugelfallmethode. Es besteht aus einem zylindrischen Fallrohr, das von einem Wasserbad (mit Thermometer) umgeben ist, welches an einen Höppler-Thermostaten angeschlossen werden kann. Durch das mit der Flüssigkeit ge-

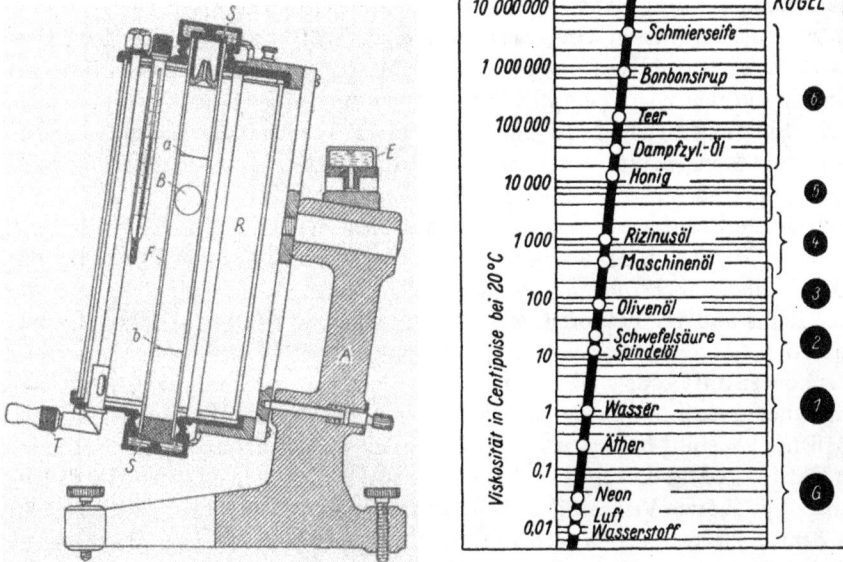

Abb. 35. Höppler-Viskosimeter. A Stativ mit E Libelle und Einstellschrauben, R Thermostat-Wassermantel mit T Wasserzufluß, F Viskosimeterrohr mit SS Verschlußkappen, B Fallkugel, a und b Marken, zwischen denen der Fall der Kugel gemessen wird. Tabelle: Serie der Fallkugeln in ihrem Meßbereich

füllte Fallrohr, das die Marken trägt, und dessen lichte Weite auf 0,001 mm genau ist, läßt man eine Metallkugel fallen und mißt mit der Stoppuhr die Zeit, die die Kugel zum Durchlaufen der zwischen oberer und unterer Marke liegenden Fallstrecke braucht. Die mittlere Marke (nur an der Präzisionsausführung) dient zur Erweiterung des Meßbereiches. Für die Zähigkeitsmessung verschieden viskoser Flüssigkeiten ist ein Satz von mehreren Kugeln mit verschiedenen Durchmessern vorhanden. Außer der Fallzeit ist auch die Dichte der zur Prüfung gelangten Flüssigkeit zu messen. Nach der Gleichung:

$$\eta = F \cdot (s - s_f) \cdot K$$

kann man die absolute Viskosität der Flüssigkeit in Centipoise berechnen. Es bedeuten:

η = absolute Viskosität in Centipoise
F = Fallzeit der Kugel

s_k = Dichte der Kugel

s_f = Dichte der untersuchten Flüssigkeit bei der Meßtemperatur

K = Kugelkonstante.

Die Werte K und s_k sind aus einer beigefügten Tabelle zu entnehmen. Der Zähigkeitsmeßbereich des Höppler-Präzisionsmodelles reicht von 0,01 bis über 1 Mill. Centipoise, der der Industrieausführung von 0,6 bis über 1 Mill. Centipoise.

Da sowohl die Viskosität als auch die Gelierkraft von der Molekülgröße des Pektins abhängig sind, kann man aus den Viskositätsmessungen eines Pektins bis zu einem gewissen Grad auf seine Gelierkraft und auf das Molekulargewicht schließen. Nimmt man eine grobe Messung an unverdünnten flüssigen Handelspektinen vor, so empfiehlt es sich, den ersten Meßwert für die Viskositätsbestimmung zugrunde zu legen, denn die Pektinlösungen zeigen besonders in höheren Konzentrationen Strukturviskosität, d. h. in aufeinanderfolgenden Messungen ergeben sich immer kürzere Fallzeiten.

Zuverlässige Resultate lassen sich aber auf diese einfache Weise nicht erzielen. Schon im Kapitel III B 2 wurde darauf hingewiesen, daß die Viskosität der Pektinlösungen nicht nur von der Molekülgröße des Pektins, sondern auch von einer Reihe anderer Faktoren, wie Veresterungsgrad mit Methylalkohol, Konzentration, Reinheit, Anwesenheit niedermolekularer Elektrolyte, Wasserstoffionenkonzentration usw. abhängig ist. Vergleicht man also die Viskosität verschiedener Pektinpräparate miteinander, so muß man alle diese Faktoren möglichst konstant halten, wie es z. B. bei der Viskositätsmessung in verdünnten Natriumpektat-Lösungen gelingt (s. S. 141). Aber auch dann ist der gleichsinnige Verlauf von Viskosität und Gelierkraft nicht unbedingt zu erwarten, denn bei dem Geliertest lassen sich die verschiedenen Faktoren in verschiedenen Pektinpräparaten, insbesondere der Veresterungsgrad, nicht konstant halten. Der andersartige Einfluß der Eigenschaften der Pektinpräparate auf die Viskosität und auf die Gelierkraft ist dafür verantwortlich, daß keine eindeutige Parallelität zwischen den beiden Größen existiert.

Bei der Ausführung exakter Viskositätsmessungen an Pektinlösungen, die zur Bestimmung der Kettenlänge dienen, ist es zunächst erforderlich, mit isolierten und gereinigten Pektinen zu arbeiten. Sodann ist es notwendig, die besonderen elektrochemischen Eigenschaften der heteropolaren Linearkolloide zu berücksichtigen, d. h. die störenden Einflüsse, die durch die wechselnde Aufladung, durch Hydratation und durch die infolge interionischer Kräfte auftretende Schwarmbildung[205]) zustande kommen, weitgehend auszuschalten oder zu verhindern.

Im folgenden werden 3 Methoden wiedergegeben, in denen diese Forderungen weitgehend erfüllt sind. Zunächst die Methode von Schneider[206]), bei welcher zur Ausschaltung der Schwarmbildung und Solvatation das Pektin in polymeranaloges, wasserunlösliches Nitropektin übergeführt wird, dessen Viskosität in einem apolaren Lösungsmittel, in Aceton, gemessen wird. Die Methode hat zur Wertbestimmung von Pektinen auch in der Technik Eingang gefunden. Nachteilig an ihr ist, daß sie bei Serienversuchen eine große Menge an hochkonzentrierter Salpetersäure erfordert und daß die Resultate nur dann verglichen werden können, wenn immer mit der gleichen Säure gearbeitet wurde. Auch die Temperatur und die Dauer der Nitrierung spielen eine Rolle[76]).

Als zweite, einfacher auszuführende Methode folgt die Methode von Malsch[66]), bei welcher in wäßriger Lösung gearbeitet wird. Malsch fußte bei der Ausarbeitung seiner Methode auf den Arbeiten von Staudinger[205]) und Heen[207]), die gezeigt haben, daß die Viskositätsgesetze für Linearkolloide, die für Sollösungen von der spezifischen Viskosität zwischen 0,025 und 0,15 gelten, nicht nur auf homöopolare, sondern auch auf heteropolare Molekülkolloide Anwendung finden können, sofern man die Schwarmbildung der letzteren in wäßriger Lösung durch Zugabe von Natronlauge vermeidet. An Stelle der Natronlauge wählte Malsch einen Zitronensäurepuffer nach McIlvaine[208]) mit Natriumchloridzusatz und erhielt so konstante $\frac{\eta_{sp}}{c}$-Werte, die untereinander in Beziehung gesetzt, gestatten, das Durchschnittsmolekulargewicht und damit die Qualität verschiedener Pektine zu vergleichen.

In der dritten Methode von Deuel[66b])wird das Pektin in Natriumpektat übergeführt, dessen Viskosität in wäßriger Lösung in Gegenwart von Natronlauge gemessen wird. Neben den anderen störenden Faktoren wird hier auch der Einfluß des Veresterungsgrades auf die Viskosität ausgeschaltet.

Die Reinigung der Pektine erfolgt in der bereits beschriebenen Weise durch Waschen mit salzsaurem Alkohol, Waschen mit 60 %igem Alkohol bis zur Chloridfreiheit und Trocknen im Vakuum bei 65° oder im Trockenschrank über Nacht. Ist das Ausgangsmaterial ein flüssiges Pektin, so muß man aus ihm zunächst das Pektin ausfällen. Man läßt zu diesem Zweck 100 ccm Pektinextrakt tropfenweise unter ständigem Rühren in einen Liter 60 %igen Alkohol einfließen. Der entstehende Niederschlag wird auf der Nutsche abgesaugt, mit 60 %igem Alkohol gewaschen und gut ausgedrückt. Sodann fällt man das Pektin noch einmal um, indem man es in etwa 300 ccm Wasser unter leichtem Erwärmen vollständig löst und so viel 96 %igen Alkohol tropfenweise zugibt, daß die Mischung 60 %ig wird (auf je 100 ccm der alkoholischen Lösung gibt man 1 ccm konzentrierte Salzsäure). Nach ½ stündigem Stehen zentrifugiert man, drückt das umgefällte Pektin auf der Nutsche ab, reinigt es weiter in salzsäurehaltigem Alkohol, indem man es in etwa 200 ccm 60 %igem Alkohol digeriert (1 ccm HCl auf 100 ccm Mischung), wieder zentrifugiert und abdrückt. Um das Pektin von der Salzsäure zu befreien, digeriert man es 6—8mal hintereinander in 60 %igem Alkohol, wobei man jedesmal zentrifugiert und auf der Nutsche abdrückt. Dann trocknet man es bei 65° im Vakuum oder über Nacht im Trockenschrank.

1. Viskositätsmessung und Bestimmung des Durchschnittsmolekulargewichtes nach Schneider und Bock in Lösungen von Nitropektin (Nitratpektin) in Aceton[206])

1 g trockene Substanz wird im Mörser zerkleinert, mit 150 ccm rauchender Salpetersäure vom spez. Gewicht 1,54 versetzt und unter mechanischem Rühren 1 Stunde bei 20° nitriert. Das Pektin, das möglichst gut zerteilt und

zerfasert sein muß, löst sich in der Salpetersäure. Ungelöste Reste, die von verhornten Teilen herrühren, filtriert man über Glaswolle ab. Darauf gießt man die Salpetersäure-Mischung unter starkem Rühren in 5 Liter Wasser, wobei sich das Nitratpektin als weißes, flockiges Produkt abscheidet. Man filtriert rasch ab, wäscht mit destilliertem Wasser mehrmals nach, bis die Säure entfernt ist und preßt auf der Nutsche ab. Durch Waschen mit Methylalkohol entzieht man dem Nitratpektin den größten Teil des anhaftenden Wassers, worauf es auf dem Wasserbade nahezu, aber nicht ganz getrocknet wird. (Völlig getrocknetes Nitropektin löst sich sehr schwer in Aceton.)

Das Nitratpektin wird dann in Aceton gelöst, so daß eine etwa 0,1- bis 0,2%ige Lösung entsteht. Die Acetonlösung wird sicherheitshalber zentrifugiert oder filtriert. Darauf mißt man im Höppler-Viskosimeter die Viskosität des verwendeten Acetons und die der Lösung. Um festzustellen, ob man sich im Gebiet der Sollösung befindet, halbiert man die Konzentration, indem man die Lösung um das Doppelte mit Aceton verdünnt und mißt erneut die Viskosität. Dies wiederholt man so lange, bis der Wert von η_{sp} mit der Konzentration auf die Hälfte sinkt, d.h. bis $\dfrac{\eta_{sp}}{c_{gm}}$ konstant bleibt.

η_{sp} = spezifische Viskosität = $\eta_{rel} - 1$

c_{gm} = Konzentration in Grundmolekül je Liter = g Substanz pro Liter Lösung dividiert durch das Molekulargewicht des Grundmoleküls.

Das Molekulargewicht des Grundmoleküls von Nitratpektin = 250.

Die Konzentration der Lösung bestimmt man durch Abwägen von 4—5 ccm der nicht allzu konzentrierten Lösung, Eindampfen derselben im Trockenschrank bei 60° und Trocknen des Rückstandes 10—12 Stunden lang, bei 80°. Der entstehende Nitratpektinfilm, der nur dünn sein darf, wird zurückgewogen.

Nach dem Staudingerschen Gesetz ist $\dfrac{\eta_{sp}}{c_{gm}}$ proportional der Molekülgröße

$$\frac{\eta_{sp}}{c_{gm}} = K_m \cdot \overline{M}$$

Für die Konstante K_m wurde von Schneider der Wert $6 \cdot 10^{-4}$ errechnet. Man braucht also den Wert $\dfrac{\eta_{sp}}{c_{gm}}$ nur durch die Konstante K_m zu dividieren, um das durchschnittliche Molekulargewicht zu erhalten. Um von jeder Konstanten frei zu sein, gibt man gewöhnlich nur den $\dfrac{\eta_{sp}}{c_{gm}}$ -Wert an, er wird auch Viskositäts- oder Zähigkeitszahl genannt. $\dfrac{\eta_{sp}}{c_{gm}} = Z$.

Es ist zu beachten, daß Z nur für die jeweiligen Versuchsbedingungen gültig ist. Die Messungen sind nur dann als zuverlässig anzusehen, wenn Z bei der Konzentrationsänderung konstant bleibt (siehe auch Lit. 193).

2. Viskositätsmessung nach Malsch[66]) in McIlvaine-Pufferlösung vom pH 5,6

0,15 g des gereinigten Pektins werden mit etwa 75 ccm Wasser übergossen und unter öfterem Umrühren eine halbe Stunde stehengelassen. Man erwärmt dann im Wasserbad auf 80—100° unter Umrühren, nimmt nach Erreichen dieser Temperatur aus dem Bad, rührt, bis völlige Lösung erfolgt ist und spült in einen 100 ccm -Meßkolben über. Nach Erkalten füllt man bis zur Marke auf. Anschließend zentrifugiert man ab und filtriert durch ein Filterröhrchen aus Glas mit der Durchlässigkeit 2. Zur Bestimmung des Pektingehaltes des Filtrates werden 10 ccm davon in einer Platinschale auf dem Wasserbad eingedampft und im Trockenschrank bei 103° C bis zur Gewichtskonstanz getrocknet. Gewogene Pektinmenge = a Gramm.

6,25 ccm des Filtrates, das rund 0,15% Pektin enthält, werden dann in einem 50 ccm Meßkölbchen mit 15 ccm Wasser, 10 ccm Puffer vom pH 5,6 (siehe unten) und 12,5 ccm 4 n-Natriumchloridlösung gemischt und mit Wasser bis zur Marke aufgefüllt.

Der McIlvaine-Puffer besteht aus zwei Lösungen. Die eine enthält 179,05 g $Na_2HPO_4 \cdot 12 H_2O$ im Liter, die andere 52,5 g Zitronensäure im Liter. Um ein pH 5,6 zu erreichen, mischt man 58 ccm Phosphatlösung mit 42 ccm der Zitronensäurelösung. 10 ccm dieser Mischung werden, wie vorstehend beschrieben, mit der etwa 0,15%igen Pektinlösung, dem Wasser und der Natriumchloridlösung in das 50 ccm Meßkölbchen gebracht.

Die Viskosität der gepufferten Pektinlösung kann im Höppler-Viskosimeter oder im Ostwald-Viskosimeter (Wasserwert etwa 100 sec) erfolgen. Temperatur der Messung 20° C. Man mißt zunächst die Durchlaufszeit der Pektinlösung, dann die des pektinfreien Lösungsmittels (oder im Höppler-Viskosimeter die entsprechenden Fallzeiten der Kugel). Aus den erhaltenen Werten berechnet man die spezifische Viskosität, die bei Konzentrationen unter 0,5 g pro Liter, wie sie hier vorliegen, ausgedrückt wird durch

$$\eta_{sp} = \frac{\text{Durchlaufszeit der Pektinlösung}}{\text{Durchlaufszeit des Lösungsmittels}} - 1$$

Die errechnete spezifische Viskosität dividiert man dann durch die Konzentration der gepufferten Pektinlösung = c, ausgedrückt in Gramm pro Liter, und

erhält so den $\frac{\eta_{sp}}{c}$ -Wert, der ebensogut wie der in der vorstehenden Methode

bestimmte $\frac{\eta_{sp}}{c_{gm}}$ -Wert zur Qualitätsbestimmung benutzt werden kann.

c läßt sich aus der in der Platinschale getrockneten Pektinmenge leicht berechnen, wie folgt:

In 10 ccm des Filtrates waren a Gramm Pektin,

In 6,25 ccm des Filtrates (die zur Pufferlösung gegeben wurden), waren

$6,25 \cdot \dfrac{a}{10}$ Gramm Pektin,

d. h. in 50 ccm Meßlösung $6,25 \cdot \dfrac{a}{10}$ Gramm Pektin.

In 1000 ccm Meßlösung $= 6,25 \cdot a \cdot 2$ Gramm Pektin

$c = 6,25 \cdot a \cdot 2$; (c liegt bei 0,1875 g/Liter).

Zum Vergleich seien einige von Malsch an verschiedenen Pektinen gemessene Werte angeführt. Malsch gibt an Stelle von $\dfrac{\eta_{sp}}{c}$ die hundertmal größeren Werte an und erhält:

Pektinart	$\dfrac{\eta_{sp}}{c} \cdot 10^2$	
Apfelpektin	51,6	selbst hergestellt
Zitronenpektin	40,8	selbst hergestellt
Amerik. Apfeltrockenpektin .	40,7	aus dem Handel bezogen
Apfelpektin	38,0	aus käuflichem flüssigen Pektinextrakt mit Alkohol gefällt
Zuckerrübenpektin	28,0	selbst hergestellt
Hagebuttenpektin	2,7	selbst hergestellt, enzymatisch stark abgebaut

Da nach dem Viskositätsgesetz von Staudinger $\dfrac{\eta_{sp}}{c}$ mit dem durchschnittlichen Polymerisationsgrad $\overline{P}$ und der K_m-Konstanten bzw. mit dem Molekulargewicht und der K_m-Konstanten durch folgende Gleichungen

$$\frac{\eta_{sp}}{c} = \overline{P} \cdot K_m \quad \text{oder} \quad \frac{\eta_{sp}}{c_{gm}} = \overline{M} \cdot K_m$$

verknüpft ist, läßt sich auch hier das Durchschnittsmolekulargewicht berechnen. Dividiert man $\dfrac{\eta_{sp}}{c}$ durch K_m, so erhält man den durchschnittlichen Polymerisationsgrad $(\overline{P})$, der mit dem Durchschnittsmolekulargewicht des Grundmoleküls multipliziert, das Durchschnittsmolekulargewicht ergibt:

$$\frac{\eta_{sp} \cdot \overline{M}_{gr}}{c \cdot K_m} = \overline{M}$$

($K_m = 6 \cdot 10^{-4}$, genauer genommen ist es für den Puffer neu zu messen).

Das Molekulargewicht des Grundmoleküls von Pektinsäure ist 176, von völlig methoxyliertem Pektin 190. Die Berechnung des durchschnittlichen Molekulargewichts des Grundmoleküls für ein Pektin von bestimmtem Veresterungsgrad ergibt sich aus der Titration der freien und veresterten Carboxylgruppen (siehe S. 127).

Für das in obenstehender Tabelle an vierter Stelle aufgeführte Apfelpektin, für das ein Methoxylgehalt von 6,54% angegeben ist, ergäbe sich demnach ein annäherndes Durchschnittsmolekulargewicht von

140

$$\overline{M} = \frac{0,38 \cdot 182 \cdot 10^4}{6} = \text{rund } 115\,000$$

Von Malsch werden, um von jeder Konstante frei zu sein, nur die $\frac{\eta_{sp}}{c} \cdot 10^2$-Werte untereinander verglichen und in einem Koordinatensystem gegen die Gelierkraft der Pektine aufgetragen, wobei sich im allgemeinen gute Proportionalität ergibt.

3. Messung der Natriumpektat-Viskosität nach Deuel und Weber [66b])

Der besondere Vorzug dieser Methode besteht darin, daß durch vollständige Verseifung des Pektins der störende Einfluß des ungleichen Veresterungsgrades verschiedener Pektinproben ausgeschaltet wird. Die Messung erfolgt in 0,05 n-Natronlauge, welche nicht nur zur Verseifung, sondern auch zur Umgehung der Schwierigkeiten dient, die durch den heteropolaren Charakter des Pektins herbeigeführt werden. Da die Pektate besonders elektrolytempfindlich sind, ist eine vorhergehende gründliche Reinigung des zur Messung benutzten Pektins in salzsäurehaltigem Alkohol und dann in Alkohol unbedingt erforderlich. Selbst ein geringer Calciumgehalt, der besonders bei niederveresterten Pektinen schwer zu beseitigen ist, kann sich sehr störend auswirken, da er zur Bildung von unlöslichem Calciumpektat führt. Zur Vermeidung dieser Schwierigkeit gibt man in diesem Falle eine 0,02 n-Natriumoxalatlösung vor der Zugabe der Natronlauge zu. Die feinen Calciumoxalatkristalle stören die Messung nicht.

Während bei der vorstehenden Methode von Malsch die Pektinkonzentration gravimetrisch bestimmt und in Gramm pro Liter Versuchslösung ausgedrückt wird, wendet Deuel eine andere Konzentrationsermittlung und -angabe an. Deuel gibt die Konzentration in Milliäquivalente Gesamt-Carboxyle des Pektins pro 100 ccm Lösung an, d. h. er bestimmt zunächst in einer Vorprobe durch Verseifen mit Natronlauge und Rücktitration mit Säure den Gehalt des Pektinpräparates an Gesamt-Carboxylen (Gesamt-Säuregruppen). Hieraus erfährt man, wieviel Gramm Pektin einem Milliäquivalent entsprechen. (Die genaue Beschreibung dieser Titration findet sich auf S. 125.)

Danach wird, der Vorschrift von Deuel folgend, auf der analytischen Waage eine Menge Pektin, die der gewünschten Anzahl Milliäquivalente (z. B. m = 0,800) entspricht, abgewogen, in ein Becherglas gebracht und mit 0,5 ccm 60%igem Alkohol befeuchtet. Man gibt dann 25 ccm Wasser (bzw. 25 ccm 0,02 n-Natriumoxalat) zu und rührt so lange, bis sich das Pektin vollständig gelöst hat. Darauf gibt man die Lösung in ein 100 ccm-Meßkölbchen und spült mit etwa 20 ccm Wasser nach. Zu der im Kölbchen befindlichen Lösung werden genau (5 + m) Milliäquivalente Natronlauge zugegeben und danach mit Wasser genau bis zur Marke aufgefüllt. Nach etwa 12stündigem Stehen filtriert man durch ein G 2-Filter und bestimmt die Viskosität im Höppler-Präzisionsviskosimeter bei 20⁰ C. Daneben wird auch die Viskosität des Lösungsmittels ohne Pektin gemessen.

Aus den gemessenen Fallzeiten der Kugel wird die Zähigkeitszahl Z errechnet (Z ist stets nur für die jeweilige Versuchsbedingung gültig)

$$Z = \frac{\eta_{sp}}{m}$$

$$\eta_{sp} = \eta_{rel} - 1$$

$$\eta_{rel} = \frac{\text{Fallzeit der Kugel in der Lösung}}{\text{Fallzeit der Kugel im Lösungsmittel}}$$

m = Milliäquivalente Gesamt-COOH des Pektins pro 100 ccm Lösung.

Die Methode gibt sehr befriedigende Resultate und eignet sich gut zur Bewertung von Pektinen und zur Abschätzung des relativen Molekulargewichtes. Die an 17 verschiedenen Pektinpräparaten in 0,05 n-Natronlauge (m = 0,85) ermittelten Zähigkeitszahlen bewegen sich in der Größenordnung von 0,53 bis 1,45 und entsprechen Geliergraden von 136 bis 383. (Gemessen mit dem Tarr-Baker-Geltester.)

VII. Die Pektinenzyme

A. Allgemeines

1. Nomenklatur

Im allgemeinen unterscheidet man heute hauptsächlich zwei Enzyme, die die Fähigkeit besitzen, das Pektin anzugreifen:

1. die Pektinase (die auch Polygalakturonase, Pektin-Polygalakturonase, Polygalakturonidase und Pektolase genannt wird). Sie bewirkt die Hydrolyse der glucosidischen Bindungen des Pektins bzw. der Pektinsäure, d. h. die Spaltung der Polygalakturonsäurekette in kleinere Bruchstücke bis zu deren Grundglied, der Monogalakturonsäure;
2. die Pektase (auch als Pektinesterase, Pektinmethoxylase und Pektin-Methylesterase bezeichnet), die die Verseifung der Methylestergruppen des Pektins und des Protopektins unter Abspaltung von Methylalkohol herbeiführt.

Außer diesen beiden Fermenten wird auch die „Protopektinase" genannt, der die Verwandlung des unlöslichen Protopektins der Zellwände in lösliches Pektin und die Veränderung der intrazellularen Substanzen zugeschrieben wird. Die Frage, ob es sich bei der Protopektinase um ein eigenes Enzym handelt, oder ob es mit der Pektinase identisch ist, konnte bisher noch nicht übereinstimmend entschieden werden.

Da für einige Pektinarten auch eine Verbindung mit Essigsäure, Arabinose und Galaktose angenommen wird, kann man annehmen, daß noch weitere Fermente existieren, die die Abtrennung dieser Nebengruppen bewirken. So wird die Arabanase[209]) für die Entfernung des Arabans verantwortlich gemacht.

2. Gemeinsames Vorkommen

Die Pektinenzyme kommen in vielen Pflanzen, Samen, Schimmelpilzen und Bakterien vor. Außerdem finden sie sich im Malzextrakt, im Emulsin und im Saft der Weinbergschnecke, Helix pomatia. Sie treten sehr häufig nebeneinander auf und müssen, wenn ihre Eigenschaften untersucht werden sollen, erst sorgfältig voneinander getrennt werden. Nach den bisherigen Erfahrungen scheint die Pektinase aus Pilzen oder Bakterien immer von der Pektase begleitet zu sein, während die Pektase im Pflanzengewebe auch hinreichend frei von Pektinase angetroffen wird. Je nach seiner Herkunft läßt sich bei dem jeweiligen Ferment auch ein gewisser Unterschied in seinen Eigenschaften und in seiner Wirkungsweise feststellen.

In der nachstehenden Zusammenstellung ist eine Reihe von Mikroorganismen aufgeführt, die den Abbau der Pektinstoffe bewirken[210],[342]):

Pilze:	Bakterien:
Pythium debarianum,	Pseudomonas marginalis,
Mucor sp,	Erwinia phytophthora,
Aspergillus oryzae,	Erwinia carotovora,
Aspergillus niger,	Bacillus polymyxa,
Penicillium Ehrlichii,	Bacillus macerans,
Penicillium chrysogenum,	Bacillus acetoethylicus,
Penicillium glaucum,	Bacillus felsineus.
Sclerotinia fructigena,	
Botrytis cinerea,	

Die Pilze, Rhizopus nigricans und Rhizopus artocarpi, bildeten nur relativ geringe Mengen an pektinzerstörenden Fermenten. Bei Rhizopus chinensis und Rhizopus microsporus fanden sich davon nur wenig im Myzel, aber verhältnismäßig viel im Kulturmedium[211]).
Bacillus mesentericus fuscus enthielt Protopektinase, aber keine Pektase[212]). Bacillus subtilis wirkte erst nach 4 Tagen verflüssigend auf Pektinatgel[213]).
Als inaktiv wurden gefunden:
Bacillus mesentericus, Bacterium aerogenes, Pseudomonas fluorescens[213]). Von 35 untersuchten pflanzenpathogenen Stämmen von Pseudomonas waren nur 6 aktiv[214]).
Einige von den genannten Mikroorganismen zeigten erst dann eine nennenswerte Einwirkung auf Pektinstoffe, wenn sie in pektinhaltigem Kulturmedium gezüchtet worden waren. Hierzu gehören nach Barinowa[215]) Aspergillus niger, Botrytis cinerea, Bacillus felsineus und B. acetoethylicus, desgleichen nach Phaff[229a]) Penicillium chrysogenum. Die pektinzerstörende Wirkung wird im allgemeinen durch pektinhaltige Nährlösungen gefördert und die Eigenschaften der gebildeten Fermente lassen sich bis zu einem gewissen Grade durch das Nährmedium beeinflussen.
Zu den Bakterien, welche das Pektin hydrolysieren, gehören auch die Bakterien des menschlichen und des tierischen Darmes. Am wirksamsten wurden gefunden Laktobacillus, Micrococcus und Enterococcus[216]). Nach Kertesz[217]) enthalten der Speichel und die Verdauungssäfte von Mensch und Hund keine auf das Pektin einwirkenden Enzyme. Die Zersetzung beginnt erst im Colon durch Bakterien und führt zu Ameisensäure und Essigsäure. Escherichia coli bildet nur Pektinsäure[216]).
Außer bei Schimmelpilzen und Bakterien findet man auch in einigen Fällen bei Hefen die Fähigkeit, das Pektin zu zerstören. Zu ihnen gehören: Saccharomyces oxycocci[219a,b,c]) aus Preiselbeeren, der offenbar Pektase absondert, sodann Saccharomyces fragilis, wenn er in einem mineralhaltigen Medium gewachsen ist, das Citrus-Pektin und etwas Glucose als Kohlenstoffquelle enthält. Bei ihm und bei den folgenden Hefen wird ein pektinaseähnliches Enzym für die pektinzerstörende Wirkung verantwortlich gemacht.

Saccharomyces thermantitonum, Candida pseudotropicalis und Torulopsis lactosa können ebenfalls pektinhaltige Lösungen klären, aber nur relativ langsam. Die Pektinase der Hefen unterscheidet sich von der Pilz-Pektinase dadurch, daß sie nur 11% der glucosidischen Bindungen des Pektins hydrolysiert. Das Temperatur-Optimum der Hefe-Pektinase ist bei 55—60⁰ C, das pH-Optimum zwischen 3,5 und 4[220]).

Die genannten Hefen können dazu dienen, vergorene Getränke zu klären, und wenn sie zusätzlich Zucker vergären, wie z. B. einige Stämme von Saccharomyces oxycocci, sowohl die Gärung als auch die Entfernung des Pektintrubes gleichzeitig herbeiführen.

3. Trennung der Enzyme

Neuere Methoden zur Trennung der beiden, auf das Pektin wirkenden Enzyme werden von Jansen und MacDonnell[165]) sowie von McColloch und Kertesz[218]) angegeben. Von den erstgenannten Autoren wurde in einem handelsüblichen Pektinasepräparat die Pektinase völlig von der Pektase befreit. Sie brachten das Präparat mehrmals bei 25⁰ 20 Min. lang auf pH 0,6, erhöhten dazwischen das pH auf 4 und konzentrierten das Material durch Fällung mit Ammoniumsulfat. Bei dieser Behandlung blieben nur 0,06% der ursprünglichen Pektase-Aktivität zurück. Die teilweise Schädigung der Pektinase durch die anfängliche Säurebehandlung läßt darauf schließen, daß zwei verschiedene Pektinasen vorhanden sind. Im Abschnitt über Pektinase wird beschrieben, daß Kertesz auch in der Tomate zwei Pektinasen von etwas verschiedenen Eigenschaften aufgefunden hat.

McColloch und Kertesz trennten die Pektase aus handelsüblichen Pektinasepräparaten durch Kationen-Austauscher ab. Bei bestimmten pH-Werten ist die Pektase unterhalb ihres isoelektrischen Punktes in Form von Kationen vorhanden und wird adsorbiert, während die Pektinasemoleküle als Anionen zugegen sind und nicht adsorbiert werden.

B. Die Pektinase

1. Vorkommen

Die Pektinase kommt hauptsächlich in Schimmelpilzen[221, 222]) und in Bakterien vor. Reich an ihr sind auch die „Takadiastase"[223, 27]) und der Malzextrakt. 1898 wurde sie in einem Malzauszug von Bourquelot und Hérissey entdeckt[224]). Sie findet sich in vielen Diastasepräparaten und, wie bereits erwähnt, in Pollenkörnern, im Emulsin und im Lebersekret der Weinbergschnecke, Helix pomatia[27]). Höhere Pflanzen enthalten sie nur in verhältnismäßig geringer Menge.

2. Gewinnung

Zur Gewinnung der Pektinase eignen sich am besten das Penicillium Ehrlichii, die Takadiastase sowie einige im Handel befindliche Enzympräparate, wie das Filtragol und das Luizym. Auch die Abfallflüssigkeit von der Penicillinfabrikation kann zur Pektinasegewinnung dienen[282]). In den letzten Jahren sind keine neueren Gewinnungsmethoden für dieses Ferment bekannt geworden.

a) Gewinnung von Pektinase aus Penicillium Ehrlichii[225, 226])

Zur Darstellung der Pektinase aus Penicillium Ehrlichii benötigt man eine frische auf Würzagar gewachsene Reinkultur dieses Schimmelpilzes, mit der man eine Nährlösung aus Hefe, Wasser, Malz und Pektin beimpft. Man löst hierzu 40 g Citruspektin in einer Mischung aus 1600 ccm Hefewasser von 1% Trockensubstanz und 400 ccm Malzauszug (spez. Gew. etwa 1,04), verteilt die Lösung auf 4 Erlenmeyer-Kolben, sterilisiert sie und beimpft sie mit dem Schimmelpilz. Wenn der Pilz nach 23 Tagen bei 22—25⁰ kräftig gewachsen ist, hebt man die Myzeldecke heraus, zerkleinert sie im Mörser, gibt sie in die Nährlösung zurück und läßt sie darin nach Zufügen von 60 ccm Toluol 24 Stunden bei Zimmertemperatur stehen. Die Myzelflocken werden dann auf der Nutsche abgesaugt, mit wenig Wasser gewaschen und die klaren Filtrate mit dem 4fachen Volumen 96%igem Alkohol versetzt. Der sich bildende flockige Niederschlag wird nach dem Absitzen abfiltriert und mit Alkohol und Äther gewaschen. Nach dem Trocknen über Chlorcalcium erhält man etwa 11 g eines fast weißen Pektinasepräparates.

b) Gewinnung von Pektinase aus Filtragol[225, 226])

Von der Firma Bayer, Leverkusen, wird ein Myzeltrockenpräparat in Form eines braunen, groben Pulvers hergestellt, das stark pektinasehaltig ist und zur Klärung von Obstsäften verwendet wird. Zur Gewinnung des Fermentes aus dem Myzel gibt man 100 g Filtragol in 750 ccm Wasser, vermischt mit 10 ccm Toluol und läßt 48 Stunden bei 30⁰ stehen. Dann wird auf der Nutsche abgesaugt, mit wenig Wasser nachgewaschen und das dunkelbraune Filtrat, das etwa 650 ccm beträgt, mit 2700 ccm 96%igem Methylalkohol versetzt. Das Ferment fällt hierbei als hellgelber, flockiger Niederschlag aus, den man absitzen läßt. Danach hebert man die überstehende Flüssigkeit ab, saugt den Niederschlag ab, wäscht ihn mit Alkohol und Äther und trocknet ihn im Vakuum über Chlorcalcium.

c) Gewinnung von Pektinase aus Luizym[27, 226])

Wählt man das Fermentpräparat Luizym der Luitpoldwerke, München, als Ausgangsprodukt, so löst man 20 g Tabletten in Wasser, fällt die filtrierte Lösung mit Alkohol, filtriert den Niederschlag ab und trocknet ihn nach dem Waschen mit Alkohol und Äther über Chlorcalcium im Vakuum.

Pektinase-Lösungen, die mit Toluol versetzt sind, sind lange haltbar. Nach Ehrlich bleibt die Wirksamkeit getrockneter Präparate sogar einige Jahre lang fast unverändert erhalten.

3. Die Wirkung der Pektinase

Die Pektinase ist der Katalysator für die Spaltung der 1,4 α-glucosidischen Bindungen der Pektinkette. Ihre Einwirkung ist von einem anfänglich schnellen Viskositätsabfall und einer Zunahme der reduzierenden Eigenschaften der Pektinlösungen begleitet. Gleichzeitig nehmen die optische Drehung und die Gelierkraft des Pektins ab. Die Menge des mit Alkohol oder als Calciumpektat fällbaren Pektins sinkt ebenfalls.

Die Viskositätsabnahme im ersten Stadium der Pektinaseeinwirkung erfolgt sehr rasch. Jansen und MacDonnell[165]) konnten an einer Reihe von Pektinsäure- und Pektinlösungen zeigen, daß schon eine 2%ige Hydrolyse der glucosidischen Bindungen 50% des gesamten Viskositätsabfalles verursacht, und daß Hitzeanwendung, welche ebenfalls die Viskosität von Pektinlösungen herabsetzt, eine entsprechende Hydrolyse des Pektins bei pH 3 bewirkt. Die Zunahme der Aldehydgruppen erfolgt viel langsamer[227]). Diese Erscheinung kann für die Annahme von Kertesz[227]) sprechen, daß das Pektin in wäßriger Lösung ein Sekundäraggregat $(Gm)_n$ bildet. Die Galakturonsäurekette Gm ist in diesem Sekundäraggregat n-mal vorhanden und die erste Tätigkeit der Pektinase bestünde dann in der Auflösung dieses kolloidalen Komplexes $(Gm)_n$ in die nicht kolloidale Einheit Gm, wodurch sich der rasche Viskositätsabfall ohne die entsprechende Zunahme der Aldehydgruppen erklärt. Bleibt man bei der Vorstellung von einfachen kettenförmigen Pektinmakromolekülen, so ergibt sich aus dem Vergleich zwischen Viskositätsmessungen und Aldehydgruppenbestimmungen, daß die beiden Methoden den Molekülabbau in seinen verschiedenen Stadien mit verschiedener Empfindlichkeit erfassen. Ein geringer Abbau des Makromoleküls, der die Viskosität schon stark beeinflussen kann, ist analytisch an der Zunahme der Aldehydgruppen nur schwer festzustellen[342]).

Nach den Arbeiten von Jansen und MacDonnell[165]) ist der Veresterungsgrad des Pektins von Bedeutung für das Zustandekommen, für Geschwindigkeit und Ausmaß der Spaltung der glucosidischen Bindungen durch die Pektinase. Synthetisch hergestelltes, völlig verestertes Pektin wird durch Pektinase nicht angegriffen, mit abnehmendem Methoxylgehalt des Pektins nimmt die Schnelligkeit des Kettenabbaues zu. Bei Pektinsäure ist sie am größten, 160mal so groß wie bei Pektin, das 9,5% Methoxyl enthält. Dagegen fand Matus[342]) an Glykolestern der Pektinsäure, daß der rascheste Abbau nicht bei einem Veresterungsgrad von 0, sondern von 25% erfolgt, und daß auch die zu 100% mit Glykol . veresterte Pektinsäure bei höheren Temperaturen von der Pektinase in geringem Maße angegriffen wird. Die Anfangsgeschwindigkeiten der hydrolytischen Spaltung wurden von Jansen u. MacDonnell für alle untersuchten Pektine von 8,1% Methoxylgehalt und darunter gleich groß gefunden, aber je höher der Veresterungsgrad, desto früher trat eine Abnahme dieser Anfangsgeschwindigkeit ein, und zwar bei durch Alkali teilweise entesterten Pektinen früher als bei enzymatisch teilweise entesterten Pektinen von gleichem Veresterungsgrad. Das Ausmaß der Kettenspaltung wächst bei abnehmendem Veresterungsgrad, wobei die Entesterungsmethode ebenfalls von Einfluß ist. Enzymatisch entesterte Pektine werden weitgehender gespalten als alkalisch entesterte von gleichem Veresterungsgrad. Bei den enzymatisch hergestellten niederveresterten Pektinen ist das Ausmaß der Hydrolyse der glucosidischen Bindungen durch Pektinase eine umgekehrte lineare Funktion des Methoxylgehaltes zwischen 9,5 und 2,5% Methoxyl und nur vollständig, wenn das Pektin weniger als 2,5% Methoxyl enthält. Bei den mittels Alkali teilweise entesterten Pektinen bleibt zwischen einem Methoxylgehalt zwischen 9,5 und rund 8 das Ausmaß der Hydrolyse zunächst gleich und wird erst dann, wenn etwa 15% der Methoxylgruppen verseift sind, eine inverse lineare Funktion des Methoxylgehaltes. Eine vollständige Hydrolyse zur monomeren Galakturonsäure wurde hier nur erreicht, wenn alle Estergruppen des Pektins entfernt waren. Die Unterschiede beruhen wahrscheinlich auf dem etwas verschiedenartigen Verlauf der Entesterungsmethoden. Jansen und MacDonnell[165] nehmen an, daß die Pektinase mindestens zwei freie benachbarte Carboxylgruppen benötigt, um eine ihnen zugehörige glucosidische Bindung spalten zu können. Die aufs Geradewohl erfolgende Entesterung[161] durch Alkali muß also weiter fortgeschritten sein, bis ein merkliches Anwachsen an benachbarten freien Carboxylgruppen eintritt, als die Entesterung durch Pektase, bei welcher die Methylestergruppen längs der Kette der Reihe nach[77] verseift werden[165].

Die Hydrolyse der Pektinsäure durch Pektinase erfolgt in zwei Stufen. Dem ersten schnellen Stadium der Pektinaseeinwirkung, das bis zu einer 45—50prozentigen Hydrolyse der glucosidischen Bindungen führt, folgt ein zweites, langsameres, in dem die restlichen Bindungen gespalten werden. Die Reaktionsgeschwindigkeit im ersten Stadium ist 15mal größer als im zweiten. Durch Zugabe von halbhydrolysierten Produkten konnte gezeigt werden, daß die Geschwindigkeitsabnahme nicht auf der Hemmung durch die Reaktionsprodukte beruht. Jansen und MacDonnell[165] nehmen an, daß nach 45—50%iger Hydrolyse eine Substanz vorliegt, die eine geringere Affinität zur Pektinase hat, und daß diese Substanz vermutlich eine Digalakturonsäure ist. Die Michaelis-Mentensche Dissoziationskonstante K_m für die erste Stufe war geringer als 0,03% und für die zweite Stufe größer als 1%. In einer neueren Arbeit konnte Matus[342] zeigen, daß der enzymatische Pektinabbau sich nicht als Reaktion erster Ordnung beschreiben läßt. Seine Untersuchungen ergaben, daß ein sehr komplizierter Reaktionsmechanismus vorliegen muß, der bei Substraten von verschiedenem Veresterungsgrad nicht der gleiche ist.

4. pH- und Temperatur-Optima

Die Pektinase ist am wirksamsten in schwach saurem Medium bei pH 3,5—4,2. Am Neutralpunkt ist sie unwirksam und in alkalischer Lösung wird sie gewöhnlich rasch zerstört[24]. Für die in den verschiedenen Ausgangsstoffen vorhandene Pektinase wurden etwas abweichende pH- und Temperatur-Optima gefunden. Das aus Penicillium Ehrlichii gewonnene Enzym arbeitet optimal bei pH 3,5—5 und 55°, oberhalb 60° geht seine Wirksamkeit schnell zurück und durch 15 Minuten langes Erhitzen der Lösung auf 75° wird das Ferment zerstört[226]. Pektinase aus Botrytis besitzt nach Proskurjakow und Ossipow[228] ein pH-Optimum von 4,5 und ein Temperaturoptimum von etwa 37° C, und für Pektinase aus Penicillium chrysogenum gibt Phaff[229] pH 3,7 und etwa 50° als Wirkungsoptimun an. Für Pektinase aus Bakterien, z. B. aus Pseudomonas, wurden in einigen Fällen auch höhere pH-Optima gefunden, z. B. pH 7—8[230, 214].

5. Aktivatoren und Hemmstoffe

Im vorhergehenden Abschnitt wurde bereits besprochen, daß die Pektase infolge der Entesterung des Pektins fördernd auf die Pektinasetätigkeit einwirkt. In Gegenwart von sehr hoher Konzentration an ungereinigter Pektase zeigte sich eine Hemmung, die aber auf inertes Eiweiß zurückzuführen ist. Durch beta-Lactoglobulin konnte diese Hemmung ebenfalls hervorgerufen werden, während gereinigte Pektase auch in hohen Konzentrationen nicht hemmt. Zusatz von Alkalichlorid beschleunigt den enzymatischen Abbau des Pektins. Magnesium-Ionen verursachen in etwa 0,1 molarer Konzentration eine beträchtliche Hemmung[231]), die aber nach Matus[342]) auf eine Aggregation der niederveresterten Pektinmoleküle zurückzuführen ist. Bei Verwendung von hochveresterten Pektinen als Substrat fand Matus eine umso größere Steigerung der Pektinasewirkung, je höher die Wertigkeit des zugesetzten Kations ist. Tannin wirkt nach Mehlitz u. Maaß[232]) hemmend auf die Pektinasewirkung, Weber, Matus u. Schubert[343]) fanden jedoch keine Hemmung durch Tannin. Auch die Hemmung durch Glykokoll, die Otto u. Winkler[147]) beobachteten, konnte durch Matus[342]) nicht bestätigt werden. Durch größere Mengen Formaldehyd wird das Enzym inaktiviert[232]).

6. Pektinase aus höheren Pflanzen, insbesondere aus Tomaten

zeigt nach den Arbeiten von Kertesz[233]) und McColloch[234—236]) einen bemerkenswerten Unterschied in ihrer Wirkungsweise gegenüber der Pilz-Pektinase. Obwohl sie in Tomaten nur in sehr geringer Menge vorhanden ist, vermag sie die darin befindlichen Pektinstoffe, die nach der Verletzung des Gewebes durch die gleichzeitig anwesende Pektase rasch entestert werden, äußerst schnell abzubauen, was bei der Herstellung von Tomatenpürees und -säften sehr unerwünscht ist, da die Pürees an Konsistenz verlieren und bei den Säften infolge der Verringerung der Viskosität suspendierte Trubteilchen sich absetzen.

Während bei der Einwirkung der Pilz-Pektinase auf Pektinsäure die Fähigkeit der Pektinsäure, Calciumpektate zu bilden, relativ langsam abnimmt und bestehen bleibt bis 40—60% der theoretischen Zunahme der reduzierenden Eigenschaften erreicht sind, verschwindet bei der Einwirkung der Tomaten-Pektinase auf Pektinsäure die Fähigkeit, Calciumpektat zu bilden, ziemlich plötzlich (bei pH 4,5 und 30° in 15 Minuten), wenn nur 10—20% der theoretischen Zunahme der reduzierenden Kraft erreicht sind. Die Zunahme der reduzierenden Eigenschaften scheint außerdem bei 50% des theoretischen Wertes aufzuhören. Es ergab sich auch, daß bei der Einwirkung der Pilzpektinase auf Pektinsäure die Fällbarkeit des Pektinsäure-Substrates in 70%igem Alkohol völlig verschwindet, während bei Tomatenpektinase nur ein Verlust der gelartigen Eigenschaften des Fällungsproduktes erfolgt. Durch Pilzpektinase kann dieses Fällungsprodukt weiter hydrolysiert werden. Die Resultate lassen darauf schließen, daß die Pilzpektinase eine relativ langsame aufs Geradewohl erfolgende Spaltung der glucosidischen Bindungen der Pektinsäure bewirkt, die bis zur monomeren Galakturonsäure führt, während die Tomatenpektinase eine schnelle spezifische Depolymerisierung zu niedermolekularen Oligo-Galakturoniden wahrscheinlich zu Pentagalakturonsäure herbeiführt. Dieser Unterschied in der Wirkungsweise bewog Kertesz und McColloch der Tomatenpektinase den Namen „Pektinsäure-Depolymerase" zu geben. Sie wirkt nur auf entestertes Pektin. Ob die im Vergleich zur Pilz-Pektinase etwas andersartige Hydrolyse der glucosidischen Bindungen auf einem besonderen Charakter der Tomatenpektinase (Pektinsäure-Depolymerase) beruht, oder ob sie auf dem Vorhandensein einzelner labiler Bindungen in dem Pektinsäure-Molekül beruht, ist noch nicht entschieden.

Ein weiterer Unterschied der Tomatenpektinase gegenüber der Pilzpektinase besteht in ihrer auffallenden Hitzeresistenz in starken Salzlösungen. Gesättigte Kochsalzextrakte des Enzyms aus mazerierten Tomaten besitzen nach 1stündigem Stehen im kochenden Wasserbad noch 20% ihrer ursprünglichen Aktivität. Beim Erhitzen fällt eine große Menge koaguliertes Protein aus, aber ein hitzeresistenter Faktor bleibt erhalten. Der gegen Hitze empfindliche und der hitzeresistente Faktor des Enzyms zeigen beide ein scharfes Optimum bei pH 4,5 und beide können durch Calcium- und Cupriionen, durch Nacconol (s. S. 157) und durch Natrium-Diäthyldithiocarbamat gehemmt werden. Ca^{++} und Cu^{++} wirken wahrscheinlich durch Blockierung des Substrates hemmend. Die Widerstandsfähigkeit gegen hohe Temperaturen macht es zweifelhaft, ob der resistente Faktor als Enzym im allgemein gebrauchten Sinne des Wortes angesprochen werden kann.

7. Aktivitätsbestimmung

Die Tätigkeit der Pektinase läßt sich an der Viskositätsabnahme von Pektinlösungen, an der Gewichtsabnahme der aus ihnen zu gewinnenden Calciumpektat- und Alkoholfällungen, an der Zunahme der reduzierenden Eigenschaften und an der Abnahme der optischen Drehung der Pektinlösungen verfolgen. Zuverlässige Bestimmungen der Pektinase-Aktivität können nur mit gereinigten pektasefreien Pektinasepräparaten und mit Pektinsäure als Substrat durchgeführt werden[165, 210]. Wegen des Vorliegens nicht völlig reiner Enzympräparate und wegen der früher häufigen Benutzung von Pektin als Substrat können ältere Angaben in der Literatur über die Pektinaseaktivität nicht als absolute Werte genommen werden. Ehrlich[225] benutzte in seinen späteren Arbeiten „Pektolsäure" als Substrat, die eine Art Pektinsäure ist. Matus benutzte die Glykolester der Pektinsäure als Substrat, da diese durch Pektase nicht verseift werden.

Von den oben angeführten Methoden sind nur die Zunahme der reduzierenden Eigenschaften und die Abnahme der optischen Drehung für exakte quantitative Bestimmungen brauchbar. Jansen und MacDonnel[165] führen die Titration der freien Aldehydgruppen nach der modifizierten Hypojoditmethode von Willstätter und Schudel[204,204a] bei 25° C aus:

1 ccm Enzym von geeigneter Verdünnung wird zu 99 ccm Pektinsäure-Lösung bei pH 4 zugegeben. (Die Pektinsäure wurde durch alkalische Verseifung in der Hitze hergestellt.) Die Endkonzentration des Substrates ist 0,5%. Aliquote Mengen von 5 ccm werden in bestimmten Zeitabständen entnommen und zu 0,9 ccm 1 m-Natriumcarbonatlösung in einen mit Glasstopfen verschlossenen Erlenmeyerkolben gegeben. Dann werden 5 ccm einer 0,1 n-Standard-Jodlösung hinzugegeben. Nach genau 20 Minuten langem Stehen wird die Reak-

tionsmischung mit 2 ccm 2 m-Schwefelsäure angesäuert und das übrige Jod mit einer Standard-Thiosulfatlösung titriert.

Die Milliäquivalente der freigemachten, reduzierenden Gruppen werden aus einer Standardkurve entnommen, die nach mit Glucose erhaltenen Werten aufgestellt ist, welche mit Galakturonsäuremonohydrat übereinstimmen. Die Versuchsbedingungen erlauben den Gebrauch des linearen Teiles der Standardkurve. In diesem Bereich entspricht 1 Milliäquivalent reduziertes J_2 0,513 Milliäquivalent in Freiheit gesetzter Aldose. Das Maß für die Pektinase ist die „Pektinaseeinheit", das ist diejenige Enzymmenge, die aus der Pektinsäure 1 Milliäquivalent reduzierende Gruppen pro Minute bei 25° C und pH 4 freimacht[165]).

C. Die Pektase

1. Vorkommen

Die Pektase kommt weit verbreitet in den Früchten, Blättern, Stengeln und Wurzeln höherer Pflanzen vor und wird auch von Pilzen gebildet. Sie findet sich u. a. im Klee, in Luzerne, im Wegerich, Ray-Gras und im Kartoffelkraut, in den Blättern von Flieder, Steckrüben, Mais und Rhabarber, sowie in Stengeln und Blättern von Tabak, in Mohrrüben, in Citrusschalen und in Früchten, wie Tomate, Eierpflanze, Kirsche, Johannisbeere und Weintraube. Die Pektase wurde 1840 von Frémy entdeckt[237]). Bertrand und Mallèvre[238]) wiesen ihre Anwesenheit in 40 verschiedenen Pflanzensäften nach. In Microorganismen ist sie meist von viel, in höheren Pflanzen nur von weniger Pektinase begleitet. In Orangen-Flavedo ist sie nach MacDonnell, Jansen und Lineweaver[239]) frei von Pektinase. Ihr relativer Gehalt (auf feuchte Substanz bezogen) ist im Flavedo, Albedo und in den Zellsäcken von „Navel"-Orangen 1,0; 0,8 und 0,5. In Orangen (ganzen Früchten) wurde mehr gefunden als in Grapefruit und in diesen mehr als in Zitronen[240]).

Pektase-Verteilung in den Blättern (und Schalen) in einer Anzahl von Pflanzen (Holden)

Pflanze	Saft pH	Totale Aktivität i. Saft %	Aktivitätseinheiten*/g bei 20° C	
			Gewebe **	Blatt
Tabak (Nicotiana tabacum)	6,0	5—10	0,078	
Tomaten (Lycopersicum esculentum) . . .	6,0	33	0,063	0,023
Kartoffeln (Solanum tuberosum). . . .	6,2	16	0,069	0,015
Pfefferminz (Mentha piperata)	6,3	17	0,005	0,0016
Steinklee (Melilotus altissima)	8,6	43	0,016	0,014
Kälberkropf Chaerophyllum sylvestre) . .	5,6	9	0,026	0,010
Rhabarber (Rheum raponticum)	4,3	15	0,007	0,0034
Zitronenschalen (Flavedo u. Albedo) . . .			0,062 Einheiten/g Schale	
Orangenschalen (Flavedo u. Albedo) . . .			0,073 Einheiten/g Schale	

* 1 Enzymeinheit ist die Menge, die 1 Millimol Methylalkohol aus Pektin in 1 Minute in 0,1 molarer Phosphatlösung bei pH 8 und 20° C freimacht.
** Gewebe bedeutet den Rest des zerkleinerten Blattgewebes nach Waschen mit destilliertem Wasser und Pressen bis er trocken ist.

Die vorstehende Tabelle von Holden[241], [242], [210]) gibt eine Übersicht über den Pektasegehalt in einigen Pflanzen. Da die Extraktionsbedingungen bei der Bestimmung des Pektasegehaltes von großer Wichtigkeit sind, können ältere Angaben in der Literatur häufig nur als qualitative Bestimmungen gewertet werden.

2. Gewinnung der Pektase

Das geeignetste Ausgangsmaterial für die Pektasegewinnung sind solche Pflanzenteile, die neben viel Pektase wenig oder gar keine Pektinase enthalten. Dies ist bei Orangenflavedo, Tomate und Eierpflanze der Fall[239], [243]). Nach Kertesz[233]) enthalten grüne Tomaten nur verhältnismäßig wenig Pektase, aber vollreife Tomaten sind reich daran und ein besonders günstiges Ausgangsmaterial.

Neuere Arbeiten haben gezeigt, daß die Wahl eines geeigneten pH-Wertes und die Anwesenheit von Salzen bei der Gewinnung des Enzyms eine wichtige Rolle spielen. Willaman und Hills[243]) beobachteten, daß die Pektase bei dem natürlichen pH-Wert 4,2 der Tomaten weniger im Saft, sondern hauptsächlich im Pulp und Zellulosematerial der Frucht sitzt und daß sie daraus durch Erhöhung des pH-Wertes auf 5—7 herausgelöst werden kann. McColloch, Moyer und Kertesz[244]) gelang es, durch Verwendung von 10%iger Natriumchloridlösung als Elutionsmittel, noch bedeutend aktivere Enzympräparate zu erhalten.

Auf Grund ihrer Entdeckung war es Willaman und Hills möglich, entweder durch Elution der Pektase aus dem Zellmaterial bei erhöhtem pH sehr wirksame Pektase-Lösungen herzustellen, oder die Pektase bei dem natürlichen pH des Saftes im Zellmaterial zu belassen, dieses auszupressen und nach Trocknen mit Aceton als sehr wirksames pulverisiertes Enzym-Trockenpräparat zu benutzen.

a) Gewinnung von Pektase-Lösungen aus Tomaten nach Willaman und Hills[243])

Diese Methode wurde bereits in dem Kapitel über niederveresterte Pektine (S. 91) beschrieben. Sie besteht darin, eine beliebige Menge halbreifer Tomaten zu Pulp zu zerkleinern und den Pulp mit Natronlauge oder Alkaliphosphat-Lösung auf etwa pH 6 zu bringen. Nach kurzem Stehen wird durch ein Tuch abgepreßt oder filtriert. Das klare Filtrat ist im Kühlschrank unter Toluol bei pH 5—6 längere Zeit haltbar.

b) Herstellung eines Pektase-Trockenpräparates aus Tomaten nach Willaman und Hills[243])

1470 g halbreife Tomaten werden durch eine Passiermaschine geführt, wobei man etwa 1250 g pulpigen Saft und 220 g Schalen und Samen erhält. Der Saft wird ohne Veränderung des pH in ein Koliertuch und dann in ein Leinentuch gegeben und in einer hydraulischen Presse ausgepreßt. Hierbei erhält man etwa 1192 g klaren Saft, der verworfen wird. Der zurückbleibende Pulp (etwa 58 g) wird dann entwässert durch Rühren mit 180 ccm Aceton, Filtrieren und zweimaliges Wiederholen dieser Behandlung. Nach Ausbreiten auf dem Tisch läßt man ihn über Nacht bei Zimmertemperatur trocknen. Das getrocknete Produkt läßt sich leicht zu Pulver vermahlen. Es wiegt etwa 8,5 g und besitzt 86 Pektase-Einheiten pro Gramm, während der Originalsaft nur etwa 2 Pektaseeinheiten pro Gramm enthält. (Die Pektase-Einheiten wurden nach der Methode von Kertesz, s. S. 157, gemessen.)

Aus dem getrockneten und gemahlenen Pulp kann man eine klare Pektaselösung dadurch erhalten, daß man einen Teil desselben einige Minuten in einer geeigneten Wassermenge suspendiert, das pH mit Natronlauge oder Alkaliphosphatlösung auf etwa pH 6 einstellt und dann die Flüssigkeit von dem Pulp abtrennt. Die Pektase ist in den klaren Extrakt übergegangen.

Auf ganz ähnliche Weise läßt sich Pektase aus den Früchten der Eierpflanze gewinnen.

c) Herstellung von Tomatenpektase nach McColloch, Moyer und Kertesz [244])

Die Autoren beschreiben zwei Methoden zur Herstellung von Pektaselösungen und -trockenpräparaten, die zu weitaus aktiveren Produkten führen als alle anderen bisher angewandten Methoden.

Methode 1: Bei der ersten Methode wird in Anlehnung an das oben beschriebene Verfahren nach Willaman und Hills die Pektase aus dem frischen Tomatenpulp durch Erhöhung des pH auf 8 zunächst eluiert, dann die Feststoffe abzentrifugiert und die pektasehaltige Flüssigkeit durch mehrmaliges Gefrieren konzentriert.

Bei der nachfolgenden Dialyse des Konzentrates gegen destilliertes Wasser entsteht eine Fällung, die in 10%iger Natriumchlorid-Lösung eluiert und von neuem dialysiert wird. Aus 2 Scheffeln (etwa 72,7 Liter) reifer Tomaten wurden durch mehrmalige Elution und Dialyse 12 ccm Lösung erhalten, die 0,8856 g Trockensubstanz enthielten. Die Aktivität dieses Präparates war 146500 Pektase-Einheiten (= Pektin-Methoxylase-Einheiten) pro Gramm Trockensubstanz. Durch Alkoholfällung unter besonderen Vorsichtsmaßregeln konnte hieraus ein Trockenpräparat mit 216000 Pektase-Einheiten pro Gramm Trockensubstanz gewonnen werden.

Da die geschilderte Methode große Tomatenmengen erfordert und sehr zeitraubend ist, soll nur die zweite Methode, die ebenfalls zu einem hochaktiven Präparat führt, näher wiedergegeben werden.

Methode 2: Zunächst wird aus reifen Tomaten durch Zerkleinern in der Hammermühle ein Pulp hergestellt, der eingefroren wird, da das Einfrieren des Tomatengewebes die Filtrierbarkeit und das Ausflocken des Enzymes bei der späteren Dialyse erleichtert. Das gefrorene Material wird aufgetaut und 500ccm davon werden für die Pektasegewinnung benutzt. Von den im aufgetauten Pulp suspendierten Feststoffen wird der Saft durch Absaugen entfernt, wobei etwa 100 g feuchtes Material zurückbleiben. Dieses wird durch Rühren mit 100 ccm 0,05 n-Salzsäure einmal gewaschen und wieder von der Waschflüssigkeit durch Filtrieren getrennt. Die gewaschenen Feststoffe werden dann mit 100 ccm 10%iger Natriumchloridlösung über Nacht bei 30⁰ stehengelassen, wobei die

Pektase in die Lösung übergeht. Danach filtriert man den Extrakt von dem Rückstand ab und extrahiert diesen noch zweimal je 1 Stunde lang mit 10%iger Kochsalzlösung. Die ersten beiden Extrakte werden vereinigt und gegen destilliertes Wasser bis zur Chloridfreiheit dialysiert. Hierbei bildet sich eine Fällung, die abzentrifugiert und durch 4stündiges Stehen in 15 ccm Salzlösung bei 30° wieder aufgelöst wird. Das hierbei Ungelöste wird durch Zentrifugieren entfernt und die klare Lösung wird noch einmal dialysiert, bis sie salzfrei ist. Der bei der Dialyse aufs neue entstehende Niederschlag wird wieder gesammelt und in 1 ccm Salzlösung aufgelöst. Nach Abzentrifugieren des in dem Eluat ungelösten Restes des Niederschlages besitzt man einen klaren Extrakt, der 3060 Pektase-Einheiten pro ccm, 2300 Pektase-Einheiten pro mg Stickstoff und 207000 Pektase-Einheiten pro Gramm Trockensubstanz enthält. Das Konzentrat kann im Vakuum über Phosphorpentoxyd bei Zimmertemperatur ohne bedeutenden Aktivitätsverlust getrocknet werden.

Pithawala und Mitarbeiter [245]) extrahieren die Tomatenpektase mit Phosphatpuffer bei pH 8.

d) Pektase aus Orangenflavedo

wurde von MacDonnell, Jansen und Lineweaver [239]) hergestellt. Der Flavedo kann nahezu ohne Aktivitätsverlust bei 45° getrocknet werden. Die Extraktion geschieht nach ihrem Verfahren in Gegenwart von Borat-Acetatpuffer bei pH 8,2, dann wird das Enzym durch Ammoniumsulfat (Sättigung 0,6) gefällt.

In Abwesenheit von Salzen wird das Enzym in der dialysierten Lösung leicht von negativ geladener Diatomeenerde, z. B. von „Celite"-Filterhilfe adsorbiert und kann daraus mit verdünnter Salzlösung wieder eluiert werden.

e) Die Tabakpektase

wurde von Holden [241]) eingehend studiert. Er adsorbierte das Enzym ebenfalls aus salzfreier Lösung an „Celite" und eluierte es mit 0,2 m-Na_2HPO_4-Lösung, die sich in diesem Falle als geeigneter erwies.

3. Die Wirkung der Pektase

Die Pektase verseift die Methylestergruppen des Pektins unter Abspaltung von Methylalkohol und Bildung von Polygalakturonsäure. Die Verseifung bewirkt also ein Anwachsen des Säuregrades der pektinhaltigen Lösungen. Die Entesterung ist aber nur selten vollständig, ein Restbetrag von 0,5% Methoxyl soll gewöhnlich im Endprodukt verbleiben. Eine Umkehrung der Reaktion, d. h. ein Verestern der Säuregruppen der Polygalakturonsäure durch Pektase, ist bis jetzt nicht gelungen. Äußerlich gibt sich die Wirkung der Pektase auf Pektinlösungen sehr häufig durch Abscheiden eines gallertartigen Niederschlages oder durch Gelierung der ganzen Flüssigkeit zu erkennen. Diese Erscheinung beruht aber auf einer Sekundärreaktion, die darin besteht, daß das entesterte Pektin mit Calcium oder anderen polyvalenten Kationen gelartige Salze bildet. Die Gelierung tritt also nur ein, wenn Calcium oder andere polyvalente Ionen zugegen sind. Sie ist außerdem vom pH der Lösung und von der Pektasekonzen-

154

tration abhängig. Als günstigste Bedingung für die Gelierung wird von Mehlitz[246, 158] Verwendung einer etwa 1,5%igen Pektinlösung, die 0,3% Calciumchlorid enthält, und ein pH von 4,8—5 angegeben. Da die Verseifung der Estergruppen und die Gelbildung nicht unbedingt miteinander verknüpft sein müssen, wird von Kertesz[112b] für das Enzym selbst der Name „Pektinmethoxylase" gebraucht und der Ausdruck „Pektase-Reaktion" nur auf die sichtbare Reaktion der enzymatischen Demethoxylierung mit Gelbildung angewandt. Diese Unterscheidung ist aber nicht allgemein üblich. Von anderen[247] wird die Bezeichnung „Pektinesterase" bevorzugt, um auszudrücken, daß das Enzym eine Esterase ist, und daß anders als esterartig gebundene Methoxylgruppen, z. B. glucosidisch gebundene, von ihm nicht abgespalten werden. Von Hills[161], Schultz[77] u. a. wird die Annahme vertreten, daß die Pektase die Methylestergruppen der Reihe nach längs der Kette verseift und so zu einem ungleichmäßig veresterten Molekül führt.

4. Spezifität

Die Pektase wirkt nicht spezifisch auf Pektin. Auch sehr hochmolekulare Pektinstoffe, wie das Protopektin, werden demethoxyliert, wie die Darstellung der niederveresterten Pektine mit Zitronenpektase in situ zeigt[159]. Andererseits setzt sie auch aus dem löslichen Calciumsalz der Methyl-d-Weinsäure Methylalkohol in Freiheit[248]. Kertesz[112b] untersuchte die Geschwindigkeit der Hydrolyse von verschiedenen Galakturonsäure-Methylestern mit Tomatenpektase und fand, wenn die relative Geschwindigkeit der Demethoxylierung von Pektin = 100% gesetzt wurde, für Polygalakturonsäure-Polymethylester (durch Methylierung erhalten) den Wert von 60% und für α-Methyl-d-Galakturonsäure-Methylester den Wert von 0,01%. Er vermutet, daß die verschiedenen Geschwindigkeiten durch die stabilisierende Wirkung der glucosidisch gebundenen Methoxylgruppen verursacht werden. Natürliche Pektine enthalten davon 0,1 bis 0,3%, der Polymethylester der Polygalakturonsäure 1,5% und der α-Methyl-d-Galakturonsäure-Methylester 12,7%. Lineweaver und Ballou[249] bringen Gegenbeweise gegen diese Erklärung. Der Glykolester der Pektinsäure wird durch Pektase nicht verseift[115b].

5. Eigenschaften

Die Pektasen verschiedener Herkunft sind nicht identisch. Untersuchungen von McColloch u. Kertesz[234] zeigen an, daß die Tomatenpektase sich sehr ähnlich wie die Pektase aus Luzerne und Orangen verhält, daß aber zwischen den Pektasen aus höheren Pflanzen und der Pilz-Pektase so auffallende Unterschiede bestehen, daß es sich wahrscheinlich um zwei verschiedene Enzyme handelt. Für das pH- und Temperaturoptimum der Pektase werden verschiedene Werte angegeben, was nicht nur in der verschiedenen Herkunft, sondern auch in dem Einfluß von Salzen und in den verschiedenen Arten der Aktivitätsbestimmung begründet liegt. Kertesz[112b] mißt die Aktivität von Tomatensaft bei pH 6,2 und 30° durch Titration der Carboxylgruppen und fand bei abnehmendem pH geringere Wirksamkeit und größere Hitzeempfindlichkeit[250]. Für Tabak-Pektase in Abwesenheit von Calciumionen wird von ihm als pH-Optimum 6,5 angegeben (Salzkonzentration wurde nicht bestimmt)[209]). Holden fand für Tabak-Pektase pH 8 als Optimum. Hills und Mottern[251]) geben für Tomaten-Pektase in Gegenwart von 0,05 m-Natriumchloridlösung eine maximale Aktivität bei pH 7,5 an, mit einem breiten Optimum zwischen pH 6—9. (Gleichzeitig auch Optimum der Salzkonzentration.) Orangenschalen-Pektase hat ein pH- und Salzkonzentrations-Optimum bei pH 7,5 und 0,15 m-Natriumchlorid[239]). Luzernen-Pektase[247]) zeichnet sich darin aus, daß sie eine maximale Aktivität über den gesamten Bereich von pH 5,6 (0,15 m-NaCl) bis pH 8 (0,02 m NaCl) zeigt. Die optimale Temperatur, gemessen bei pH 6,5 an Tomaten-Pektase von Hills und Mottern[251]), nahm mit der Versuchszeit ab, wegen der Denaturierung des Enzyms. Für eine Reaktionszeit von 2 Minuten war sie 65°, für eine von 30 Minuten 55° und für eine 1stündige Reaktionszeit war sie 50°. Am stabilsten war das Enzym in wäßriger Lösung bei pH 4, dem natürlichen pH des Tomaten-gewebes. Bei diesem pH kann es bei Zimmertemperatur einige Tage oder bei 0° einige Monate ohne merklichen Verlust aufbewahrt werden. 30 Minuten langes Erwärmen auf 70° bei pH 6,5 inaktiviert es vollständig. Nach Kertesz[250, 234]) wird Tomaten-Pektase bei ihrem natürlichen pH 4,2 durch 1stündiges Erhitzen auf 60° nicht angegriffen. Die Tomaten-Pektase scheint stabiler zu sein als die-jenige aus Citrus-Schalen und aus Luzerne.

Tabak-Pektase ist bei pH 5 und darunter[241]) sehr instabil. Durch 5 Minuten langes Erhitzen auf 80° wird sie inaktiviert. Pektase aus Orangenschalen[239]) verliert bei 56° in 5 Minuten $^2/_3$ ihrer Aktivität. Bei 5° C ist sie am stabilsten bei pH 6—7.

Für Pilz-Pektase werden niedrigere pH-Optima angegeben, so 4,3 für Pektase aus Penicillium chrysogenum[229]). Pektase in „Pektinol A" war bei pH 4,3—4,6 am aktivsten[252]). Bei pH 3,6 war das Temperatur-Optimum für das Pilz-Enzym 50° [229]). Bei pH 5,8—6,0 wird Pilz-Pektase bei einstündigem Erhitzen auf 40° rasch inaktiviert, während Tomaten-Pektase bei dieser Temperatur noch nicht angegriffen wird[234]).

6. Aktivatoren und Hemmstoffe

Die Aktivität der Pektase wird durch Neutralsalze beträchtlich gesteigert[247]) In Gegenwart von 0,2 m monovalenten Kationen oder 0,02 m divalenten Kationen ist sie 30mal größer als ohne dieselben. Lineweaver und Ballou[247]) und Hills und Mottern[251]) zeigten, daß, je höher der pH-Wert im Bereich von 4—8, um so weniger Natriumchlorid nötig ist, um eine bestimmte Aktivität zu erreichen. Für Tomaten-Pektase ergab sich, daß bei pH-Werten unter 7,5, wo die Aktivität geringer oder gar nicht bemerkbar ist, diese durch Vergröße-rung des Natriumchloridzusatzes gesteigert werden kann. Bei Angaben über das pH-Optimum ist also die Salzkonzentration zu berücksichtigen (s. S. 155). Die Erhöhung der Aktivität durch Erhöhung des pH und durch Kationen-zusatz wird von Lineweaver und Ballou[247]) damit erklärt, daß sowohl OH-Ion, als auch Kationen das Enzym aus dem inaktiven Komplex (der aus positiv geladenen Enzym und infolge seiner COOH-Gruppen negativ geladenen Pektin besteht) frei machen, so daß es sich mit den Estergruppen verbinden kann.

Die Anwesenheit von Pektinase hat eine günstige Wirkung auf die Aktivität der Pektase aus Orangenflavedo[231]).

Tomaten-Pektase ist ungewöhnlich resistent gegen zahlreiche chemische Agenzien[234]). Pyridin und Chinolin wirken hemmend. Wenn Pektase von Tomatenpulp desorbiert ist, wird sie durch Äthanol schnell inaktiviert. Bei der Dialyse fällt sie aus, ohne inaktiviert zu werden. 10%ige Seifenlösung und eine Anzahl von Haushaltsreinigungsmitteln, z. B. „Swerl", das ein Alkyl-aryl-Sulfonat unter dem Handelsnamen „Nacconol" enthält, machen die Tomaten-Pektase völlig unwirksam, wahrscheinlich durch Oberflächenwirkung auf das Enzym. Pilz-Pektase ist noch widerstandsfähiger gegen chemische Agenzien. Durch Äthanolfällung wird sie nicht angegriffen. (In der Hitzeverträglichkeit zeigen sie das umgekehrte Verhalten, s. oben.) Bei der Dialyse bleibt Pilz-Pektase in Lösung[234]).

7. Aktivitätsmessung

Die Aktivität der Pektase wurde früher hauptsächlich durch die Zeit bestimmt, die für die Gelbildung in Gegenwart von Calciumionen erforderlich ist[158]). Diese Methode ist aber ungeeignet. Besser, aber etwas umständlich ist es, den freigemachten Methylalkohol zu messen[253, 242, 229]). Auch die Zunahme der Wasserstoffionenkonzentration durch Messung des freigemachten Kohlendioxyds aus Carbonatpuffer im Barcroft-Warburg-Apparat wurde zur Aktivitätsbestimmung vorgeschlagen[254]).

Allgemein gebräuchlich und sehr zufriedenstellend ist die Methode, bei welcher die zunehmende Acidität durch Titration bestimmt wird[112b, 255, 256]).

Unter Zugrundelegung der Methoden von Kertesz[112b]) und Lineweaver und Ballou[247, 249]) führen Hills und Mottern die Aktivitätsbestimmung folgendermaßen aus[251]):

In ein 600 ccm Becherglas werden 200 ccm 1%ige Pektinlösung aus gereinigtem Apfelpektin gegeben, 12,5 ccm 2 m-Natriumchloridlösung, 5 ccm 0,2 m-Natriumoxalatlösung und genügend Wasser, um das Endvolumen (nach Zufügen des Enzyms) auf 500 ccm zu bringen. Das Substrat enthält dann 0,4% Pektin, 0,05 molare Natriumchloridlösung und 0,002 molare Natriumoxalatlösung.

Die Reaktionsmischung wird auf 30° ± 1° gebracht und diese Temperatur im Wasserbad aufrechterhalten. Durch einen kleinen elektrischen Rührer wird sie gerührt und das pH mit einem „Beckmann-pH-Meter" gemessen. Die Enzymlösung wird zugegeben (gewöhnlich 5 ccm) und die Mischung unter Rühren schnell auf pH 7,5 oder schwach darüber titriert. Die Entesterung, die während der Pektasezugabe und während der Neutralisation der Reaktionsmischung eintritt, ist gewöhnlich geringer, als 0,2 ccm 0,5 n-Natronlauge entspricht und kann daher vernachlässigt werden.

Das Meßinstrument wird auf pH 7,5 eingestellt (korrigiert für die pH-Abweichung infolge des Rührens) und mit der Beobachtung der Zeit und des Alkaliverbrauches wird in dem Augenblick angefangen, in dem die Galvanometernadel die 0-Marke der Skala passiert. Das pH wird im Bereich von 0,1 pH-Einheiten durch die tropfenweise Zugabe von 0,5 n-Natronlauge konstant gehalten. Gewöhnlich läßt man die Reaktion fortschreiten bis 3 oder 4 ccm 0,5 n NaOH verbraucht sind. Durch genaueste Messung der verflossenen Zeit und unter Anwendung einer Temperatur-Korrektur (0,4% pro 0,1° Abweichung von 30,0°) ergab sich aus der durchschnittlichen Abweichung mehrerer Bestimmungen eine Genauigkeit der Methode von 0,02 ccm (Abb. 36).

Die Entesterung des Pektins durch Tomatenpektase gehorcht nach Hills und Mottern[251] einer Reaktion 0.-Ordnung für die anfänglichen 40%. Die Beziehung der Enzym-Aktivität zur Substratkonzentration entspricht der Theorie von Michaelis-Menten. Der K_s-Wert von 0,046% ist vergleichbar mit dem für Luzernen-Pektase, aber er unterscheidet sich von dem für Citrus-Pektase. Der Temperatur-Koeffizient (Q_{10}) war nach den gleichen Autoren, 1,52 für den Bereich von 20—30°. Die Arrheniussche Aktivierungsenergie im Bereich von 10—40° war 7280 cal. Speiser[5] berechnete Aktivierungsenergien von 5790 $\pm$ 520 cal. und 7310 $\pm$ 590 cal. für eine Reaktion 0. bzw. 1. Ordnung bei der Entesterung von Apfelpektin durch Tomaten-Pektase. Nach Kertesz[209] folgt die Tabak-Pektase einer Reaktion 1. Ordnung. Der isoelektrische Punkt für Pilz-Pektase wurde beträchtlich unter pH 7 gefunden[218], für Citrus-Pektase über 7[159].

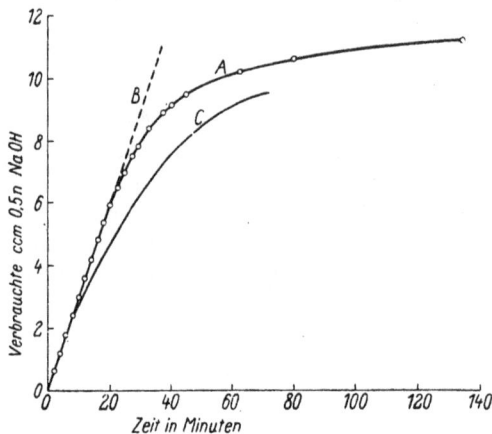

Abb. 36. Typische Kurve der enzymatischen Entesterung
(A = Tomatenpektase, B = Reaktion O = Ordnung, C = I. Ordnung

D. Die Protopektinase

Wie bereits erwähnt, besteht noch keine Sicherheit darüber, ob die Protopektinase, die das unlösliche Protopektin in lösliches Pektin verwandelt, ein selbständiges Enzym ist oder nicht. Sie kommt immer mit der Pektinase gemeinsam vor, von der sie bis heute nicht befreit werden konnte. Eine Herstellung von Pektin aus Protopektin mit Hilfe der Protopektinase konnte noch nicht durchgeführt werden, da die gleichzeitig vorhandene Pektinase das Pektin sofort weiter abbaut. Kertesz[233] sucht einen indirekten Beweis für die Existenz der Protopektinase darin, daß das Protopektin in unreifen Tomaten in lösliche Pektinstoffe übergeführt wird, obgleich in grünen Tomaten keine Pektinase nachgewiesen werden konnte. Eine endgültige Entscheidung zwischen dieser Auffassung, für die schon die Versuche von Davison und Willaman[223] sprechen, und der Ansicht Ehrlichs[225], nach welcher es überflüssig ist, für den Protopektin-Abbau ein eigenes Ferment anzunehmen, konnte jedoch noch nicht getroffen werden.

E. Praktische Bedeutung der Pektinenzyme

Infolge ihrer Fähigkeit, die Pektinsubstanzen anzugreifen oder ganz zu zerstören, spielen die Pektinenzyme in der Praxis in mehrfacher Hinsicht eine wichtige Rolle. Bei der Verarbeitung pektinhaltiger Naturprodukte kann je nach der Art des gewünschten Fertigfabrikates die Anwesenheit einer gewissen Pektinmenge erwünscht oder unerwünscht sein, so daß man sich in dem einen Falle genötigt sieht, die vorhandenen Enzyme zu inaktivieren, im anderen Falle diese zur Beschleunigung des Pektinabbaues zuzusetzen.

1. Bedeutung in der Getränkeindustrie

Eine besondere Bedeutung haben die Pektinenzyme in der Getränkeindustrie bei der Bereitung von Süßmosten, Obstdicksäften und Weinen erlangt [257–259]). Die beim Auspressen der Früchte erhaltenen trüben Süßmoste müssen in den meisten Fällen erst einem Klärprozeß unterworfen werden, da sie dazu neigen, bei längerem Aufbewahren ein Sediment abzuscheiden und der Verbraucher vorwiegend klare Säfte wünscht. Die hartnäckige Trübung in frisch gepreßten Säften ist, wie die gründlichen Untersuchungen von Mehlitz [176, 232, 260, 261]) beweisen, auf die Anwesenheit von Pektin zurückzuführen, das für gröbere Trubteilchen als Schutzkolloid wirkt, d. h. es vermag, selbst wenn es nur in geringer Menge vorhanden ist, eine große Menge gröber disperser Trubteilchen in der Schwebe zu halten.

In einigen Fällen kann man den Saft einer Selbstklärung überlassen, die durch die im Saft natürlich vorhandene Pektase verursacht wird. Durch die Pektase wird das Pektin entestert und in Pektinsäure übergeführt, die mit den im Saft ebenfalls vorhandenen Calcium- oder anderen polyvalenten Metallionen Salze bildet, die sich in Form eines flockigen Niederschlages abscheiden und die groben Trubteilchen, welche hierdurch ihr Schutzkolloid verlieren, ebenfalls zum Absitzen bringen.

Da die Selbstklärung aber von einem günstigen Pektin-Pektase-Verhältnis im Saft abhängt und auch wenn sie zustandekommt, meist viel Zeit beansprucht, ist man dazu übergegangen, die Säfte künstlich zu klären. Neben den chemischen und physikalischen Methoden bedient man sich hierbei in ausgedehntem Maße auch der Filtrationsenzyme, die unter dem Namen ,,Filtragol'' von der Firma Bayer, Leverkusen, und ,,Pectinol'' verschiedener Arten von der Firma Röhm & Haas, Darmstadt (und USA.) in den Handel gebracht werden. Es sind dies durch Züchtung von Penicillium oder Aspergillus-Arten sowie von Mucor und Botrytis gewonnene Myzeltrockenpräparate, die als wirksames Enzym hauptsächlich Pektinase enthalten. Durch die Pektinase wird das Pektin abgebaut, wodurch es ebenfalls seiner Eigenschaft, als Schutzkolloid zu wirken, verlustig geht. Die Viskosität der Säfte sinkt, die suspendierten Trubteilchen setzen sich ab und werden leicht filtrierbar. Ein völliger Abbau des Pektins ist hierfür nicht erforderlich. Tanningehalt der Säfte kann die Pektinasewirkung herabsetzen [232, 343]), schweflige Säure und Natriumbenzoat haben nur geringen Einfluß und wirken nur insofern auf Obstfabrikate konservierend, als sie das Wachstum von Schimmelpilzen verhindern. Bei der

Klärung von verstärkten Weinen (20% Äthylalkohol) wurde eine mäßige Hemmung der Pektinenzyme durch den Alkohol gefunden. Orangenweine erforderten sechsmal soviel Pectinol W als Traubenweine[262].Wäßrige Lösungen von aliphatischen Aminosäuren, z. B. Glykokoll, vermögen nach Otto und Winkler[147] die pektinabbauenden Enzyme in Amylasepräparaten zu inaktivieren, doch scheint dies nicht in allen Fällen zuzutreffen[342].

Neben der Pektinase ist in den Filtrationsenzymen auch mehr oder weniger Pektase vorhanden, welche die Pektinasewirkung günstig beeinflußt. Fish und Dustman[252] fanden in einigen untersuchten Pectinolpräparaten folgende Pektaseaktivität (ausgedrückt als mg OCH_3 in 30 Minuten pro Gramm Enzym, gemessen bei 31° C und pH 4,5):

Pectinol A	4,2
Pectinol 100 D	38,7
zuckerfreies Pectinol A	47,0
zuckerfreies Pectinol A_2	30,6

In den Präparaten sind außerdem noch andere Enzyme vorhanden, die Eiweiß, Cellulose und Hemicellulosen angreifen.

Es ist auch vorgeschlagen worden, die Pektase allein zur Saftklärung zu verwenden, aber Versuche mit Pflanzenpektase zeigten, daß hierbei die Klärung zu viel Zeit beansprucht, z. B. bei Johannisbeersaft 8 Tage und bei Apfelsaft 50 Tage[263]. Als Zusatz zu den im Handel befindlichen Filtrationsenzymen konnte jedoch mit Orangenpektase eine Beschleunigung der Klärung erreicht werden[231]. Bei der Verwendung von Pflanzenpektase als Aktivator ist ihr pH-Optimum zu berücksichtigen, denn die Obstsäfte, deren pH-Wert gewöhnlich zwischen 3 bis 4 liegt, sind für die meisten Pflanzenpektasen zu sauer. Pilz-Pektase, deren Wirkungsoptimum etwa im pH-Bereich der Säfte liegt, könnte die Pektinase beachtlich beschleunigen. In jüngster Zeit berichten Pithawala und Mitarbeiter[245] auch von sehr guten Resultaten in der Saftklärung mit dem in der Tomate vorhandenen Enzymkomplex, bestehend aus Pektase und der für Tomate charakteristischen Form der Pektinase, der Pektinsäuredepolymerase. Da nach Ansicht von McColloch und Kertesz[236] in ihren Präparaten die Pektinsäuredepolymerase schon weitgehend zerstört war, schlagen letztere die Verwendung von durch Kochsalzauszug aus Tomatengewebe bei etwa pH 5 erhaltenen Präparaten vor, in denen beide Enzyme noch wirksam sind. Die Schnelligkeit, mit der der Enzymkomplex zu wirken vermag und die Billigkeit des Ausgangsmaterials können ihm in der Saftklärung vielleicht Bedeutung verschaffen.

Nach Maaß[263a] läßt sich Pektase, d.h. Luzernenpreßsaft, auch zur Eiweißgerinnung in Milch und zur Klärung von Molke verwenden. Der Vorgang wird damit erklärt, daß die Pektase das Pektin des Pflanzensaftes entestert, worauf sich mit den vorhandenen Calciumionen Ca-Pektat bildet, das mit den Eiweißstoffen Adsorptionsreaktionen eingeht und diese zum Ausflocken bringt.

In manchen Fällen beobachtet man auch bei enzymatisch geklärten Säften nach der Sterilisation noch eine Nachtrübung, die häufig auf der späteren Ausscheidung von nur teilweise abgebauten Pektinsubstanzen beruht. Oftmals gelingt es, durch Zugabe von 0,1 bis 1% Pektin nach der Klärung und vor der Hitzebehandlung diese unliebsame Erscheinung zu verhindern[264], [265]). Bei pektinreichen Obstsäften, die zur Weiterverarbeitung auf Sirupe und Obstdicksäfte dienen, ist die Behandlung mit Filtrationsenzymen vor allem deshalb erforderlich, weil die nicht abgebauten Pektinstoffe bei der nachfolgenden Konzentrierung eine Gelierung des Konzentrates herbeiführen würden. Häufig setzt man die Filtrationsenzyme schon vor der Pressung der Säfte zu, um die Saftausbeute zu erhöhen.

Bei einigen Obstsäften, z. B. Grapefruit- und Orangensäften, bei denen eine Klärung nicht wünschenswert ist, muß durch frühzeitige Erhitzung die Wirkung der safteigenen Pektinenzyme — es handelt sich hier wahrscheinlich nur um Pektase — ausgeschaltet werden. Untersuchungen von Joslyn und Sedky[268]) zeigten, daß nach 10 Minuten langem Erhitzen von Orangensaft (pH 4,0 bis 4,2) auf 80° die darin befindlichen Pektinenzyme noch aktiv waren, während sie in Grapefruit-Saft schon nach 5 Minuten inaktiviert waren. Die Pektinenzyme in Zitronensäften waren noch weniger widerstandsfähig. Auf die Schnelligkeit, mit der in diesen Säften die Veränderungen eintreten, wies Loeffler hin[269]).

Bestimmung der pektolytischen Kraft der Filtrationsenzyme

Für die Bestimmung der pektolytischen Kraft der Filtrationsenzyme werden von Mehlitz[261]) Calciumpektatbestimmungen unter Standardbedingungen benutzt. Weber und Deuel[266]) arbeiteten eine viskosimetrische Methode aus und definieren die „Abbauzahl" durch:

$$A = \frac{t_a - t}{t_a - t_o} \cdot 100$$

Darin sind t_o, t_a und t die im Viskosimeter gemessenen Ausflußzeiten, und zwar t_o für pektinfreie Lösung; t_a für Pektinlösung ohne oder mit inaktiviertem Enzym; t für Pektinlösung mit aktivem Enzym nach normierter Einwirkungsdauer. Es muß stets unter Standardbedingungen gearbeitet werden.

Jirak und Niederle[267]) verfolgen den enzymatischen Pektinabbau durch Acetonfällung.

Jones[213]) beschreibt die Herstellung von Pektinnährböden von geeignet hohem pH ohne Zusatz von Zucker zur Untersuchung der pektolytischen Fähigkeit von Bakterien. Verflüssigung des Nährbodens zeigt den Abbau des Pektins an.

2. Bedeutung auf anderen Gebieten

Auch bei Tomatenprodukten, Tomatensäften und -pasten sowie Pürees, ist die Erhaltung der natürlichen Pektinstoffe von Wichtigkeit, da sie diesen ihre Vollmundigkeit bzw. ihre glatte pastenartige Konsistenz verdanken. McColloch und Kertesz[236]) haben nachgewiesen, daß die Zerstörung der Pektinstoffe in den Tomaten auf der Wirkung eines Enzymkomplexes, der Pektase und der pektinaseartigen Pektinsäuredepolymerase beruht. Das letztgenannte Enzym wirkt äußerst schnell und ist auffallend hitzeresistent, vermag aber nur entesterte Pektinstoffe zu zerstören. Für die Herstellung von Tomatenprodukten ergibt sich daraus die Notwendigkeit, durch schnelles und kurzes Erhitzen die Tomatenpektase, welche sofort nach der Zerstörung des Fruchtgewebes wirksam wird, zu inaktivieren. Der Erhitzungsprozeß darf aber nicht zu lange ausgedehnt werden, da hierdurch die Pektinstoffe entestert werden können und dadurch dem späteren Abbau durch die überlebende Pektinsäuredepolymerase verfallen.

Einen wesentlichen Anteil haben die zelleigenen pektinabbauenden Enzyme auch bei der Fermentierung von Kaffee[270]), Kakao und Tabak[271–273]). Daneben spielt bei der Fasergewinnung aus Flachs, Hanf, Jute und Ramie die Zersetzung der Pektinsubstanzen durch Microorganismen eine wichtige Rolle[274–278]). In der Flachsröste oder -rotte werden durch längeres Lagern des Flachses in warmem oder kaltem Wasser günstige Bedingungen für das Bakterienwachstum und für die Enzymwirkung geschaffen. Die Pektinsubstanzen, welche das Fasermaterial mit dem Stengel verkleben, werden so abgebaut und ermöglichen die Trennung der Faserbündel voneinander. Ein Zusatz von Enzympräparaten findet hierbei nicht statt.

Infolge ihrer Eigenschaft, pflanzliches Material anzugreifen, haben die Pektinenzyme auch in der Pharmazie Eingang gefunden. Das Präparat Luizym der Luitpoldwerke München enthält Pektinase und wird bei Verdauungsschwäche gegenüber pflanzlicher Kost angewandt.

Nach Ehrlich[27]) kann mit Hilfe der Pektinenzyme, d. h. der Pektinase aus Penicillium Ehrlichii, auch Galakturonsäure hergestellt werden. Diese enzymatische Darstellung ist einfacher als die saure Hydrolyse. Ehrlich benutzte als Ausgangsmaterial seine ,,Pektolsäure'', eine Form von Pektinsäure. Mottern und Cole[279]), die die Methode verbesserten, nahmen an Stelle von Penicillium Ehrlichii Pectinol und extrahierten die Galakturonsäure aus dem Hydrolysat mit Äthylalkohol. Pigman[280]) wählte zur Extraktion Methylalkohol. Nach Rietz und Maclay[281]) ist es einfacher, als Ausgangsmaterial Apfelpektin zu benutzen. Das Pektin wird bei pH 3,7 mit Pectinol 46 AP bei 30⁰ 10 Tage stehengelassen, das Hydrolysat nach Pigman mit Methanol extrahiert und die Extrakte unter Zugabe von Äthylalkohol im Vakuum konzentriert, bis die Masse kristallisierte. Ausbeute 74%.

Die neueste Methode stammt von Isbell und Frush[282][283]), welche die Natrium-Strontium-, Natriumcalcium- und Calciumsalze der Galakturonsäure am geeignetsten für die Trennung der Galakturonsäure von den Verunreinigungen fanden.

Die Galakturonsäure kann weiter zur Darstellung von Vitamin C benutzt werden[4a]).

Zu analytischen Methoden werden die Pektinenzyme von Letzig[284]) verwendet, der verschiedene Verdickungsmittel, wie Stärke, Gelatine und Pektin, durch ihre verschiedene Empfindlichkeit gegen Fermente (Pankreatin, Filtragol) unterscheidet. Bei diesen Prüfungen ist daran zu denken, daß das Filtragol auch noch andere als nur pektolytische Enzyme enthält.

162

Meade[285]) bestimmt die Pektinstoffe in Äpfeln mit Hilfe von Pectinol A und Isbell und Frush[283]) schlagen vor, die durch Pektinenzyme löslichen Substanzen in Lebensmitteln zu bestimmen.

Wie in dem Kapitel über niederveresterte Pektine bereits beschrieben wurde, dient die Pflanzenpektase (Tomatenpektase oder Citronenpektase in situ) auch zur Darstellung von Pektinen mit niedrigem Veresterungsgrad, die in der Praxis, insbesondere in der Lebensmittelindustrie, vielseitige Verwendung finden.

Zusammenfassungen über die Pektinenzyme finden sich bei Ehrlich[27]), Kertesz[209]), Bock[226]) und Phaff und Joslyn[210]).

VIII. Die Verwendung der Pektine und die Bedeutung ihres natürlichen Vorkommens für die Praxis

Die flüssigen und festen Pektinpräparate des Handels haben in zahlreichen Industrie- und Gewerbezweigen, in der Wissenschaft und im Haushalt ausgedehnte und vielfältige Anwendungsmöglichkeiten gefunden. Dies gilt sowohl für die seit einigen Jahrzehnten als Gelier- und Verdickungsmittel unentbehrlich gewordenen hochveresterten Pektine, als auch für die niederveresterten Pektine, die Pektinsäure und die Pektate, welche dem praktischen Gebrauch erst in jüngerer Zeit zugeführt worden sind. Die Verwendungsgebiete dieser nahe verwandten Erzeugnisse der Pektinindustrie, die sich in vielem decken, häufig aber auch unterscheiden und dadurch ergänzen, sollen im folgenden getrennt voneinander besprochen werden.

A. Die hochveresterten Pektine

1. In der Marmeladen-, Gelee- und Konfitürenerzeugung

Ihre größte Bedeutung erlangten die hochveresterten Pektine auf dem Gebiet der Lebensmittelindustrie und hier vor allem bei der Marmeladen-, Gelee- und Konfitürenerzeugung, welche sich erst durch die Verwendung des Pektins zu dem selbständigen und beachtlichen Industriezweig entwickeln konnte, den sie heute in unserem Wirtschaftsleben einnimmt. Während man früher bei dem oft nur geringen natürlichen Pektingehalt der Fruchtsäfte und -pulpen an sehr lange Eindickungszeiten gebunden war, durch welche Geschmack und Farbe beeinträchtigt wurden, der Vitamingehalt zerstört wurde, und die Menge des Fertigerzeugnisses erheblich geringer ausfiel, gelingt es heute, durch Pektinzusatz die Gelierkraft so zu steigern, daß in kürzester Zeit ein an Qualität und Ausbeute überlegenes Produkt erhalten werden kann. Von der volkswirtschaftlichen Seite betrachtet, ist es sehr wesentlich, daß nicht nur durch den abgekürzten Kochprozeß, sondern auch durch die Möglichkeit, weniger gelierfähige Früchte zu verwenden, bedeutende Mengen an wertvollem Obst vor dem Verderb bewahrt und der Volksernährung zugeführt werden können. Besonders günstig ist es, daß sich bei der Verwendung von Apfel- und Citruspektin diese Vorteile durch Zugabe obsteigener Stoffe erzielen lassen, ohne einen Fremdkörper in das fruchthaltige Nahrungsmittel hineinzubringen. In der deutschen Marmeladenindustrie kommen hauptsächlich flüssige Pektine, die in großen Gebinden von den Pektinfabriken bezogen werden, zur Verwendung. Stellenweise werden auch Geliersäfte aus eigenen Mostereien benutzt.

Die Zusammensetzung der Pektine und Geliersäfte, sowie die Rezeptur der mit ihrer Hilfe bereiteten Konfitüren, Marmeladen und Gelees, die hier nur kurz gestreift werden kann, ist durch die Verordnung über Obsterzeugnisse vom 15. 7. 1933 geregelt. Durch die Mangelerscheinungen der vergangenen Kriegs- und Nachkriegsjahre konnten die für den gewerblichen Verkehr geltenden Bestimmungen nicht mehr streng eingehalten werden. Man war genötigt, sowohl für den Fruchtanteil, als auch für das mangelnde Obstpektin zu Streckungs- mitteln zu greifen und teilweise auch andere, als die bisher zugelassenen Säuren zu verwenden. Während das Rübenpektin, das in Deutschland zu einem gelier- fähigen Produkt entwickelt wurde, vorläufig noch als guter Ersatz für das Obstpektin gelten kann, sind andere als Gelier- und Verdickungsmittel be- nutzte Ausweichstoffe, wie ausgelaugte Zuckerrübenschnitzel, die als „Rüben- pektinpulp" auf den Markt kamen, oder Gelierpulver aus zermahlenen Trestern, als Fremdstoffe in der Marmelade abzulehnen. Mit der Rückkehr zu normalen Wirtschaftsverhältnissen ist man bestrebt, neben der „Gemischten Marmelade", die noch Ausweichstoffe enthalten darf, soweit wie möglich wieder Qualitäts- marmeladen auf den Markt zu bringen, deren Rezeptur sich nach der obenge- nannten Verordnung über Obsterzeugnisse richtet.

Nach den Begriffsbestimmungen der Obstverordnung sind Obstkonfitüren (Jams) aus einer Obstart hergestellte dickbreiig-stückige, streichfähige Zube- reitungen, die in der Regel im fertigen Erzeugnis Obststücke erkennen lassen. Sie werden durch Einkochen von unzerteiltem oder in Stücke geschnittenem, frischem oder frisch erhaltenem, entkerntem oder entsteintem Obstfruchtfleisch oder von Obstpulpe einer Obstart und technisch reinem weißem Verbrauchs- zucker (Saccharose) hergestellt. Zur Einwaage sollen auf mindestens 45 Teile Obstfruchtfleisch höchstens 55 Teile Verbrauchszucker, bei Obstkonfitüren aus Citrusfrüchten auf mindestens 30 Teile Obstfruchtfleisch, höchstens 70 Teile Verbrauchszucker verwendet werden.

Obstkonfitüren werden auch unter Verwendung von ungeschältem Obst, einer geringen Menge Obstpektin oder Obstgeliersaft, Stärkesirup, Weinsäure oder Milchsäure hergestellt. Sie werden mit dem Namen der verwendeten Obstart bezeichnet. Die zur Gelierung zugesetzte Menge Pektin darf nicht mehr als 0,3% (berechnet als Ca-Pektat und bezogen auf das Fertigerzeugnis) betragen. An zugesetzter Weinsäure oder Milchsäure dürfen nicht mehr als 0,5% ent- halten sein. Findet ein Zusatz von Stärkesirup statt, so dürfen nicht mehr als 5% ohne Kenntlichmachung verwendet werden; mit Kenntlichmachung bis zu 12%. Der Höchstwassergehalt des Fertigerzeugnisses ist 35%.

Die gesetzlichen Bestimmungen für Pektine und Geliersäfte finden sich auf Seite 188. (Bezüglich des Pektinzusatzes zu Obstkonfitüren, Einfruchtmarme- laden, Mehrfruchtmarmeladen, gemischten Marmeladen und Obstgelees siehe auch Runderlaß des RM. d. I. vom 29. 12. 1938 Seite 192.)

„Marmeladen sind dickbreiige, streichfähige Zubereitungen, die durch Ein- kochen von frischem oder frisch erhaltenem, entkerntem oder entsteintem Obstfruchtfleisch oder von Obstpulpe oder Obstmark und technisch reinem, weißem Verbrauchszucker (Saccharose) hergestellt sind." — „Marmeladen wer- den auch unter Verwendung von ungeschältem Obst, einer geringen Menge

Obstpektin oder Obstgeliersaft, Stärkesirup, Weinsäure oder Milchsäure, Aprikosenmarmelade auch unter Verwendung von getrockneten Aprikosen hergestellt.''

Einfruchtmarmeladen. Mengenverhältnisse der Einwaage wie bei Obstkonfitüren: auf mindestens 45 Teile Obstfruchtfleisch höchstens 55 Teile Verbrauchszucker. Pektinzusatz höchstens 0,3% (berechnet als Ca-Pektat und bezogen auf das Fertigerzeugnis). Wein- und Milchsäure höchstens 0,5%. Stärkesirup höchstens 5%, bei Kenntlichmachung 12%. Höchstwassergehalt 35%.

Den Verordnungen zufolge hat ein Obstkonfitüren- oder Einfruchtmarmeladenrezept folgende Zusammensetzung. Trockensubstanz berechnet aus Fruchtmark von 10% Trockensubstanz als Beispiel:

	enthaltene Trockensubstanz
50 kg Fruchtmark oder -pulp	5,00 kg
60 kg Zucker	60,00 kg
8,5 kg Pektinextrakt (etwa 3,5% Pektin als Ca-Pektat enthaltend)	0,85 kg
118,5 kg Einwaage	65,85 kg

Der Säurezusatz richtet sich nach der verwendeten Frucht. Gewöhnlich werden 100 bis 150 g Wein- oder Milchsäure zugegeben.

Bei 65% Trockensubstanz (Wassergehalt 35%) im Fertigprodukt beträgt die Ausbeute etwa 101 kg. Der Pektinzusatz, berechnet als Calciumpektat und bezogen auf die fertige Konfitüre bzw. Marmelade, beträgt rund 0,3%.

Obstkonfitüre oder Einfruchtmarmelade mit 5% Stärkesirup.

	enthaltene Trockensubstanz
50 kg Fruchtmark oder -pulp	5,00 kg
56 kg Zucker	56,00 kg
5 kg Stärkesirup	4,00 kg
8,5 kg Pektinextrakt	0,85 kg
119,5 kg Einwaage	65,85 kg

Ausbeute bei 65% Trockensubstanz (Wassergehalt 35%) wie oben etwa 101 kg.

Mehrfruchtmarmeladen sind aus 2 bis höchstens 4 verschiedenen Obstarten hergestellt. Unter Verwendung von Äpfeln oder Birnen oder von beiden Früchten zusammen hergestellte Mehrfruchtmarmeladen enthalten vom Obstanteil der Einwaage höchstens 40 Hundertteile an Äpfeln oder Birnen oder an beiden Früchten zusammen. Mehrfruchtmarmeladen werden mit dem Namen der verwendeten Obstarten bezeichnet. Zur Einwaage werden auf mindestens 25 Teile Obstfruchtfleisch höchstens 55 Teile Verbrauchszucker verwendet. Der Pektinzusatz darf höher sein als bei Obstkonfitüren und Einfruchtmarmeladen, und zwar 0,5% (berechnet als Ca-Pektat und bezogen auf das Fertigerzeugnis), das bedeutet, daß man bei Verwendung von Pektinextrakt mit einem Gehalt von etwa 3,5% Ca-Pektat auf 100 kg fertige Mehrfruchtmarmelade 14 kg handelsüblichen Pektinextrakt zusetzen darf. Bei Verwendung von gut gelierendem Apfelmark kommt man aber mit bedeutend weniger aus. An Stärkesirup dürfen ohne Kenntlichmachung bis zu 12% verwendet werden. Der Höchstwassergehalt für Mehrfruchtmarmelade beträgt 42%.

Als Beispiel für Mehrfruchtmarmelade sei folgendes Rezept angegeben[177]):

		enthaltene Trockensubstanz
25 kg	Apfelmark	2,50 kg
15 kg	Erdbeermark	1,50 kg
5 kg	Himbeermark	0,50 kg
5 kg	Johannisbeermark	0,50 kg
52 kg	Zucker	52,00 kg
8,5 kg	Pektinextrakt	0,85 kg
110,5 kg	Einwaage	57,85 kg

Bei 58% Trockensubstanz (Wassergehalt 42%) beträgt die Ausbeute rund 100 kg.

Neben diesen Marmeladen von guter Qualität wurde auf Grund des Obstmangels der vergangenen Jahre noch eine gemischte Marmelade gestattet, die nach den Bayer. Leitsätzen vom 3. 4. 1948 zubereitet sein muß. Ihr Obstanteil gliedert sich in Edelfrucht, Zwischenfrucht und Grundfrucht. Der in dieser Marmelade erlaubte Zusatz von Rhabarber, grünen Tomaten oder auch Zuckerrübenmark hat bei dem heutigen Überschuß an gutem Obst seine innere Berechtigung verloren und muß als von den Verhältnissen überholt angesehen werden. In bezug auf den gleichzeitig erlaubten Zusatz an Wildfrüchten ist eine Erweiterung der Obstverordnung vorgeschlagen worden. Der Zuckerzusatz in dieser Marmelade muß 55,6% betragen, der Extraktgehalt muß mindestens 60% gemäß der Refraktometeranzeige sein. Höchster Pektinzusatz ist 12% flüssiges Pektin auf das Fertigerzeugnis berechnet. Die letztgenannte Marmelade stellt nur eine einfache Konsummarmelade dar.

Die Zubereitung der Konfitüren und Marmeladen erfolgt in der Weise, daß man die Obstpulpe oder das Mark zunächst in offenen flachen Kesseln aus Kupfer, Aluminium oder rostfreiem Stahl mit Dampfmantel unter ständigem Rühren zum Kochen bringt, dann die Hälfte des Zuckers zusetzt und gut durchkocht. Darauf wird der restliche Zucker zugesetzt und unter Rühren weiter eingedampft, bis die nötige Konsistenz erreicht ist. Dann wird Farbe und Pektin zugegeben, der Dampf abgestellt und zuletzt die Säure zugefügt (gewöhnlich 100—150 g Wein- oder Milchsäure auf etwa 100 kg Marmelade). Die fertige Masse wird heiß bei etwa 80° abgefüllt. In manchen Betrieben finden auch Vakuumkocher Verwendung, über deren Vor- und Nachteile die Meinungen noch auseinander gehen.

Neuerdings wurde in Amerika, in der Pennsylvania Sugar Company, Philadelphia, Pa.[285a]), auch ein Verfahren entwickelt, die Herstellung von Konfitüren, Marmeladen und Gelees in einem kontinuierlichen Prozeß durchzuführen, der sich allerdings nur für Großbetriebe wirtschaftlich lohnt. Im Gang dieses Prozesses wird die Fruchtpulpe bzw. der Fruchtsaft von einem Vorwärmer, dessen Temperatur 60° C beträgt, in einen Lösungs- und Mischungstank überführt, in welchem bei der gleichen Temperatur Zucker und gegebenenfalls Sirup zugegeben werden. Die Mischung wird dann von einem Vakuumverdampfer übernommen, durch welchen das Gut bei etwa 51,7° C mittels eines beheizten Rührwerkes hindurchbewegt und hierbei konzentriert wird. Die steigende Konzentration kann hierbei fortlaufend gemessen und der Zeitpunkt für die Pektinzugabe bestimmt werden. Von hier aus fließt das mit dem Pektin versetzte Gut in einen Inversionstank, in welchem es rasch auf 82° C erhitzt wird, um die Inversion des Rohrzuckers und die Sterilisation herbeizuführen und gleichzeitig die für das Abfüllen nötige Fließbarkeit des Produktes zu erreichen. Im Inversionstank erfolgt auch die Säurezugabe und bei der Herstellung von Gelees das Abschäumen der koagulierten Eiweißstoffe. Von einem Lagertank am Ende des Fabrikationsganges erfolgt dann das Abfüllen des fertigen Produktes. Der Vorzug dieses kontinuierlichen Prozesses besteht darin, daß die Temperatur bis zum Inversionstank 60° C nicht überschreitet und daß die einzelnen Arbeitsgänge getrennt voneinander vorgenommen werden können, wodurch sich die für jeden Arbeitsgang günstigsten Bedingungen einstellen lassen. Damit werden Farbe, Aroma und Gelierkraft weitergehend geschont als bei den sonst üblichen Verfahren.

Der Endpunkt der Kochung wird durch die „Lappenprobe", durch das Gewicht, durch den Meßstab, durch das Thermometer oder am schnellsten mit Hilfe des Refraktometers bestimmt.

Als günstigster pH-Bereich für das Gelieren der Konfitüren und Marmeladen gelten allgemein pH-Werte von 2,9 bis 3,1. Des öfteren wurde jedoch beobachtet, daß das zu einer guten und festen Gelierung von Obstkonfitüre oder Marmelade erforderliche pH nicht mit jenem identisch ist, das eine gute und feste Gelierung in einem reinen, nur mit Pektin, Wasser, Zucker und Säure zubereiteten Pektingel bewirkt. Durch die Art und das Alter der verwendeten Früchte treten Verschiebungen auf, die in den verschiedenen Faktoren, welche das pH-Optimum beeinflussen (Methoxylgehalt des Pektins, Anwesenheit von Salzen usw.) ihre Erklärung finden. In einer neueren Arbeit hat Cameron[286]) für jeden Jamtyp einen bestimmten pH-Bereich, innerhalb dessen Gelierung stattfindet, und einen pH-Wert, bei dem maximale Gelierung eintritt, festgestellt. Die von Cameron erhaltenen Werte sind nachstehend wiedergegeben:

Jamtyp	pH-Bereich	pH-Optimum
Aprikosen, Reineclauden, Damascener, Zwetschgen . . .	3,2—3,5	3,35
Apfel und Damascener, Apfel und Zwetschgen	3,2—3,5	3,35
Apfel und Himbeere.	3,4—3,5	3,40
Orangenmarmelade	3,4—3,5	3,40
Stachelbeere	3,4—3,5	3,40
Schwarze Johannisbeeren	3,4—3,6	3,50
Samenlose Brombeeren	3,4—3,6	3,50
Himbeeren.	3,5—3,7	3,60
Himbeeren und rote Johannisbeeren.	3,5—3,7	3,60
Erdbeeren	3,70	3,70

Auch der Einfluß von Puffersalzen auf die Jamgelierung, auf den hier nicht näher eingegangen werden kann, wurde in der erwähnten Arbeit von Cameron untersucht.

In diesem Zusammenhang sei noch auf eine Arbeit von Berlingozzi u. Testoni[286a]) hingewiesen, welche fanden, daß die Inversion des Rohrzuckers durch Pektin gehemmt wird. Die hemmende Wirkung wird mit zunehmender Temperatur geringer und nimmt mit der Konzentration der Zuckerlösung zu.

Kaltgelees und Kaltkonfitüren. Es ist bekannt, daß sich auch ohne Kochen durch sogenanntes „Kaltrühren" aus Pektinen oder pektinreichen Früchten Gelees herstellen lassen. In einer neueren Arbeit von Johnson und Boggs[287]) werden zwei neuartige gelierte Obsterzeugnisse (Gelees und Konfitüren) beschrieben, welche bei Zimmertemperatur (21—24° C) unter Pektinzusatz bereitet werden und in hohem Grade den frischen Geschmack, die natürliche Farbe und den Vitamingehalt der reifen frischen Früchte besitzen. Wenn man sie nicht zum baldigen Genuß verwenden will, kann man sie durch Einfrieren viele Monate lang ohne Qualitätsverlust aufbewahren. Zur Herstellung eignen sich alle Früchte, die einen pH-Wert von 3 besitzen und solche, die durch Zugabe von Fruchtsäure auf diesen pH-Wert eingestellt werden können. Man verwendet am besten 185grädiges Citrus-Trockenpektin. Bei nur 150grädigem Citruspektin muß entsprechend mehr genommen werden. Bei Apfel-Trockenpektin, das schwerer zu dispergieren ist, ist eine längere Mischzeit nötig.

Die Herstellung geschieht auf folgende Weise (in den Klammern ist ein Beispiel für die Berechnung der Mischungsverhältnisse angegeben).

1. Man mißt mit dem Refraktometer den Extraktgehalt des frischen Fruchtpürees oder -saftes, bestimmt mit einem pH-Meßgerät den pH-Wert und stellt ihn, wenn er höher als 3 ist, durch Zugabe von Fruchtsäure auf 3 ein (z. B. 2000 g Himbeerpüree, Extraktgehalt 10%, pH 3).

2. Man berechnet die Zuckermenge, die man zur Herstellung der Konfitüre oder des Gelees braucht, nach folgender Formel:

$$x = \frac{56{,}5 - EG}{43{,}5} \cdot y$$

x = Gesamtgewicht des zuzufügenden Zuckers
y = Gewicht des Fruchtpürees
EG = Extraktgehalt des Fruchtpürees, bestimmt mit dem Abbé-Refraktometer unter Verwendung der Rohrzuckerskala.

(Beispiel: $\dfrac{56{,}5 - 10}{43{,}5} \cdot 2000 = x = $ rund 2138 g Zucker.)

Die Zuckermenge wird abgewogen.

3. Das Püree oder der Saft wird im Verhältnis 60:40 in 2 Portionen geteilt (z. B. 1200 g und 800 g).

4. Man nimmt schnell erstarrendes 185- bis 200grädiges Citruspektin, ungefähr 0,45% vom Gewicht des Endproduktes (Püree + Zucker = 4138 g; Pektinmenge rund 18 g) und mischt das Pektin mit seinem 8—10fachen Gewicht an Zucker, der von der oben abgewogenen Zuckermenge genommen wird (z. B. 180 g Zucker). Von der 60%-Portion nimmt man einen dieser Zuckermenge gleichen Betrag an Püree oder Fruchtsaft und gibt ihn zu der Zucker-Pektin-Mischung (z. B. von den 1200 g Püree 180 g Püree zu der Zucker-Pektin-Mischung). Die Mischung wird gerührt, bis der gesamte Zucker aufgelöst ist.

Hierdurch wird die Dispergierung unterstützt, die Teilchen werden ohne viel Aufschwellung durchfeuchtet. Die konzentrierte Pektinmischung wird dann zu dem Rest der 60%-Püree- oder Saft-Portion (z. B. zu den 1020 g) langsam zugefügt und 20 bis 30 Minuten mit einem mechanischen Rührer, der keine Luft in die Mischung schlägt, gemischt. Der Extraktgehalt sollte an diesem Punkt 25% nicht überschreiten. Eine höhere Zuckerkonzentration stört die richtige Auflösung des Pektins.

5. Zu der 40%-Portion des Pürees oder Saftes fügt man diejenige Menge Zucker zu, die nötig ist, um den Endgehalt an Extraktstoffen auf 56,5 bis 57% zu bringen, d. h. den Rest des Zuckers (z. B. zu 800 g Püree 1958 g Zucker). Hierbei löst sich der größte Teil des Zuckers.

6. Diese Mischung wird zu der Pektin enthaltenden 60%-Portion hinzugefügt, dann rührt man weiter, bis sich aller Zucker aufgelöst hat, und bis die Mischung der beiden Portionen gleichförmig ist, was etwa 5 Minuten dauert.

7. Die Ware wird in dick gewachste Papierbehälter von etwa 190 g oder größer gefüllt und dann stehengelassen, bis sie richtig geliert ist, was etwa 20 bis 24 Stunden dauert.

8. Die gelierte Ware wird bei —18⁰ C oder tiefer gelagert.

An Stelle von Zucker kann man auch Glyzerin zur Auflösung des Pektins nehmen, was einfacher ist. Man verfährt dann so, daß man nach Berechnung des zu verwendenden Zuckers und Teilen des Pürees oder Saftes in die beiden Portionen 60:40 (in 1200 und 800 g), die Pektinmenge, wie in Schritt 4 beschrieben, berechnet und sie mit dem 2,5- bis 2,6fachen ihres Gewichtes an Glyzerin vermischt (z. B. 18 g Trockenpektin mit 47 g Glyzerin) und dann die Pektin-Glyzerin-Mischung langsam zu der 60%-Püree- oder Saftportion (z. B. zu den 1200 g Püree) zufügt und 20—30 Minuten rührt.

Schritt 5 wird dann so ausgeführt, daß man von der berechneten Gesamtmenge des Zuckers, die Menge des verwendeten Glyzerins abzieht und die resultierende Zuckermenge zu der 40%-Portion des Pürees oder Saftes zugibt (z. B. 2138 g Zucker — 47g = 2091 g Zucker. Diese 2091 g Zucker gibt man zu 800 g Püree). Schritt 6, 7 und 8 wie oben.

Auch Deuel und Eggenberger[347]) zeigten neuerdings, daß sich mit 0,40 % Pektin (Veresterungsgrad 75 %) 46 % Rohrzucker und 0,32 % Weinsäure brauchbare Gelees auf kaltem Wege herstellen lassen. Bei einer Herstellungstemperatur von 24⁰ erhielten sie die höchsten Gelfestigkeiten. Mit dem Absinken der Herstellungstemperatur unter 20⁰ nahm die Gelfestigkeit stark ab, desgleichen mit der Abnahme des Veresterungsgrades des Pektins.

Für die Gelee- und Marmeladenbereitung im Haushalt werden von der deutschen Pektinindustrie flüssige Pektine, wie z. B. das wohlbekannte Apfelpektin „Opekta", unter Beifügung erprobter Rezepte auf den Markt gebracht. Nachstehend finden sich zwei Einheitsrezepte der Opekta-Gesellschaft m.b.H. (Köln-Riehl) für die Gelee- und Marmeladenkochung im Haushalt. (Die Opekta-Gesellschaft stellt jedem Interessenten auf Wunsch ein Büchlein mit vielen erprobten Rezepten zur Verfügung.)

Einheits-Marmeladenrezept.

Zu verwendende Früchte: Aprikosen, Blaubeeren, Brombeeren, Heidelbeeren, Himbeeren, Mirabellen, Pfirsiche, Pflaumen, Reineclauden, Sauerkirschen (Weichsel), reife Stachelbeeren, Waldbeeren, Zwetschgen.

2 kg gereinigte Früchte (entkernt gewogen)
2 kg Zucker
1 Flasche Opekta (230 g)
bei süßen Früchten Saft einer Zitrone.

Gelee-Einheitsrezept.

1 ¼ Liter Saft
1 ½ kg Zucker
1 Flasche Opekta (230 g)
bei süßen Früchten Saft einer Zitrone.

Man mischt die zerkleinerten Früchte bzw. den Saft mit dem Zucker, erhitzt bis zum brausenden Kochen, kocht 10 Minuten bei starker Flamme unter Rühren und gibt dann das Opekta und eventuell den Zitronensaft zu und läßt nochmals kurz 4—5 Sekunden aufwallen. Heiß abfüllen und Gläser sofort verschließen.

2. Pektin in der Getränkeindustrie

Welche wichtige Rolle die natürlich vorkommenden Pektine infolge ihrer trubstabilisierenden Wirkung in der Getränkeindustrie spielen, wurde schon in dem Kapitel über Pektinenzyme geschildert. Es wurde auch schon erwähnt, daß geklärte Säfte vor der Pasteurisierung oftmals eines Zusatzes von 0,1—1% Pektin bedürfen, um Nachtrübung und Sedimentieren während der Lagerung zu verhindern. Besonders in Zitronen, Orangen und Grapefruitsäften, deren Wohlgeschmack zum großen Teil auf den darin enthaltenen Fruchtfleischflocken beruht, ist häufig ein Pektinzusatz vonnöten, um die gleichmäßige Suspension der Fruchtteilchen auch während längerer Lagerungszeit zu erhalten. Nach einer Arbeit von Marshall, die sich über längere Versuchszeiten erstreckte, besteht bei enzymatisch geklärtem Apfelsaft, wenn er 30 Tage nach der Verpackung in den Verbrauch geht, kein Grund, Pektin anzuwenden, desgleichen nicht, wenn er in Büchsen oder in braunen Flaschen abgefüllt wird, da das Sediment am Boden sitzt. Wird der Saft aber in klare Glasflaschen gefüllt, so empfiehlt es sich, 4—8 ccm nicht angesäuertes, stärkefreies, flüssiges 50grädiges Apfelpektin auf 10 Liter Saft vor der Flashpasteurisierung zuzugeben. Lagerzeit 7—11 Monate.

Da man durch die Anwesenheit von Pektin auch den Kristallisiervorgang beeinflussen kann, werden Trauben- und Zitronensäfte und insbesondere Fruchtsaftkonzentrate häufig mit Pektin versetzt, um das Auskristallisieren von Fruchtsäurekristallen zu verhindern[293].

Auch zu Sprudelgetränken werden geringe Pektinmengen zugegeben, um ihre Viskosität zu erhöhen und den Geschmack abzurunden.

3. In der Konservenindustrie

Wie wertvoll die Erhaltung der natürlichen Pektinstoffe ist, geht auch aus den zahlreichen Arbeiten hervor, welche der Behandlung von Obstkonserven oder Obsthalbfabrikaten gewidmet sind. Infolge der Schädigung der Pektinstoffe der Mittellamelle, die für den Zusammenhang des Zellgewebes wichtig sind, tritt bei der Konservenherstellung oder bei der Lagerung der Fabrikate häufig ein sehr unerwünschtes Erweichen der Früchte ein, das ihren Verkaufswert beträchtlich herabsetzt. Durch Zusatz von Calciumsalzen, die die Bildung von Calciumpektat bewirken, ist es gelungen, eingedosten Äpfeln, Erdbeeren und Tomaten erhöhte Festigkeit zu verleihen[288-292]). Auch bei rohen, in schwefliger Säure gelagerten Apfelschnitten, die für die Marmeladenbereitung dienen, findet Zusatz von Calcium-Salzen zur Aufgußflüssigkeit statt, um das Halbfabrikat auf dem langen Transport vor dem Zerfall zu bewahren.

4. In der Konditorei

In der Konditorei hat sich der Gebrauch des Pektins für mancherlei Zwecke sehr nützlich erwiesen. So ist es heute allgemein üblich geworden, Pektin für die Bereitung von Geleedecken auf Obsttorten zu verwenden, anstatt, wie früher, hierfür Gelatine oder Agar-Agar zu benutzen. Man erhält hierdurch nicht nur ein dem obsthaltigen Lebensmittel entsprechenderes Produkt von besserem Geschmack, besserer Haltbarkeit und Bekömmlichkeit, sondern setzt auch, verglichen mit Agar-Agar, ein einheimisches Erzeugnis an Stelle eines teuren Einfuhrartikels.

Das Pektin kann für diesen Zweck auch im Kleinhandel in Pulverform mit Zucker vermischt, z. B. in den Opekta-Beuteln[294]) mit dem Aufdruck „Kristall-klarer Überguß auf Obsttorten", gekauft werden. In den Konditoreien stellt man aus dem Trockenpektin, z. B. „Pomosin TG"[294]), mit kochendem Wasser oder Fruchtsaft unter Zusatz von Zucker eine flüssige Vorratsmasse her, die in verschlossenen Glas- oder Steingutgefäßen in der Kälte 8—14 Tage haltbar ist. Im Bedarfsfall kann man daraus ohne erneutes Erwärmen lediglich durch Zufügen von Säure, die der Pomosin TG-Packung in kristallisierter Form extra beigegeben ist und in Wasser gelöst wird, in etwa 3 Minuten eine klare Geleedecke auf einer Obsttorte erzeugen. Der Inhalt einer 440 g enthaltenden „Pomosin TG"-Packung reicht nach Auflösen in 2½ Liter Wasser und Zusatz von 3½ kg Weißzucker ungefähr für 30 Obsttorten aus.

Daneben wird das Pektin auch zur Herstellung von Kremen und Schaummassen, z. B. Merengen, verwendet. Für die Bereitung von Krem löst man nach der Anwendungsvorschrift 220 g „Pomosin TG" in 1¼ Liter kochend heißem Wasser, gibt 1250 g Weißzucker oder 1250 g Sirup dazu und schlägt nach völliger Lösung und Abkühlung 400 g dieser Mischung mit 2 Hühnereiweiß zu einem kernigen Krem auf. Darauf wird Aroma und Farbe und zum Schluß etwas Säure hinzugefügt, um die Schnittfestigkeit zu erhöhen. In ähnlicher Weise kann man Pektin mit Sahne, Schokolade, Wein usw. in Pastetenfüllungen, Kuchenübergüssen und Puddingen verarbeiten.

Es hat sich auch gezeigt, daß ein Pektinzusatz von etwa 10—16% der zu verarbeitenden Mehlmenge die Frischhaltung von Kuchen und anderem Backwerk bewirkt. Aus diesem Grunde gibt man es auch Marzipan-, Persipan- und Fondantmassen zu, um diese vor frühzeitigem Austrocknen zu bewahren[177]).

5. In der Speiseeisherstellung

wird Pektin als hochwertiges Bindemittel an Stelle von Traganth oder Gelatine verwendet. Es verleiht dem Speiseeis eine sämige, glatte und haltbare Bindung und wirkt infolge seiner emulgierenden Eigenschaften günstig auf die Erhaltung der „Schwellung" und auf die Verdaulichkeit.

Da Traganth aus dem Ausland bezogen werden muß und Gelatine in Fruchteismischungen als Fremdstoff anzusehen ist, füllt der Gebrauch des Pektins auch hier in wirtschaftlicher Hinsicht eine Lücke.

Von den Pomosin-Werken GmbH., Frankfurt/Main, wird unter dem Namen „Eis-Pomosin" ein Trockenpektin für diesen Zweck in den Handel gebracht[295]). Es bedingt keine Spezialrezepte und kann sowohl für Kremeis als auch für Fruchteis verwendet werden. Da in Kremeis schon der hohe Eiergehalt bindend wirkt, kommt es hauptsächlich für Fruchteis in Betracht.

Zur Bereitung des Speiseeises löst man lt. Vorschrift 100 g „Eis-Pomosin" unter Rühren mit dem Schlagbesen in einem Liter heißem Wasser, rührt noch etwa 10 bis 15 Minuten und läßt die Lösung einige Stunden stehen.

Für Kremeis, abgezogenes Eis mit Zucker (12—18° Baumé) nimmt man 25 g der oben hergestellten Lösung auf 1 Liter Eismasse, für Fruchteis oder sonstiges Eis unter Verwendung von Zucker (12—18° Baumé) 30 g Lösung für 1 Liter Eismasse, für Kunsteis mit Süßstoff gesüßt, 60—80 g Lösung für 1 Liter Eismasse.

6. In der Süßwarenindustrie

In der Süßwarenindustrie wird Pektin zur Herstellung von Geleebonbons, Fruchtpasten und als Überzugsmittel für kandierte Früchte verwendet. Ursprünglich bereitete man Geleebonbons unter Zusatz von Gummiarabicum, wodurch sie zäh wurden und einen gummiartigen Geschmack erhielten. Der Ersatz des Gummiarabicums durch Stärke führte zu geleeartigeren Produkten von hellerer Farbe und besserem Geschmack, aber die mit Stärke bereiteten Geleebonbons erfordern nach dem Guß eine gewisse Trockenzeit, um die notwendige Konsistenz zu erhalten. Bei schwankender Luftfeuchtigkeit des Trockenraumes können hierdurch Übelstände, wie Erweichen und Aneinanderkleben oder Zähwerden und Austrocknen, auftreten. Im Gegensatz dazu können Geleebonbons mit Pektin infolge ihrer kurzen Erstarrungszeit rasch hergestellt werden, sie weisen beim Genuß einen angenehmen spröden Bruch auf und besitzen den natürlichen Geschmack der verwendeten Früchte. Anfänglich bereitete die Herstellung dieser pektinhaltigen Geleebonbons im großen insofern Schwierigkeiten, als durch das schnelle Erstarren der Masse die Gießmaschinen mit dem Guß in der erforderlichen kurzen Zeit nicht fertig werden konnten. Durch Zugabe von Natriumacetat zu dem Kochgut konnte aber dieses Hindernis beseitigt werden. Neuerdings werden auch langsam erstarrende Pektine für diesen Zweck hergestellt.

Es folgen einige Rezepte von Cruess und Mitarbeitern[296], [297]) für die Herstellung von Geleebonbons ohne und mit Zusatz von getrockneten Früchten. Das 3. Rezept bringt die Anwendung von Natriumacetat.

1. Rezept: Geleebonbons aus Fruchtsaft.

  200 g   Apfelsaft (oder anderer Fruchtsaft)
  150 g   Rohrzucker
  150 g   Maissirup (Glucosesirup)
  6,5 g   150grädiges Citruspektin
  2,5 g   Citronensäure in 5 ccm Wasser gelöst.

Wenn der Saft sauer ist, dann nimmt man weniger Säure.
Man mische die Hälfte des Rohrzuckers mit der ganzen Menge Trockenpektin, erhitze den Saft zum Kochen, füge die Zucker-Pektin-Mischung unter Rühren langsam hinzu und erhitze und rühre bis alles Pektin gelöst ist. Dann füge man den Maissirup und den Rest des Zuckers hinzu und koche bis 104,4—105° C. Hierauf wird die aufgelöste Säure zugegeben und bis 106° C oder bis eine kleine abgenommene Geleeprobe Steifheit zeigt, gekocht.
Man gießt dann auf eine geölte Platte oder in geölte Pfannen, läßt die Masse erkalten und schneidet sie danach in Stücke von gewünschter Größe. Man rollt die Stücke in grobem Zucker oder fein zerhackter Kokosnuß, breitet sie auf Tabletts aus und läßt die Oberfläche der Stücke einige Tage vor dem Verpacken trocknen um das „Schwitzen" hintanzuhalten.
Für die Herstellung der Geleebonbons im großen Maßstab kann folgendes Rezept dienen (man teile die oben angegebenen Mengen durch 2 und ersetze Gramme durch Pfunde):

  100 Pfund Apfelsaft (oder anderer Fruchtsaft)
   75   ,,   Rohrzucker
   75   ,,   Maissirup (Glucosesirup)
    3,25 ,, 150grädiges Citruspektin
    1,25 ,, Citronensäure, gelöst in 2,5 Pfund Wasser

2. Rezept: Geleebonbons aus Fruchtsaft mit zerkleinerten getrockneten Früchten.

  200 g   Fruchtsaft
  150 g   Rohrzucker
  150 g   Maissirup (Glucosesirup)
  200 g   zerkleinerte getrocknete Früchte, wie Feigen, Backpflaumen oder Äpfel
  6,5 g   150grädiges Pektin
  2,5 g   Citronensäure, gelöst in 5 g Wasser
   50 g   zerkleinerte Walnüsse (können auch weggelassen werden).

Man mischt die Hälfte des Zuckers mit dem gesamten Pektin, erhitzt den Saft zum Kochen, gibt die Zucker-Pektin-Mischung langsam unter Rühren hinzu und erhitzt und rührt, bis alles gelöst ist. Dann gibt man den Maissirup und den Rest des Zuckers zu, kocht bis 104,4—105° C, fügt die gelöste Säure hinzu und kocht bis 106° C, oder bis sich eine sehr steife Geleeprobe ergibt. Dann fügt man

174

die zerkleinerten getrockneten Früchte und eventuell die zerkleinerten Nüsse zu. Darauf gießt man die Masse wie in Rezept 1 aus, läßt erkalten, schneidet in Stücke, die man wie oben angegeben in grobem Zucker oder zerkleinerter Kokosnuß wälzt und trocknen läßt.

Langsam erstarrende Mischung: Um zu verhindern, daß die Geleebonbons zu schnell fest werden, was besonders bei der Bereitung in größeren Mengen nachteilig ist, weil das Ausgießen in Stärkeformen nicht schnell genug durchgeführt werden kann, nimmt man entweder langsam erstarrendes Pektin oder man gibt dem gewöhnlichen Pektin Natriumacetat zu, um die Erstarrungszeit zu verlängern. Für eine Kochung unter Natriumacetat-Zusatz dient folgendes Rezept:

3. Rezept:

      200 g   Fruchtsaft
      150 g   Rohrzucker
      150 g   Maissirup (Glucosesirup)
      6,5 g   150grädiges Pektin
      2,5 g   Citronensäure, gelöst in 5 g Wasser
      1,0 g   Natriumacetat, gelöst in 5 g Wasser.

Man mischt die Hälfte des Zuckers mit dem gesamten Pektin, erhitzt den Fruchtsaft zum Kochen, gibt die Zucker-Pektin-Mischung langsam unter Rühren zu und erhitzt und rührt, bis alles gelöst ist. Dann fügt man den übrigen Zucker und den Maissirup zu und kocht bis 104,4—105° C oder bis eine entnommene Probe steif wird. Danach wird die Zitronensäure und das Natriumacetat, die vorher in Wasser gelöst wurden, zugegeben. Man rührt und kocht bis 107,7° C oder bis zu einer sehr steifen Geleeprobe. Dann gießt man aus, läßt festwerden und abkühlen, schneidet in Stücke und wälzt in grobem Zucker oder zerkleinerter Kokosnuß.

Will man große Mengen herstellen, so teilt man die im Rezept angegebenen Mengen durch 2 oder durch 4 und nimmt von den erhaltenen Werten Pfunde anstatt Gramme.

An Stelle der Fruchtsäfte kann man auch Fruchtkonzentrate nehmen, die man mit Wasser bis zur normalen Konsistenz verdünnt.

Geleebonbons aus Fruchtpürees. Will man die Geleebonbons mit Fruchtpürees (gesiebten Früchten) bereiten, die meist vollmundigere Produkte ergeben, so kann man, wenn das Fruchtpüree dünn ist, die gleichen Mengen nehmen, wie in den obigen Rezepten für Fruchtsaft angegeben ist. Ist das Püree dick, so muß man das Pektin mit der Hälfte des Zuckers in Wasser lösen. Man nimmt hierzu halb soviel Wasser, wie die verwendete Püreemenge beträgt, d. h. man erhitzt bei der Verwendung von 200 g Püree 100 g Wasser zum Kochen und löst darin die trockene Mischung aus 75 g Zucker und 6,5 g Pektin, dann gibt man das Püree zu, sowie den Rest des Zuckers und den Sirup. Alles weitere wie oben. Auch hier kann man getrocknete Früchte zusetzen, in größeren oder kleineren Mengen kochen und mit Natriumacetatzusatz arbeiten.

Die Verwendung von Puderzucker beim Wälzen der Stücke führt leicht zum „Schwitzen" und Ankleben der Geleebonbons. Am besten ist es, die Stücke nach dem Rollen in grobem Zucker 24—48 Stunden oder auch eine Woche offen trocknen zu lassen, bevor man sie verpackt. Sollen sie mit Schokolade überzogen werden, so dreht man sie nicht in Zucker um, sondern trocknet sie 3—4 Tage bei etwa 38—40°, sonst hält der Überzug nicht.

Zu saure Geleemischungen führen ebenfalls zum „Schwitzen" der Geleebonbons. Bei pH 3,6 und darüber tritt es nicht auf, bei pH 3,4 etwas, bei pH 3,0—3,2 und darunter macht es sich stark bemerkbar.

Für die Bereitung einer Fruchtpaste im Haushalt folgt noch ein Opekta-Rezept[298]):

> Aus frischen Früchten (ausgenommen sind Äpfel und Quitten) werden nach folgendem Rezept Pasten bereitet. Die Früchte werden gereinigt und dann vollständig zerkleinert, am besten durch ein Sieb gerührt. Hartschalige Früchte kocht man vorher in etwas Wasser gar. Nachdem man die Früchte durchgerührt hat, schöpft man den Saft ab, verwendet also nur das Fruchtmark. Der übriggebliebene Fruchtsaft eignet sich sehr gut als Beigabe zu Süßspeisen.
>
> Von dem Fruchtmark nimmt man ³/₄ Pfd. und bringt dieses mit 1¼ Pfd. Zucker zum Kochen, läßt 10 Minuten brausend durchkochen und rührt die Hälfte einer Normalflasche (das sind 7 Eßlöffel) Opekta und nach Belieben den Saft einer Zitrone hinzu. Die Kochung wird dann sofort auf eine große, flache Schüssel gegeben, wo sie schnell zu erstarren beginnt. Sobald die Paste schnittfest ist, werden Würfel geschnitten, die man in Zucker wälzt. Dann läßt man die Würfel an warmer, trockener Stelle gut trocknen. Während des Trocknens müssen die Würfel von Zeit zu Zeit gedreht werden, damit alle Flächen trocknen können. Die getrockneten Würfel lassen sich in Dosen oder Gläsern längere Zeit aufbewahren. Zwischen die einzelnen Schichten legt man ein Stück Pergament- oder ähnliches Papier.

Das Überziehen von kandierten Früchten wird häufig in der Weise vorgenommen, daß man diese Früchte in heißen Sirup taucht, der aus Maissirup oder Rohrzucker besteht, und sie dann trocknet. Ein Glasieren in dieser Weise führt aber leicht zu klebrigen Produkten oder auch zum übermäßigen Auskristallisieren des Zuckers, wodurch die Früchte unansehnlich werden. Nach einem Patent von Cruess[299—301]), das nunmehr erloschen ist, lassen sich bessere Überzüge erreichen, wenn man die in Sirup gekochten und darin einige Zeit gestandenen Früchte von ihrem anhaftenden Sirup durch kurzes Eintauchen in warmes Wasser befreit und dann in eine Maissirup-Lösung von 20° Balling, die 1% 150grädiges Citrus-Pektin enthält, kurz eintaucht. Auch eine Lösung, die 1—1½% 150grädiges Citruspektin und 20% Rohrzucker enthält, kann genommen werden. Man läßt dann die überschüssige Flüssigkeit ablaufen und trocknet auf Tabletts aus Monel-Metall bei 60° C im Luftstrom bis zur gewünschten Konsistenz (bis zu einem Wassergehalt von etwa 20%). Auf diese Weise erhält man einen wohlaussehenden, nicht klebenden Überzug, dessen Glanz längere Zeit erhalten bleibt. Zwei bis drei Monate nach dem Verpacken sind die Früchte am besten.

7. Pektin in der Milchindustrie

Interessant ist es, daß das Pektin, wenn man es der Milch zugibt, aus dieser die Eiweißstoffe in ähnlicher Weise auszuscheiden vermag, wie es durch Lab- oder Säurezusatz geschieht. Bekanntlich bringt man bei der Käsebereitung die Milch dadurch zum Gerinnen, daß man durch Lab das Casein, die Hauptmenge des Milcheiweißes, als Paracasein-Calcium fällt oder durch Säuerung das Casein als solches ausflockt. Die in wesentlich geringeren Mengen vorhandenen Eiweißkörper, Laktalbumin und Laktoglobulin, können durch Erhitzen oder durch Säure ausgeschieden werden. Während bei der Lab-, Säure- oder Hitzekoagulation die Eiweißstoffe irreversibel gefällt werden, d. h. eine Denaturierung erleiden, die sie unlöslich und schwer verdaulich macht, gelingt es durch Pektinzusatz, die Eiweißstoffe in natürlicher und wieder löslicher Form abzuscheiden. Ein für diese Zwecke hergestelltes Apfelpektin „Lattopekt" bewirkt bei bestimmter Temperatur in Mengen von 5—8% zugegeben die Bildung einer Eiweißschicht, die fast sämtliches Fett und geringe Mengen Milchzucker enthält. Die entstandene dickflüssige Eiweißemulsion, über welche sich das Milchserum schichtet, schmeckt wie feine Sahne, enthält aber bedeutend mehr Eiweiß als diese und kann in Wasser wieder zu einer rahmähnlichen Flüssigkeit gelöst werden[302]).

Durch vorsichtige Trocknung im Krause-Verfahren erhält man aus der durch Pektin abgeschiedenen Eiweißschicht ein voluminöses weißes Pulver, das die Wasserlöslichkeit bewahrt und noch wie natürliches Milcheiweiß durch Lab oder Säure zum Gerinnen gebracht werden kann. Es kommt als „Aminogen" in den Handel und stellt ein den gewöhnlichen Milchpulvern überlegenes Eiweißnährmittel dar. Es kann in konzentriertem Zustand als Lösung eingenommen oder als Bindemittel für Teige, Suppen und Saucen verwendet werden. Seine große Quellfähigkeit verleiht ihm erhöhte Ausnutzbarkeit durch den Organismus[302, 122]).

Aus dem nach Abscheiden der Eiweißstoffe verbliebenen Milchserum, das den Milchzucker, den größten Teil des zugegebenen Pektins und noch Reste von Eiweißstoffen enthält, stellt man durch Trocknen „Albugen" her[122]), das als schlagfähiges Milcheiweiß in der Konditorei Verwendung findet. Auch das bekannte Eiaustauschmittel „Synthova" wird durch Behandlung von Magermilch mit Pektin gewonnen.

Gibt man bei der Quarkbereitung bei normaler Labung und Vorreifung ½% Lattopekt zu, so erhält man bei einer Ansatztemperatur von 14—18° einen auffallend geschmeidigen Quark, der nicht schleimig wird und daher gut lagerfähig ist.

Auch bei der Herstellung von Speisequark mit Sahnezusatz, früher Sahnequark genannt, wirkt sich ein Zusatz von 1½% Lattopekt bei der Vermischung des Rohquarkes mit der Sahne insofern günstig aus, als das Schmierigwerden und die Säurebildung verhindert werden. Hart- und Weichkäse, Tilsiter, Emmentaler und Limburger erhalten durch Lattopekt bessere Lagerfähigkeit, gesteigerten Wohlgeschmack, besseres Quellvermögen und leichtere Bekömmlichkeit. Durch reichlichen Zusatz von Lattopekt erzeugt man auch einen

Pektin-Diätkäse, der sich durch besonders leichte Verdaulichkeit auszeichnet. Desgleichen wird in der Sauermilchkäserei bei der Herstellung von Sauermilchquark die Verwendung von „Lattopekt" geschätzt[303—305]).

8. Pektin in Pharmazie und Kosmetik

Ausgedehnte Anwendung hat das Pektin auch in der Pharmazie und Kosmetik gefunden, wo es zur Herstellung von Emulsionen sowie als Gelier- und Verdickungsmittel dient und einen nützlichen Ersatz für Traganth oder Agar-Agar darstellt. Man verwendet es bei der Herstellung von Lotionen, Haarfixiermitteln, Mundwässern, Zahn- und Rasierkremen. Zugesetzte Öle werden leicht emulgiert und Säure oder saure Salze sind ohne nachteiligen Einfluß auf das Pektin. In Pillen, Tabletten und Salben benutzt man es als Bindemittel. Da es durch Alkalien zersetzt wird, dürfen bei der Bereitung von Kremen keine alkalischen Substanzen zugegeben werden, aber neutrale Stoffe, wie Silicagel, Titandioxyd oder Tonerde können mit ihm Verwendung finden. Nach einem Patent der Pomosinwerke[306]) dient das bei der Fällung von Pektin mit Aluminiumhydroxyd entstehende Adsorbat aus Pektin und Aluminiumhydroxyd nach Zusatz von Glyzerin als alkalifreie Salbengrundlage, die mit einer Mischung von Spermacetiöl, weißem Wachs und Paraffin oder Fett zu Salben oder Pasten verarbeitet werden kann.

9. Pektin in der Medizin

In der Medizin hat das Pektin bisher auf zwei Gebieten Verwendung gefunden; als Heilmittel für Erkrankungen der Verdauungsorgane und als Blutstillungsmittel.

Es ist schon lange bekannt, daß man hartnäckige Durchfälle, insbesondere bei Säuglingen, durch Verabreichung geschabter roher Äpfel, durch die sogenannte Heisler-Moro-Diät[307]), erfolgreich bekämpfen kann, ohne daß man zunächst wußte, worauf die günstige Wirkung dieser Diät beruht. Man glaubte, sie auf die Fruchtsäuren, auf die Tannine, auf die Cellulose oder auf die Vitamine zurückführen zu können, machte aber dann die Beobachtung, daß man durch Pektingaben ebenfalls Diarrhöen heilen kann[308]). Damit war erwiesen, daß der wirksame Faktor in der rohen Apfelkost oder in konzentrierten Apfelpräparaten, wie „Aplona", das Pektin ist. Auf Grund dieser Erfahrung erlangte das Pektin als Heilmittel bei Darmstörungen ausgedehnte Anwendung[309, 310]). Von Ziegelmayer[311]) wurde ein Pektinpräparat „Santuron" geschaffen, das aus besonders gereinigtem, hochkolloidalem Pektin besteht und sich bei Durchfällen von Kindern und Erwachsenen ausgezeichnet bewährt hat. Die Wirkung des Pektins beruht hier auf seinem hohen Quellungsvermögen, durch welches Wasser gebunden wird und auf der Adsorption von toxischen Stoffen und Bakterien, deren Ausscheidung aus dem Organismus gefördert wird. Ein Vorzug dieses Heilmittels ist, daß man durch geringe, genau dosierbare Santurongaben, unabhängig von der Jahreszeit, größere Mengen an Apfelkost ersetzen kann und daß man im Gegensatz zu manchen anderen gegen Diarrhöe angewandten Mitteln bei Pektin keine Verstopfung zu befürchten braucht. Infolge seiner emulgierenden Eigenschaften und seines günstigen Einflusses auf die Darmperistaltik übt es auch bei Verstopfungen eine normalisierende Wirkung auf die Verdauungsvorgänge aus. Daneben wird es auch bei dem chronisch-neuropathischen Erbrechen der Säuglinge mit Erfolg verwendet. Neben „Aplona" und „Santuron" dient auch das aus Apfeltrestern bereitete „Intestisan" zur Behandlung von Durchfallstörungen[312]).

Ein weiterer Vorzug des Pektins bei der Bekämpfung von Darmstörungen ist seine heilende Wirkung gegen Blutungen, die manchmal mit diesen Erkrankungen einhergehen. Von Ziegelmayer, Müller, Arms, Gohrbandt und Riesser [313—315]) wurden eingehende Arbeiten über die blutstillenden Eigenschaften des Pektins ausgeführt, die zur Schaffung eines Blutstillungsmittels „Sangostop"[316]) führten, das aus Äpfeln gewonnen wird und schwach sauer reagierende Polygalakturonsäuren und ihre Ester, also Pektinstoffe, enthält. Da die Pektinstoffe Normalbestandteile der menschlichen Nahrung sind, können innerlich große Mengen „Sangostop" ohne schädliche Nebenwirkungen vertragen werden, und sie sind auch bei parenteraler Zufuhr vollkommen ungiftig. Man wendet es immer dann an, wenn es gilt, Blutungen zum Stehen zu bringen, sei es bei Lungen-, Magen- oder Darmblutungen oder bei Zahnextraktionen. Bei Operationen dient es zur Verhütung von Nachblutungen. Ein weiteres pektinhaltiges Blutstillungsmittel, das den Namen „Hämophobin" führt, wurde von H. Barth und Rumpelt[317]) entwickelt. Die Verfasser stellten fest, daß intramuskuläre Applikation bessere Resultate ergibt als intravenöse, und daß durch längeres Erhitzen und durch Kochen mit Säuren die gerinnungsfördernde Wirkung abnimmt. Dies ließe darauf schließen, daß die hämostyptische Wirkung des Pektins mit der Abnahme der Molekülgröße geringer wird. Möglicherweise spielt aber auch der Entesterungsvorgang hierbei eine Rolle, denn Römer[318]) führte an „Sangostop" Arbeiten über den Zusammenhang der Molekülgröße des Pektins mit dem hämostyptischen Effekt durch und fand eine Zunahme der blutstillenden Wirkung mit dem Kleinerwerden des Pektinmoleküls. Er zeigte, daß andere hochmolekulare Stoffe, wie Araban und Dextrin, keine spezifische Wirkung auf die Blutgerinnung ausüben und daß der pH-Wert der Pektinlösungen die Abkürzung der Blutungszeit nicht beeinflußt. Es sind eine Reihe von Theorien über den Wirkungsmechanismus des Pektins bei der Blutgerinnung aufgestellt worden, aber eindeutige Erklärungen darüber konnten bisher nicht erbracht werden, und so muß die Lösung dieses interessanten Problems zukünftigen Arbeiten vorbehalten bleiben. Auch in der Behandlung von Brandwunden und anderen Wunden sowie von Geschwüren ist Pektin mit Erfolg verwendet worden[319]). Man hat beobachtet, daß es den natürlichen Abwehrmechanismus gegen Infektionen günstig beeinflußt und so den Heilungsprozeß alter entzündeter Wunden beschleunigt. Es scheint hierbei die Wunden zu reinigen und regt offensichtlich die Bildung eines festen, glatten Granulationsgewebes an. Es wird empfohlen, die Wunden offen zu behandeln oder das Pektin in Form von feuchten Kompressen, Salben oder Pasten anzuwenden. Neben den genannten Verwendungsweisen hat man auch noch andere Anwendungsarten des Pektins in der Medizin erprobt. So berichtet Brunthaler[320]) über die Behandlung der epidemischen Kinderlähmung im Frühstadium mit Pektin und Hartmann und Mitarbeiter[321]) über den relativen Wert von Pektinlösungen bei Schock. Bei der Verwendung in Bluttransfusionen soll es leicht vom Organismus aufgenommen werden, ohne lange im Körper zu verweilen und auch bei häufiger Anwendung keine nachteilige Wirkung zeigen.

Außerdem sind Versuche darüber angestellt worden, ob man durch Pektingaben die Folgen des Vitamin-A-Mangels mildern oder verhindern kann[322]). Bekanntlich führt das Fehlen von Vitamin A in der Nahrung zu einer schweren Schädigung der Hornhaut (zur Xerophthalmie) und zu Veränderungen an allen Schleimhäuten im Sinne einer Austrocknung und Verhornung. Nachdem die Vermutung geäußert wurde, daß der Galakturonsäure eine Rolle in der Synthese der Schleimstoffe, der Mucine, zukommt, lag es nahe, das aus teilweise veresterter Polygalakturonsäure bestehende Pektin in seiner Wirkung auf die Avitaminose zu prüfen. Hierbei ließ sich zwar feststellen, daß die pathologischen Veränderungen an den Schleimhäuten der Augenlider, der Nase und der Vagina von Ratten nicht so ausgesprochen waren wie ohne Pektinzugabe zur vitaminfreien Nahrung, aber die Entwicklung der Xerophthalmie konnte nicht aufgehalten werden.

Da die Arbeiten über die medizinische Verwendung des Pektins noch im Gange sind, lassen sich auf diesem Gebiet weitere interessante Ergebnisse erwarten.

10. Die technische Verwendung des Pektins

Von den ausgedehnten Verwendungsmöglichkeiten des Pektins in der chemischen Technik sei zunächst seine Anwendung als Klebemittel[323]) genannt, als welches es schon frühzeitig empfohlen wurde. Es haftet auf Glas, Holz und Zinn und wird u. a. auch bei der Herstellung von Zigarren benutzt, deren Enden man in eine 2—3%ige Pektinlösung taucht, um ein besseres Haften des Deckblattes zu gewährleisten. — In der Textilindustrie hat es als Schlichtemittel[324]) für Baumwollgarne und -gewebe Eingang gefunden, wobei es häufig vorteilhaft an die Stelle von Stärke tritt und ohne Zusätze von Seife, Talg oder Glyzerin benutzt werden kann, welche in Verbindung mit Stärke gewöhnlich angewandt werden. Die Behandlung mit Pektin ist verhältnismäßig einfach und bietet den Vorteil, daß das Schlichtemittel infolge seiner Wasserlöslichkeit leicht wieder aus dem Gewebe entfernt werden kann. Für die Verwendung als Klebemittel und Schlichtemittel kommen vor allem weniger wertvolle Pektine, z. B. Rübenpektine, in Betracht. Auch als Zusatz zu Fällbädern für Viskose fand man es geeignet.

Bei der Gummigewinnung dient es als Aufrahmungsmittel für Latex[325]), den Saft der Kautschukpflanzen. Wenn man den Milchsaft dieser Pflanzen mit Pektin versetzt, so ruft dieses darin eine ähnliche Erscheinung hervor, wie bei der Zugabe zu Milch. Es tritt Gerinnung ein, d. h. die feinen Kautschukpartikel, die sich im Latex in ähnlich feiner Verteilung befinden, wie die Fetttröpfchen der Milch, sammeln sich in einer rahmähnlichen Schicht an, die sich leicht von der wäßrigen Phase, welche Eiweißstoffe, Zucker und andere Pflanzenbestandteile enthält, abtrennen läßt. Durch einen darauffolgenden hydrolytischen Prozeß wird das Pektin in dieser „Rahmschicht" dann zersetzt und ein Produkt erhalten, das nur noch einen verhältnismäßig geringen Prozentsatz an nicht-gummiartigen Bestandteilen besitzt.

Infolge ihrer geringen Wärmeleitfähigkeit verwendet man Pektinlösungen auch beim Härten von Stahl[326]) an Stelle von Ölen zum Abschrecken des glühenden Metalles. Die Vorteile dieses Verfahrens sind die Ausschaltung der Brandgefahr, die Verminderung der Kosten und die Möglichkeit, das Pektin in beliebigem Verhältnis mit Wasser zu mischen, wodurch sich der Grad der Wärmeleitung leicht variieren läßt. Man verwendet das Pektin in Konzentrationen bis etwa 5% und kann auf diese Weise Stähle von verschiedenen Eigenschaften erzeugen. Sehr verdünnte Pektinlösungen führen zu harten, brüchigen Stählen, während etwa 4%ige Pektinlösungen harte und zähe Werkzeugstähle ergeben. Die Eisenindustrie bedient sich des Pektins ferner zum Brikettieren von Erzen für die Verarbeitung im Hochofen, die dadurch leichter gestaltet werden kann.

In der Seifenherstellung[327]) hat man Pektine und pektinhaltige Pasten als Füllmittel empfohlen, um die Ausbeute und Reinigungswirkung zu erhöhen, jedoch gehen die Meinungen über den Wert der hierzu verwendeten Pektinpasten noch auseinander.

Auf Grund seiner schaumfördernden Wirkung setzt man Pektin auch Feuerlöschmitteln zu. Seine emulgierende Wirkung, die schon bei seiner Verwendung in der Kosmetik besprochen wurde, macht es auch in der Technik zu einem gerne herangezogenen Emulgator für Öle und Fette aller Art. In manchen Emulsionen kann es außerdem als gutes Ersatzmittel für Öle dienen. Weiter sind noch zu erwähnen seine Eignung zur Herstellung von beständigen kolloidalen Metall-Lösungen, in denen es als Schutzkolloid wirkt und seine Anwendung beim Härten von Holz[328]).

Auf die Verhinderung der Keimbildung von Fruchtsäurekristallen in Fruchtsäften und Konzentraten durch Pektinzusätze wurde schon in dem Abschnitt über die Getränkeindustrie hingewiesen. Die Kristallisationsgeschwindigkeit von Zucker wird jedoch nur wenig herabgesetzt[329]). Im Zusammenhang damit ist es interessant, daß man durch die Anwesenheit von Pektin auch das Wachstum von Kristallen beeinflussen kann, so lassen sich mit seiner Hilfe z. B. Salmiakkristalle von erstaunlicher Größe züchten[330]).

Ausführliche Patentliteratur über die Verwendung des Pektins findet sich bei Ripa[17]).

B. Die Verwendung der niederveresterten Pektine, der Pektinsäure und der Pektate

Neben den schon lange bearbeiteten und dem praktischen Gebrauch auch außerhalb ihrer Verwendung zu Gelierzwecken auf zahlreichen Gebieten nutzbar gemachten hochveresterten Pektinen haben auch die Pektinsäure und die Pektate, sowie die erst in jüngerer Zeit entwickelten niederveresterten Pektine nützliche und interessante Verwendungszwecke in der Lebensmittelindustrie und in der chemischen Technik gefunden[255, 331]). Von den niederveresterten Pektinen, deren Herstellungsweisen und Eigenschaften bereits geschildert wurden, wurde schon gesagt, daß sie die Fähigkeit besitzen, Gele in Gegenwart von Calcium oder anderen polyvalenten Ionen ohne oder mit nur geringem Zuckergehalt zu bilden. Durch diese Eigenschaft, die auch der Pektinsäure und den Pektaten zukommt, ist eine Erweiterung des Gebrauches des Pektins als Geliermittel gegeben; denn die neuen Gele lassen sich nicht nur bei der Lebensmittelherstellung, sondern auch in der Pharmazie und Kosmetik, z. B. zur Bereitung von Pasten und Geleekremen oder als Dragiermittel für Pillen und in der chemischen Technik überall da nützlich einsetzen, wo es sich darum handelt, den Zuckerzusatz einzuschränken oder zu umgehen. Dabei kann die niedrige Schmelztemperatur und die Fähigkeit, nach dem Erweichen wieder fest zu werden, die Verarbeitung der Gele aus Pektinen mit geringem Methoxylgehalt in vielen Fällen erleichtern.

1. Die Verwendung der niederveresterten Pektine bzw. ihrer Salze, der Pektinate

Bei der Herstellung von Nahrungsmitteln kann man aus den niederveresterten Pektinen in einfacher Weise Milchgele bei pH 6,5 mit 20% Zucker oder Gele aus Obst- und Gemüsesäften bei pH 3 mit 35% Zucker, häufig auch ohne besonderen Calciumzusatz, herstellen, da der Calciumgehalt der Milch und mancher Säfte schon für die Gelbildung ausreicht. Die Milchgele besitzen einen feinen, sahneähnlichen Geschmack und die Obstgelees zeichnen sich infolge der kurzen Erhitzungszeit durch besonders frischen Fruchtgeschmack aus, der auch nicht, wie es sonst häufig der Fall ist, durch zu große Süßigkeit abgeschwächt wird. Auch in Fruchteismischungen können die niederveresterten Pektine verarbeitet werden. Außerdem besteht die Möglichkeit, unter Vermeidung jeglichen Zuckerzusatzes wohlschmeckende Geleespeisen für Zuckerkranke zu bereiten. Die Gele weisen sehr gute Lagerungsfähigkeit auf. Eingedoste gelierte Fruchtcocktails konnten 2 Jahre lang in ausgezeichnetem Zustand erhalten werden und Lagerungsversuche bei 1—25° erwiesen eine Zunahme der Gelfestigkeit[157]). Die Gele vertragen auch das Einfrieren und zeigen beim späteren Auftauen kein Flüssigwerden wie die Gele aus den hochveresterten Pektinen. Gegen höhere Temperaturen sind sie allerdings empfindlicher als die Gele der hochveresterten Pektine, aber in den Fällen, in denen diese Eigenschaft als Nachteil empfunden wird, kann man durch etwas höheren Pektin- und Calciumzusatz die Beständigkeit verbessern.

Von den zahlreichen Rezepten, die die Herstellung von Milch-, Frucht-, Tomaten- oder anderen Gemüsegelen, sowie von gelierten Obstcocktails, Fruchtsalaten und Pastenfüllungen betreffen, seien hier einige genannt. Sie beziehen sich auf die Verwendung von ammoniakalisch entestertem Pektin, dessen Herstellungsweise nach McCready, Owens und Maclay auf Seite 85—89 genau wiedergegeben ist und wurden von den gleichen Autoren ausgearbeitet[80]).

1. *Kalt zubereiteter Milchpudding*

Man stellt zunächst 2 trockene Mischungen her, bestehend aus:

A. 4 g niederverestertem Pektin
   4 g Zucker

B. 40 g Zucker
   50 g Trockenmilch
    1 g Salz

und Aromastoffen, wie Schokolade, Vanille oder andere nicht saure Stoffe.

Man gibt zu „A" zwei Tassen Wasser und rührt etwa 1—2 Minuten, bis das Pektin aufgelöst ist. Dann setzt man die Mischung „B" zu und rührt, bis mit der Milch ein glattes Gemenge entstanden ist. Man gießt in Formen, läßt 5 Minuten oder länger stehen und kann, wenn erwünscht, mit Eis kühlen.

2. *Gekochter Milchpudding*

Zu 1 pint (473 ccm) Milch gibt man unter Rühren eine trockene Mischung aus:

2,25 g niederverestertem Pektin
90,00 g Zucker
 1,00 g Salz

und nicht sauren Geschmacksstoffen, Vanille usw.

Man erhitzt die Mischung unter Rühren auf 85—88⁰ C, läßt sie auf 60⁰ C abkühlen, gießt sie in Formen und läßt sie gelieren.

3. *Gelierter Fruchtsaft*

Zu 150 Gewichtsteilen Fruchtsaft gibt man eine Mischung von 1,5 Teilen niederverestertem Pektin und 10 Teilen Zucker. Man bringt die Mischung unter Rühren zum Kochen und gibt 50 Teile Zucker zu. Darauf läßt man wieder zum Kochen kommen und gießt in ein ¼ Liter Geleeglas, das 1 ccm Zitronensäure (96 g Zitronensäure auf 100 ccm Wasser) enthält. Man rührt kräftig um und läßt abkühlen. Die Zitronensäure kann auch mit dem Zucker zugegeben werden.

4. *Gelierter Fruchtsalat*

Für 60 g Obst, das in kleine Würfel geschnitten ist, braucht man 40 g der folgenden Mischung:

0,750 g niederverestertes Pektin
0,075 g Monocalciumphosphat
35,000 g Zucker
0,500 g Zitronensäure
63,600 g Wasser.

Man stellt zunächst eine trockene Mischung aus dem niederveresterten Pektin, dem Calciumphosphat und aus ¹/₅ des Zuckers her und siebt sie unter Rühren in das Wasser. Dann bringt man zum Kochen und fügt langsam den übrigen Zucker, zusammen mit der Zitronensäure, zu. Man läßt wieder aufkochen und gießt in Formen, die die Frucht enthalten.

5. *Trockenmischung für Gelee*

3,750 g niederverestertes Pektin
0,375 g Monocalciumphosphat
75,000 g Zucker
0,500 g Zitronensäure

Aromastoffe und Farbe nach Wunsch.

Man gibt die Trockenmischung zu 473 ccm Wasser, bringt zum Kochen, gießt in Formen und läßt erkalten. Kühlstellen ist nicht notwendig, wenn es nicht gewünscht wird, da die Gelierung auch bei Zimmertemperatur erfolgt.

6. *Gelierter Tomatensalat*

Zu 100 g Tomatensaft gibt man folgende trockene Mischung:

0,750 g niederverestertes Pektin

0,075 g Monocalciumphosphat

0,500 g Zitronensäure

5,000 g Zucker

1,000 g Salz

und Gewürze.

Man erhitzt die Mischung unter Rühren zum Kochen, gießt in Formen und läßt abkühlen.

Gelierte Pastetenfüllung

Zu 70 Gewichtsteilen Kirschen, Beeren oder anderen Früchten gibt man eine trockene Mischung aus 0,5 Teilen niederverestertem Pektin, 30 Teilen Zucker und 0,5 Teilen Zitronensäure. Man bringt die Mischung zum Kochen, kühlt ab, legt sie zwischen Pastetenböden und -decken und bäckt wie üblich. Die nach den vorstehenden Rezepten hergestellten Gelees weisen sehr gute Lagerungsfähigkeit auf.

Geleebonbons mit niederverestertem Pektin (nach Hall u. Fahs[332]))

740 g Wasser

340 , g Zucker

1020 g Maissirup (Glucosesirup)

9,3 g niederverestertes Pektin

2 g Natriumcitrat

3 g Zitronensäure

0,5 g Calciumsaccharat

Farbe und Aroma nach Wunsch.

Man erhitzt das Wasser zum Kochen, gibt die Mischung aus Pektin und Zucker zu, fügt dann das in 29 ccm Wasser gelöste Natriumcitrat und darauf das in 15 ccm Wasser gelöste Calcium-Saccharat zu und kocht bis auf 108,8⁰ C. Man fügt Farbe und die in 15 ccm gelöste Zitronensäure sowie Aroma zu und gießt auf eine geölte Platte oder in Stärke und läßt fest werden, schneidet gegebenenfalls in Stücke und wälzt in Zucker oder versieht mit Schokoladenguß.

Ähnliche Rezepte für Pektin LM (siehe Seite 92) von Joseph, Bryant und Kieser finden sich in einem von der California Fruit Growers Exchange herausgegebenen Heft: ,,Exchange Pectin LM"[61]).

Als besonders nützlich haben sich niederveresterte Pektine und deren Salze, die niedrig methoxylierten Pektinate, beim Einfrieren von Früchten erwiesen, da sie deren Saftverlust beim Auftauen bedeutend herabsetzen[333]).

Legt man die Früchte in eine Mischung aus solch einem Pektinat und Zucker oder fügt man ihnen einen mit Pektinat versetzten Sirup bei, so vereinigt sich das Pektinat bzw. das niederveresterte Pektin mit dem Calcium der Früchte und bildet auf deren Oberfläche ein Gel, das den Saftaustritt weitgehend verhindert. Außerdem wird die Verfärbung der Früchte hintangehalten und ihre Festigkeit und ihr natürliches frisches Aussehen bewahrt. Durch vorheriges Eintauchen der Früchte in eine 0,2%ige Calciumchloridlösung läßt sich die Pektinatwirkung noch steigern. Bei Himbeeren, Kirschen und Erdbeeren kann man auf diese Weise nach 4—6monatiger Lagerung bei —18° C den Saftverlust auf 0—10% vom Gesamtgewicht herabdrücken, während er ohne Zusatz von Pektinaten durchschnittlich 35% beträgt. Darüber hinaus bietet sich bei dieser Behandlung der Vorteil, aus den eingefrorenen Früchten ohne weitere Zusätze durch kurzes Aufkochen sofort Konfitüren herzustellen, die sich durch besonderen Wohlgeschmack auszeichnen.

Außerdem dienen die niederveresterten Pektine auch zur Herstellung e ß b a r e r F i l m ü b e r z ü g e für viele Lebensmittel, z. B. kandierte Früchte oder Süßigkeiten deren Klebrigwerden sie verhindern[334]). Da diese Überzüge etwa den ungestrichenen Cellulosefilmen entsprechen, sind sie auch für Käse, Rauchfleisch, Trockenwurst und Schinken bedingt geeignet. Durch Zusatz von Antioxydantien, Konservierungsmitteln und Vitaminen läßt sich die Schutzwirkung und der Wert der Filmüberzüge noch erhöhen; man kann so z. B. Sämereien mit Filmen aus niederveresterten Pektinen mit starkem Metallgehalt oder mit Desinfektionsmitteln streichen und vor Mikroorganismen schützen, oder Reis mit Vitaminen anreichern. Man erzeugt die Überzüge durch Eintauchen der Lebensmittel in eine 3%ige Lösung von niederverestertem Pektin und darauffolgendes Besprühen mit 1%iger Calciumchloridlösung.

2. Verwendung der Pektinsäure

Die Pektinsäure, das Polymere der Galakturonsäure, wurde schon in Kapitel VII als Ausgangsmaterial für die Gewinnung der d-Galakturonsäure erwähnt. Die Galakturonsäure kann aus ihr sowohl durch Kochen mit verdünnter Schwefelsäure[46]), als auch durch enzymatische Methoden[280]) gewonnen werden und kann dann selbst als Ausgangsstoff für die Vitamin-C-Gewinnung dienen.

Da die Pektinsäure Alkalikarbonate und Bicarbonate unter Freimachung von Kohlendioxyd zersetzt, hat sie auch in Tabletten für therapeutische Zwecke[166]) und in Backpulvern[335]) Verwendung gefunden. Die geringe Löslichkeit der Pektinsäure in Wasser hat hierbei zur Folge, daß die Kohlendioxydentwicklung in erwünschter Weise nur langsam erfolgt. Eine geeignete Grundmischung für solche Tabletten, deren Zerfall in Wasser durch das entwickelte CO_2 begünstigt wird, besteht aus: 15,6 Gewichtsteilen Pektinsäure, 5 Teilen Natriumbicarbonat und 79,4 Teilen Milchzucker. Desgleichen kann man Pektinsäure in Backpulver verwenden, und zwar: 34,1 Gewichtsteile Pektinsäure, 11,5 Teile Zitronensäure, 26 Teile Natriumbicarbonat und 28,4 Teile Stärke, oder unter Weglassung der Zitronensäure auch 65 Teile Pektinsäure, 25 Teile Natriumbicarbonat und 10 Teile Stärke. Die mit Pektinsäure hergestellten Tabletten und Backpulver besitzen den Vorzug, daß sie nicht hygroskopisch sind und daß sie sich demzufolge auch bei längerer Lagerung bei höheren relativen Feuchtigkeiten ·nicht zersetzen.

Pektinsäurepulp[153]) wird als Ausgangsstoff für Pektinsäure verwendet und dient sonst im allgemeinen ähnlichen Zwecken wie der Pektatpulp (siehe unten).

3. Verwendung der Pektate

Die durch völlige Entesterung des Pektins auf alkalischem Wege hergestellten Pektate (s. S. 97—98) finden Verwendung bei der Sprühtrocknung[166]) von Obst- und Gemüsesäften, welche häufig den Zusatz eines Kolloids erfordert. Der Vorzug der Pektate besteht hierbei darin, daß sie entweder durch die Anwesenheit von Säure oder durch den natürlichen Calciumgehalt der Säfte flüssige Gele aus Pektinsäure oder Calcium-Pektat bilden, die eine erfolgreiche Sprühtrocknung ermöglichen. Nach dem Trocknen sind sie unlöslich und können das wieder gelöste Trockenprodukt nicht schleimig machen, wie es als Kolloide· benutzte Gummiarten gewöhnlich tun. Die für verschiedene Säfte notwendigen Pektatmengen ergeben sich aus folgendem Verhältnis von Pektat zu Trockensubstanz des Saftes im erhaltenen Trockenprodukt: Bei Spargelsaft 10 : 90; bei Zitronen- und Orangensaft 15 : 85 und bei Ananassaft 10 : 90. Da die Alkalipektate in Konzentrationen unter 0,1 % in Gegenwart von Calcium in Form von flockigen Niederschlägen ausfallen, hat man sie auch mit Erfolg zur Klärung von Säften[166]) und anderen Flüssigkeiten herangezogen. Die in den Flüssigkeiten suspendierten Trubpartikelchen werden von den gebildeten Flocken umhüllt und durch sie zum Absitzen gezwungen. In dieser Eigenschaft sind die Pektate auch für die Papierindustrie zum Reinigen von Suspensionen empfohlen worden.

Aus der wäßrigen Dispersion des Pektat-Pulps bzw. aus den viskosen Alkalipektatlösungen, die aus ihm gewonnen werden, kann man durch Zugabe von Calciumsalzen und Säure Gele herstellen, die in ähnlicher Weise wie die Gele der niederveresterten Pektine in der Lebensmittelindustrie sowie für pharmazeutische, kosmetische und technische Zwecke benutzt werden.

Neben der Verwendung bei der Stahlhärtung [336]) und beim Aufrahmen von Latex, die dem Gebrauch des Pektins entspricht, lassen sich Pektatpulp und die viskosen Alkalipektate auch in Verbindung mit Graphit bei der Herstellung von Gießformen und beim Plattieren von Metallen verwenden oder in Verbindung mit Leim zur Erzeugung von fettdichten und weitgehend luftundurchlässigen Papieren[166]). Der an der Oberfläche des Papieres entstehende Pektatfilm verhindert zudem das Anhaften von adhäsiven Stoffen und hat sich z. B. an Papiersäcken für Asphalt und andere klebende Materialien als geeignet erwiesen. Beim Gebrauch kann das Papier glatt abgezogen werden, wobei der feine, klare Pektatfilm unsichtbar auf der Oberfläche der Substanz verbleibt.

Durch Umsetzen mit Schwermetallsalzen entstehen die Schwermetallpektate, die für die Herstellung von feinen Pigmenten, z. B. Spezialtinten, Wasserfarben oder Druckfarben für Stoffe dienen können. Infolge der kolloidalen Eigenschaften der Pektate bleiben die Suspensionen dieser Art beständig. Silberpektatfilme sind für den Gebrauch in der Photographie und kolloidales Silberpektat für medizinische Zwecke und als bakterizides Mittel vorgeschlagen worden. Aus Nickelpektat und Natriumhydroxyd kann man nach Alkoholfällung und vorsichtiger Trocknung einen äußerst fein verteilten Nickelkatalysator gewinnen. Außerdem lassen sich beständige Verbindungen mit organischen Basen herstellen, die unterschiedliche Löslichkeiten aufweisen. Im allgemeinen sind die organischen Pektate in Wasser und Alkohol löslich mit Ausnahme derjenigen, die aus Pektatpulp bereitet werden. Durch Behandlung von Pektatpulp mit verdünnter Säure in der Kälte entsteht nach der Kuppelung mit organischen Basen, z. B. mit Nicotin, schwach lösliches Nicotinpektat, das auf Organismen, die Cellulose verdauen, giftig wirkt und daher als Schädlingsbekämpfungsmittel, z. B. gegen die Larven der Seiden- und Apfelgespinstmotte benutzt werden kann [166], [337]).

Die im Vorstehenden teilweise ausführlich beschriebenen, zum Teil aber wegen der Fülle des Materials auch nur kurz angedeuteten vielseitigen Verwendungsweisen der verschiedenen Pektinprodukte lassen erkennen, welch einen interessanten und nützlichen Naturstoff wir in dem Pektin vor uns haben und zu welcher Bedeutung es sich durch die Zusammenarbeit namhafter Wissenschaftler und bekannter Industrieunternehmen entwickelt hat. Dabei sind auch hier, wie es stets geschieht, aus den neuen Erkenntnissen neue Fragen entstanden, deren Lösung noch eingehender Arbeit bedarf. Die bis heute von Forschung und Industrie auf dem Pektingebiet in so reichem Maße erzielten Erfolge lassen uns für die Zukunft noch viel Interessantes über das Pektin und seine Verwendung erwarten.

IX. Die gesetzlichen Bestimmungen

Die für Obsterzeugnisse geltenden gesetzlichen Bestimmungen sind in der Obstverordnung vom 15. 7. 1933 niedergelegt. Aus dieser sind hier zunächst die Paragraphen und Abschnitte ausgewählt, welche sich auf Pektine und Geliersäfte direkt beziehen. Es sind dies § 3 Abs. 3, 4 und § 7 Abs. 16—22.

Da in der praktischen Verwendung des Pektins die Anwendung als Geliermittel bei der Obstkonfitüren- und Marmeladenherstellung den weitaus größten Raum einnimmt, so sind auch die Paragraphen und Abschnitte von Interesse, die sich auf den Pektinzusatz zu diesen Lebensmitteln beziehen. Der wesentliche Inhalt der in § 2 der Obstverordnung niedergelegten Bestimmungen, die sich auf Obstkonfitüren und Marmeladen beziehen, ist bereits im Kapitel VIII Seite 165 dieses Buches wiedergegeben. Im folgenden wird hierzu nur § 7 Abs. 7 und 8 gebracht, der den Pektin- und Säurezusatz noch einmal behandelt, und zwar werden der Übersichtlichkeit halber diese Abschnitte erst nach den Abschnitten 16—22 gebracht, die das Pektin selbst betreffen.

Anschließend an die gebrachten Paragraphen und Abschnitte aus der Verordnung über Obsterzeugnisse folgt die amtliche Begründung und darauf die Anmerkungen zu der Verordnung, auf die im Text der Verordnung verwiesen wird. Zum Schluß folgen noch zwei Erlasse aus den Jahren 1938 und 1940, die die ungenügende Qualitätsbeurteilung des Pektins mittels der Calciumpektatmethode berücksichtigen und eine Erleichterung in der Qualitätsbeurteilung für die Dauer der Kriegswirtschaft gewähren.

§ 3

(3) Obstpektin sind aus Obstrückständen hergestellte flüssige oder pulverförmige Zubereitungen, meist mit einem geringen Zusatz von Weinsäure oder Milchsäure[1]. Flüssiges Obstpektin ist in 3 Zentimeter hoher Schicht durchscheinend und enthält mindestens 2,5 Hundertteile Pektinstoff (berechnet als Kalziumpektat); der Pektingehalt beträgt mindestens 25 Hundertteile der Trockenmasse. Pulverförmiges[2] Obstpektin entspricht in 10prozentiger wässeriger Lösung diesen Bedingungen. Obstpektin wird mit dem Namen der verwendeten Obstart bezeichnet.

(4) Obstgeliersäfte sind Zubereitungen, die aus frischen Früchten einer pektinreichen Obstart durch Behandeln mit Wasser hergestellt werden. Obstgeliersäfte enthalten höchstens 2 Hundertteile Pektinstoff (berechnet als Kalziumpektat) und höchstens 15 Hundertteile Trockenmasse. Obstgeliersäfte werden mit dem Namen der verwendeten Obstart bezeichnet, z. B. als Apfelgeliersaft, Stachelbeergeliersaft.

§ 4

Verbote zum Schutze der Gesundheit. Es ist insbesondere verboten:

1. die in §§ 2, 3 bezeichneten Erzeugnisse so herzustellen, daß sie Arsen, Blei oder Zink oder mehr als technisch nicht vermeidbare Mengen Antimon oder Kupfer enthalten;
2. solche Erzeugnisse anzubieten, zum Verkaufe vorrätig zu halten, feilzuhalten, zu verkaufen oder sonst in den Verkehr zu bringen.

§ 7

Als verfälscht sind insbesondere anzusehen und außer in den Fällen der Nr. 4, 9, 12, 14 auch bei Kenntlichmachung vom Verkehr ausgeschlossen:

16. Obstpektin, dessen Gehalt an Pektinstoff (berechnet als Kalziumpektat) weniger als 25 Hundertteile der Trockenmasse beträgt;
17. flüssiges Obstpektin und 10prozentige wässerige Lösungen von pulverförmigem Obstpektin, die weniger als 2,5 Hundertteile Pektinstoff (berechnet als Kalziumpektat) enthalten;
18. flüssiges Obstpektin und 10prozentige wässerige Lösungen von pulverförmigem Obstpektin, die zellige Elemente in makroskopisch wahrnehmbarer Menge enthalten oder in 3 Zentimeter hoher Schicht nicht durchscheinend sind
19. Obstpektin, dem außer Weinsäure oder Milchsäure[1]) andere fremde Stoffe[2]), insbesondere Mineralstoffe, zugesetzt worden sind (siehe Anmerkungen Seite 191);
20. Obstgeliersäfte, die mehr als 2 Hundertteile Pektinstoff (berechnet als Kalziumpektat) oder mehr als 15 Hundertteile Trockenmasse enthalten;
21. Obstgeliersäfte, die zellige Elemente in makroskopisch wahrnehmbarer Menge enthalten;
22. Obstgeliersäfte, denen fremde Stoffe zugesetzt worden sind.

Den Pektinzusatz zu Obstkonfitüren, Einfruchtmarmeladen, Mehrfruchtmarmeladen und gemischten Marmeladen regeln folgende Bestimmungen:

§ 7

Als verfälscht sind insbesondere anzusehen und außer in den Fällen der Nr. 4 9, 12, 14 auch bei Kenntlichmachung vom Verkehr ausgeschlossen:

7. Obstkonfitüren und Einfruchtmarmeladen, bei deren Herstellung Obstpektin oder Obstgeliersaft oder beide Erzeugnisse zusammen in einer Menge verwendet worden sind, die mehr als 0,3 Hundertteile Pektinstoff (berechnet als Kalziumpektat und bezogen auf das Fertigerzeugnis) entspricht. Mehrfruchtmarmeladen und Gemischte Marmeladen, bei deren Herstellung Obstpektin oder Obstgeliersaft oder beide Erzeugnisse zusammen in einer Menge verwendet worden sind, die mehr als 0,5 Hundertteilen Pektinstoff (berechnet als Kalziumpektat und bezogen auf das Fertigerzeugnis) entspricht.
8. Obstkonfitüren und Marmeladen, die mehr als 0,5 Hundertteile zugesetzte Weinsäure oder Milchsäure enthalten;

Amtliche Begründung*
(Reichsdrucksache Nr. 85 — Tagung 1932 — S. 11)

Zu § 3, Abs. 3, 4: Flüssiges Obstpektin wird im allgemeinen aus Apfelpreßrückständen hergestellt, pulverförmiges Obstpektin meist aus dem „Balg", d. h. der inneren Fruchtwand reifer Zitronen, zuweilen auch aus Apfelpreßrückständen. Um eine übermäßige Streckung bei Verwendung flüssiger Pektine zu vermeiden, ist ein Mindestgehalt an Pektinstoff von 2,5 Hundertteilen (berechnet als Kalziumpektat) vorgesehen, wobei der Pektingehalt mindestens 25 Hundertteile der Trockenmasse betragen muß (vgl. auch Begründung zu § 7 Nr. 16—22). Bezüglich des Verfahrens zur Bestimmung des Pektins vgl. die Begründung § 7 Nr. 7. Die für die Reinheitsprüfung von pulverförmigem Obstpektin notwendige 10prozentige wässerige Lösung läßt sich durch inniges Verreiben des Pektins mit der doppelten Menge Zucker, Auflösen in Wasser auf dem kochenden Wasserbade, darauffolgendes Abkühlen und Auffüllen zur Marke herstellen. Auch die Verwendung von Obstgeliersäften, die Auszüge aus Äpfeln oder anderem pektinreichen Obst darstellen, soll zugelassen sein. Auch an Obstgeliersäfte werden durch die Bestimmungen in § 7 Nr. 20—22 besondere Anforderungen gestellt.

Zu § 7 Nr. 16—22: Vgl. die Begründung zu § 3 Abs. 3, 4. Die an Obstpektin und Obstgeliersaft hinsichtlich der Reinheit gestellten Anforderungen sollen die Menge der mit ihnen in das Erzeugnis gelangenden Stoffe auf ein Mindestmaß beschränken. Zu diesem Zweck soll auch die Anwesenheit zelliger Elemente in makroskopisch wahrnehmbarer Menge ausgeschlossen sein. Hiernach wird z. B. ein Bodensatz von Stärkekörnern u. dgl. als unzulässig anzusehen sein.

Bezüglich des Pektinzusatzes zu Obstkonfitüren und Marmeladen sagt die amtliche Begründung folgendes:

Zu § 2: Die Verwendung geringer Mengen Obstpektin oder Obstgeliersaft, von Weinsäure oder Milchsäure ist allgemein zugelassen. Eine mengenmäßige Begrenzung erfolgt durch § 7 Nr. 7, 8. Die Verwendung von Obstpektin oder Obstgeliersaft hat sich vor allem bei solchen Obstfrüchten, die wenig Pektinstoffe enthalten, als zweckmäßig erwiesen, die Verwendung von Weinsäure oder Milchsäure besonders bei Erzeugnissen aus säurearmen Früchten; die Beschränkung auf Weinsäure und Milchsäure entspricht der Absicht, keine Säuren zuzulassen, die bereits in den Früchten enthalten sind. Die Verwendung von Zitronensäure ist daher ausgeschlossen.

Zu § 7: Nr. 7. Die Gelierkraft der Früchte ist nach Jahrgang und Sorte verschieden. Es ist daher gestattet, den Obstkonfitüren und Marmeladen Pektinstoffe zuzusetzen, wobei es unwesentlich ist, in welcher Form dieser Zusatz geschieht, vorausgesetzt, daß das verwendete Obstpektin oder der verwendete Obstgeliersaft den Vorschriften in § 3 Abs. 3, 4 und § 7 Nr. 16—22 entspricht.

---

* Die Reihenfolge der Abschnitte in der amtlichen Begründung wurde hier abgeändert, um zunächst die auf das Pektin selbst und dann erst die auf Obstkonfitüren und Marmeladen bezugnehmenden Abschnitte zu bringen.

Zur Bestimmung des Pektingehalts ist die von Mehlitz (Zeitschr. techn. Biol. 1925, 11, Heft 3) und Griebel (Zeitschr. Unters. Nahrungs- und Genußm. 1925, **49,** 355) nachgeprüfte Methode von Carré und Haynes geeignet.

Nr. 8. Um eine Überschreitung der Höchstgrenze an Weinsäure oder Milchsäure zu vermeiden, ist die bei der Verwendung von Obstpektin mit diesem in die Obstkonfitüre oder Marmelade gelangende Menge Weinsäure oder Milchsäure zu berücksichtigen.

Anmerkungen

1. Im Rundschreiben vom 31. Mai 1934 (MiBl.iV. S. 793 — auch R.Gesundh.Bl. S. 449) will der RMdI. „vorbehaltlich einer Änderung der VO. über Obsterzeugnisse einen Zusatz von Zitronensäure nicht beanstandet" wissen, „sofern er nur in geringer Menge erfolgt und kenntlich gemacht wird. Aus technischen Gründen bietet die Verwendung von Zitronensäure an Stelle von Weinsäure oder Milchsäure erhebliche Vorteile.

2. Über die Duldung des Vertriebs von Mischungen aus Trockenpektin mit weißem Verbrauchszucker (Saccharose) oder mit reinem Stärkezucker (Dextrose) für die Verwendung im Haushalt äußern sich zwei Runderlasse des RMdI. Abs. 4 des Runderlasses vom 18. Juni 1934, MiBl.iV. S. 875, lautet: „(4) Für die Herstellung von Obsterzeugnissen im Haushalt wird neben flüssigem Obstpektin auch pulverförmiges Obstpektin (Trockenpektin) angeboten. Da reines Trockenpektin beim Auflösen zur Klumpenbildung neigt, hat es sich als zweckmäßig erwiesen, es mit der gleichen Menge technisch reinen weißen Verbrauchszuckers zu mischen. Da bei denjenigen Obsterzeugnissen, bei deren Herstellung Obstpektin verwendet werden darf, auch stets Zucker Verwendung findet, bestehen keine Bedenken gegen das Inverkehrbringen einer solchen Mischung, sofern die Beschriftung klar erkennen läßt, daß es sich bei dem Erzeugnis um eine Mischung von Obstpektin und Zucker, nicht aber um Obstpektin i. S. des § 3 Abs. 3 der VO. über Obsterzeugnisse handelt."

In Abs. 1 seines Runderlasses vom 21. Dezember 1934 (MiBl.iV. S. 1562) verweist der RMdI. auf den vorstehenden Runderlaß vom 18. Juni 1934 und bestimmt alsdann (in Abs. 2):

„(2) Wie von gewerblicher Seite dargelegt wird, hat sich diese Mischung in vielen Fällen nicht bewährt, da die in ihr enthaltene Weinsäure oder Zitronensäure bei feuchter Lagerung leicht eine Inversion der Saccharose bewirkt, die zu einer Verflüssigung des Inhalts der Packungen führt und ihn unbrauchbar macht. Es ist daher beantragt worden, auch Mischungen von Trockenpektin mit mehreren Teilen reinem Stärkezucker (Dextrose) in den Verkehr bringen zu dürfen, die den genannten Nachteil nicht aufweisen. Ein hiermit hergestelltes Obstgelee würde wegen seines — wenn auch geringen — Gehalts an Stärkezucker den Anforderungen der VO. über Obsterzeugnisse vom 15. Juli 1933 (RGBl. I S. 495, 796) nicht entsprechen (§ 28 Nr. 5). Es bestehen aber keine Bedenken gegen das Inverkehrbringen einer solchen Mischung, sofern diese lediglich zur Herstellung von Obsterzeugnissen im Haushalt, nicht aber zur gewerblichen Herstellung dieser Erzeugnisse dienen soll. Es ist jedoch in Übereinstimmung mit dem genannten RdErl. zu fordern, daß die gewählte Beschriftung klar erkennen läßt, daß eine Mischung aus Obstpektin und Stärkezucker vorliegt und ferner, daß das Erzeugnis nur zur Herstellung von Obsterzeugnissen im Haushalt bestimmt ist."

RdErl. des RMdI. vom 29. 12. 1938 (MiBl.iV. 1939 S. 13) zur VO. über Obsterzeugnisse — gerichtet an die Landesregierungen außer Österreich und Sudetendeutschland.

(1) Nach § 3 Abs. 3 der VO. über Obsterzeugnisse vom 15. 7. 1933 (RGBl. I S. 495) muß flüssiges Obstpektin mindestens 2,5 Hundertteile Pektinstoff (berechnet als Kalziumpektat) enthalten. Es hat sich herausgestellt, daß Obstpektin hohe Gelierkraft haben kann, ohne daß der vorgeschriebene Gehalt an Pektinstoff voll erreicht wird.

(2) Ich ersuche daher, flüssiges Obstpektin wegen eines zu geringen Gehaltes an Pektinstoff nicht zu beanstanden, sofern die Gelierfähigkeit des Erzeugnisses mindestens so groß ist, daß zum Gelieren von Obstkonfitüren und Einfruchtmarmeladen nicht mehr als 12 Hundertteile flüssiges Obstpektin und zum Gelieren von Mehrfruchtmarmeladen und gemischten Marmeladen, sowie von Obstgelee nicht mehr als 20 Hundertteile flüssiges Obstpektin (jeweils berechnet auf das Fertigerzeugnis) erforderlich sind.

RdErl. des RMdI. vom 26. 8. 1940 über Obstpektin (MiBl.iV. S. 1747). Auf Grund des § 20 Abs. 2 Nr. 3 des Lebensmittelges. in der Fassung vom 17. 1. 1936 (RGBl. I S. 17) bestimme ich, daß Obstpektine für die Dauer der Kriegswirtschaft nicht deshalb zu beanstanden sind, weil sie entgegen § 3 Abs. 3 und § 7 Nr. 18 der VO. über Obsterzeugnisse vom 15. 7. 1933 (RGBl. I S. 495) zellige Elemente in makroskopisch wahrnehmbarer Menge enthalten oder in 3 cm hoher Schicht nicht durchscheinend sind.

Siehe auch: H. Holthöfer in Bömer, Juckenack, Tillmanns ,Handbuch für Lebensmittelchemie' Bd. V, S. 925 u. f. (1938) und Bd. IX, S. 1034 (1942), Springer Berlin.

Literaturverzeichnis

1. Braconnot, H., Ann. chim. phys. 2, **28**, 173 (1825).
2. Niemann, C. u. Link, K. P., J. Biol. Chem. **104**, 743 (1934).
3. Militzer, W. u. Angier, R., Arch. Biochem. **10**, 291 (1946).
4. Franken, H., Biochem. Z. **250**, 53 (1932).
4a. Isbell, H. S., J. Research **33**, 45 (1944).
5. Speiser, R., Eddy, C. R. u. Hills, C. H., J. Phys. Chem. **49**, 563 (1945).
6. Hirst, E. L. u. Peat, S., in Bamann-Myrbäck, Methoden d. Fermentforsch. **1**, 224 (1941).
7. Schulz, G. V. u. Husemann, E., Zeitschr. f. Naturforsch. **1**, 268 (1946).
7a. Husemann, J. prakt. Chem. 13 (1940).
8. Schneider, G. G. u. Bock, H., Ber. **70**, 1617 (1937).
8a. Bock, H., in Bamann-Myrbäck, Methoden d. Fermentforsch. **1**, 239 (1941).
9. Hill, R., Nature **139**, 881 (1937) u. Proc. Royal Soc. **B. 127**, 192 (1939).
10. Warburg, O. u. Lüttgens, W., Naturwiss. **32**, 161 u. 301 (1944).
    Warburg, O. ,,Schwermetalle als Wirkungsgruppen von Fermenten'', Werner Saenger, Berlin (1948).
11. Brown u. Frank, Arch. Biochem. Vol. **16**, 55 (1948).
12. Ruben, S., Randall, M., Kamen, M. u. Hyde, J. L., J. Am. Chem. Soc. **63**, 877 (1941) u. C. 1941 II 2575.
13. Thurlow, J. u. Bonner, J., Arch. Biochem. **19**, 509 (1948).
    Benson, A. u. Calvin, M., Science **105**, 648 (1947).
14. Ochoa, Currents in Biochemical Research, Ed. by D. E. Green, Interscience Publishers Inc. N. Y. 1946, S. 165—185.
15. Calvin, M. u. Benson, A. A., Science **109**, 140 (1949).
16. Wirth, Ber. Schweiz. Bot. Ges. **56**, 175 (1946).
17. Ripa, R. (Sucharipa), ,,Die Pektinstoffe'', Serger u. Hempel, Braunschweig, 1937.
18. Bailey, I. W., Ind. Eng. Chem. Ind. Ed. **30**, 40 (1938).
19. Payen, A., Ann. Chim. Phys. **26**, 329 (1824).
20. Branfoot, M. H., ,,A Critical and Historical Study of the Pectic Substances of Plants'', British Dept. of Sci. and Ind. Research, Food Investigation Special Report No. 33, His Majesty's Stationary Office, London 1929.
21. Bonner, J., Bot. Rev. **2**, 475 (1936).
22. Sucharipa, R., J. Amer. Chem. Soc. **46**, 145 (1924), siehe auch Ripa ,,Die Pektinstoffe'', Serger u. Hempel, Braunschweig, 1937.
23. Henglein, F. A., J. makromol. Ch. 3, **1**, 121 (1943) u. Angew. Chem. **62**, 27 (1950).
24. Pallmann, H. u. Deuel, H., Chimia, Vol. 1, Fasc. 2, 27 (1947).
25. Bonner, Jahrbuch wiss. Bot. **82**, 377 (1936).
26. Carré, M. H., Biochem. J. **16**, 704 (1922) u. Ann. Botany **39**, 611 (1925).
    Appleman, C. O. u. Conrad, C. M., Maryland Agr. Expt. Sta. Bull. No. 283 (1926).
    Carré, M. H. u. Horne, A. S., Ann. Botany **41**, 193 (1927).
    Gaddum, L. W., Florida Agr. Expt. Sta. Techn. Bulletin 268 (1934).
    Rygg, G. L. u. Harvey, E. M., Plant Physiology **13**, 571 (1938).
    Sloep, A. C., ,,Onderzoekingen over Pectinestoffen en hare enzymatische Outleding'', Dissertation, Meinema, Delft (1928).
    (Neuere Literatur hierzu siehe im Kapitel über Pektinenzyme.)
27. Ehrlich, F., in Abderhalden, ,,Handbuch der biol. Arbeitsmethoden'' Abt. IV, Teil 2, 2405 (1936).
28. Macara, T., ,,The Composition of Fruits'', Analyst **56**, 39 (1931).
29. Speas ,,Handbook on the Uses of Nutrl-Jel, Speas Comp.', Kansas City 1, Missouri, USA.
30. Vauquelin, Ann. Chim. Phys. **5**, 92, (1790).
31. Braconnot, Ann. Chim. Phys. **47**, 266 (1831) u. **50**, 376 (1832).
32. Payen, A., Ann. Chim. Phys. **26**, 329 (1824), ebenda 35 (1841) u. Journ. de Pharm. **28**, 20 (1840); Rec. Sav. Etr. **9**, 148 (1846), C. r. **43**, 769 (1856); Ann. d'Agric. prat. **17**, 513 (1861).
33. Regnault, Journ. Pharm. **24**, 201 (1838); Berzel. Jahresber. **19**, 410 (1840).

34. Frémy, E., J. Pharm. Chim. **26**, (2) 368 (1840) u. **36**, 5 (1859) C. r. **24**, 1046 (1847) ebenda **48**, 203 (1859); Ann. Chim. Phys. **24**, 5 (1848).
35. Wiesner, J., Sitzber. Kais. Akad. d. Wiss. Wien **50**, 442 (1864), „Die Rohstoffe des Pflanzenreiches", I, 974 (1927) Engelmann, Leipzig.
36. Chodnew, A., Ann. **51**, 355; Berzel. Jahresber. **24**, 566 (1845).
37. Fresenius, Ann. Chem. Pharm. **25**, 219 (1856); Ann. Chem. **150**, 219 (1857).
38. Scheibler, Liebig u. Kopp, Jahresber. 799 (1868); Ber. **1**, 58, 108 (1868) ebenda: **6**, 612 (1873).
39. Wohl u. v. Niessen, Ztschr. Ver. Deutsch. Zuck. Ind. **26**, 924 (1889).
40. Mangin, L. J., C. r. **107**, 145 (1888).
41. Bourquelot u. Hérissey, J. Pharm. Chim. **7**, 473 (1898) u. **9**, 281 (1900) C. 1898 II 777.
42. v. Fellenberg, Th., Biochem. Z. **85**, 45 (1918).
43. Smolenski, K., Z. physiol. Chem. **71**, 266 (1911).
44. Ehrlich, F., Chem. Ztg. **41**, 197 (1917).
45. Suarez, Chem. Ztg. **41**, 87 (1917).
46. Ehrlich, F., in G. Klein, Handbuch d. Pflanzenanalyse, Bd. III, Seite 80, Springer, Wien 1932.
    Ehrlich, F., in Abderhalden; Handbuch der biolog. Arbeitsmethoden Abt. I, Teil II 1503 (1936).
    Ehrlich, F., in Ullmann, Enzyklop. d. techn. Chemie. Bd. **8**, 390, Urban u. Schwarzenberg, Berlin 1931.
47. Ehrlich, F. u. Haensel, Cellulosechemie, **17**, 1, 13 (1936).
48. Vollmert, B., Angew. Chem. A. **59**, 177 (1947).
49. Ehrlich, F. u. Schubert, F., Biochem. Z. **169**, 13 (1926).
49a. Ehrlich, F. u. Haensel, R., Cellulosechemie **16**, 97, 109 (1935).
50. Ehrlich, F., Cellulosechemie **11**, 140, 161 (1930).
51. Smolenski, K., C. 1924, 95, 316; C. 1924, 4, 2140 u. Chem. Abstr. **19**, 41 (1925) u. C. 1933 I 1604.
52. Meyer, K. H. u. Mark, H., „Der Aufbau der hochpolymeren organischen Naturstoffe", Leipzig (1930).
53. van Iterson, G. (L. Corbeau u. W. Burgers) Chem. Weekblad (Nd.) **30**, 2 (1933) (C. 1934, I. 312).
54. Morell, S., Baur, L. u. Link, K. P., J. Biol. Chem. **105**, 1 (1934).
55. Henglein, F. A. u. Schneider, G. G., Ber. **69**, 309 (1936).
56. Schneider, G. G. u. Ziervogel, M., Ber. **69**, 2530 (1936).
57. Schneider, G. G. u. Fritschi, U., Ber. **69**, 2537 (1936).
    Schneider, G. G. u. Fritschi, U., Ber. **70**, 1611 (1937).
58. Gaponenkow, T. K., C. 1937, I. 2780.
59. Schneider, G. G. u. Bock, H., Ber. **71**, 1353 (1937).
60. Chemical and Engeneering News, Am. Chem. Soc. Vol. 22, page 105, Jan. 25 (1944).
61. Joseph, G. H., Bryant, E. F. u. Kieser, H., Exchange Pectin L. M., California Fruit Growers Exchange, Ontario, California (1947), (Werbeschrift).
62. Hirst, E. L. u. Jones, J. K. N., J. Chem. Soc. 454 (1939).
    Beaven, G. H. u. Jones, J. K. N., Chemistry & Industry, **58**, 363 (1939).
63. Smith, F., Chemistry & Industry, **58**, 363 (1939).
63a. Luckett, S. u. Smith, F., J. Chem. Soc. 1106—18, 1506 (1940).
    Siehe hierzu auch: Levene, Meyer u. Kuna, Science **89**, 370 (1939).
64. Svedberg, T. u. Gralén, N., Nature **142**, 261 (1938).
64a. Säverborn, S., Koll. Z. **90**, 41 (1940) u. Acid Polyuronids, Uppsala 1945.
65. Einsele, R., Diplomarbeit (Karlsruhe 1938).
    Snellmann, O. u. Säverborn, S., Kolloid Beihefte **52**, 467 (1941).
    Hermans, J. J., Rec. Trav. Chim. **63**, 25 (1944).
66. Malsch, L., Biochem. Z. **309**, 283 (1941).
66a. Owens, H. S., Lotzkar, H., Schultz, T. H. u. Maclay, W. D., J. Am. Chem. Soc. **68**, 1628 (1946).
66b. Deuel, H. u. Weber, F., Helv. Chim. Acta **28**, 1089 (1945).
67. New York, Agr. Expt. Sta. 56th Annual Report.
68. Astbury, W. T. u. Bell, F. O., Tabulae biologicae (Haag), **17**, 96 (1939).
    Wuhrmann, K. u. Pilnik, W., Experentia **1**, 330 (1945).
69. Palmer, K. J., Merrill, R. C., Owens, H. S. u. Ballantyne, M., J. Physical and Colloid Chem. Vol. **51**, No. 3, 710 (1947).
    Siehe auch Maclay, W. D., Owens, H. S., McCready, R. M., 110, Meeting Am. Chem. Soc. Chicago, Sept. 1946, S. 16 R-Div. of Sugar Chemistry.

70. Baker u. Kneeland, Ind. Eng. Chem. **28,** 373 (1936).
71. Lüdtke, M. u. Felser, H., Zur Kenntnis der Pektinstoffe (Flachspektin), Ann. **549,** 1 (1941).
72. Henglein, F. A., Angew. Chem. **62,** 27 (1950).
73. Pippen, E. L., McCready, R. M. u. Owens, H. S., Food Ind. Vol. **21,** Nr. 6, 166 (1949).
74. Pallmann, H., Weber, F. u. Deuel, H., Schweiz. Landw. Monatsh. **22,** 306 (1944).
75. Bulletin of the National Formulary Committee, Am. Pharm. Association, Washington, D C., Vol. **9,** No. 1 (1940)
76. Deuel, H., Ber. Schweiz. Bot. Ges., Band **53,** 221 (1943).
77. Schultz, T. H., Lotzkar, H., Owens, H. S. u. Maclay, W. D., J. Physical Chem., Vol. **49,** No. 6, 554 (1945).
77a. Lotzkar, H., Schultz, T. H., Owens, H. S. u. Maclay, W. D., J. Phys. Chem., Vol. **50,** No. 3, 200 (1946).
78. Pilnik, W., Ber. Schweiz. Bot. Gesellschaft, Band 56, 208 (1946).
79. Weber, F., Mittlgn. a. d. Agrikulturchem. Inst. d. ETH. Zürich (1944).
80. McCready, R. M., Owens, H. S. u. Maclay, W. D., Food Industries, Vol. **16,** 794—796; 864—865; 906—908 (1944).
81. Robertson, W. van B., Ropes, M. W. u. Bauer, W., Biochem. J. **35,** 903 (1941).
81a. Deuel, H., Helv. Chim. Acta, **26,** Fasc. VI, 2002 (1943).
82. Kertesz, Z. I., Plant Physiology **18,** 308 (1943).
83. Scheele und Mitarbeiter, Landw. Versuchsstat. **127,** 67 (1937).
84. Pallmann, H. u. Deuel, H., Experentia, Vol. I/3 (1945).
85. Dwight u. Kersten, J. Physical Chem. **42,** 1167 (1938).
86. Lampitt, L. H., Money, R. W., Judge, B. E. u. Urie, A., J. Soc. Chem. Ind. **66,** 157 (1947).
87. Olsen, A. G., J. Phys. Chem. **38,** 919 (1934).
87a. Joseph, G. H., J. Phys. Chem. **44,** 409 (1940).
87b. Hinton, C. L., „Fruit Pectins", Food Investigation Special Report No. 48, 1—96, His Majesty's Stationary Office, London (1939).
88. Neukomm, H., Mitt. Lebensmittelunters. u. Hygiene, **39,** Heft 1—3, 21 (1948) u. Mitt. a. d. Agrikulturchem. Inst. d. ETH. Zürich (1949).
89. Ogg, W. G., „Pectin and the Pectin-Sugar-Acid Gel", Dissertation, Cambridge.
90. Baker, G. L. u. Goodwin, M. W., Agr. Expt. Sta. Delaware, Bull. 246, Techn. No. 31 (1944).
91. Tarr, L. W., Delaware Agr. Expt. Sta., Bull. **134,** Techn. No. 2 (1923) u. Bull. **142,** (1926).
92. Lüers, H. u. Lochmüller, K., Kolloid Zeitschr. **42,** 154 (1927).
93. Olsen, A. G., Pectin Studies I. Citrus Pectin, Ind. Eng. Chem. **25,** 699 (1933).
94. Stuewer, R. F., Beach, N. M. u. Olsen, A. G., Pectin Studies, II. Ind. Eng. Chem. Anal. Ed. **6,** 143 (1934).
95. Cox, R. E. u. Higby, R. H., Food Ind. **16,** 441 (1944).
96. Cole, G. M., Cox, R. E. u. Joseph, G. H., Food Ind. **2,** 219 (1930).
97. Hinton, C. L., Biochem. J., Vol. **34,** Nos. 8 u. 9, 1211—1233 (1940).
98. Baker, G. L. u. Woodmansee, C. W., Delaware Agr. Expt. Sta. Bull. 272, Techn. No. 40 (1948).
99. Baker, G. L. u. Goodwin, M. W., Delaware Agr. Expt. Sta. Bull. 234, Techn., No. 28 (1941).
100. Myers, P. B. u. Baker, G. L., Delaware Agr. Expt. Sta. Bull. 144, Techn. No. 7 (1926).
101. Baker, G. L. in E. M. Mrak u. G. F. Stewart „Advances in Food Research" 395 (1948) Academic Press, New York.
102. Spencer, G., J. Phys. Chem. **33,** 1987 (1929) u. **33,** 2012 (1929).
103. Morris, T. N., Reports of the Food Investigation Board for the Years: (1935) 182 u. 185; (1936) 209; (1937) 204.
104. Ruf, W., Deutsche Lebensmittelrundschau. **44,** 261 (1948).
105. Bock, H., Simmerl, J. u. Josten, M., J. pr. Chem. **158,** 8 (1941).
106. Lampitt, L. H., Money, R. W., Urie, A. u. Judge, B. E., J. Soc. Chem. Ind. **67,** 101 (1948).
107. Bergström, Z. physiol. Chem. **238,** 163 (1936).
108. König u. Usteri, Helv. **26,** 1296 (1943).
109. Carson, J. F. u. Maclay, W. D., J. Am. Chem. Soc. **67,** 787 (1945).
110. Carson, J. F. u. Maclay, W. D., J. Am. Chem. Soc. **68,** 1015 (1946).
111. Smolenski u. Wlostowska, C. 1928, II, 439.

112. Buston u. Nanji, Biochem. J. **26**, 2090 (1932).
112a.Ehrlich (in Abderhalden)· s. unter Literaturstelle. Nr. 46.
112b.Kertesz, Z., I., J. Biol. Chem. **121**, 589, (1937).
112c.Ono, Pharm. Abstr. **3**, 282 (1940).
112d.Bennison u. Norris, Biochem. J. **33**, 1443 (1939).
112e.Hinton, C. L., Biochem. J. **34**, 1211 (1940).
113. Hirst, E. L. u. Jones, J. K. N., Adv. Carbohydrate Chem. **2**, 235 (1946).
114. Jansen, E. F. u. Jang, R., J. Am. Chem. Soc. **68**, 1475 (1946).
115a.Deuel, H., Helvetica Chim. Acta. Vol. 30, Fasc. 5, 1269 (1947).
115b.Deuel, H., Helvetica Chim. Acta, Vol. 30, Fasc. 6, 1523 (1947).
116. Micheel, F. u. Dörner, Z. physiol. Ch. **280**, 92 (1944).
   Micheel, F., Angew. Chem., **61**, 32 (1949).
117. Carson, J. F., J. Am. Chem. Soc. **68**, 2723 (1946).
118. Wilson, C. P., Ind. Eng. Chem. **17**, 1065 (1925).
119. Baker, G. L. u. Woodmansee, C. W., Fruit Prod. J. **23**, 164, 165, 185 (1944).
120. Maclay, W. D. u. Nielsen, J. P., US Patent No. 2375376, patended May 8 (1945).
121. Stoikoff, St., Mitt. Lebensmitteluntersuchung u. Hygiene, 39, 4/5; 292 (1948).
122. Ziegelmayer, W., „Die Ernährung des Deutschen Volkes", Theodor Steinkopf, Dresden u. Leipzig, 1947, S. 506 u. f. u. S. 416.
123. Mottern, H. H. u. Hills, C. H., Ind. Eng. Chem. **38**, Nr. 11, 1153 (1946).
124. Andrlik, C.1895 I. 833.
124a.Bosurgi, G., u. Fiedler, K., Brit. Pat. No. 388284 (1932).
124b.Myers, P. B., US.-Pat. 2165902 (1939).
125. Myers, P. B. u. Baker, G. L., Delaware, Agr. Expt. Sta. Bull. 160, Techn. No. 10 (1929).
126. Myers, P. B. u. Baker, G. L., Delaware, Agr. Expt. Sta. Bull. 168, Techn. No. 12 (1931).
127. Baker, G. L., Delaware Agr. Expt. Sta. Bull. 204, Techn. No. 18 (1936).
128. General Foods Co. (USA.) F. P. 796929.
129. Pomosinwerke K.-G., Fischer & Co., Belg. P. 444871 v. 17. 3. 1942 (C. 1943 I, 2547).
   Pomosinwerke K.-G., Fischer & Co., Schweiz. P. 228203 v. 13. 3. 1942 (C. 1944 II, 904).
130. Pektinwerke Liebenwalde, Dr. P. Hußmann, DRP. 743067, Kl. 53 K. v. 18. 12. 1941 (C. 1944 I. 903).
131. Baker, G. L. u. Woodmansee, Fruit Prod. J. **23**, 164 (1944).
132. Sookne u. Harris, J. Res. Nat. Bur. Stand. **26**, 65 (1941).
   Vgl. auch Liter. Nr. 131.
133. Primot, C., C. r. **213**, 503 (1941).
134. Ripa, R. (Sucharipa), „Die Pektinstoffe", Braunschweig 1925.
135. Rosenfield, B., Brit. Pat. 480096 (1938).
136. Hirsch, P., US.-Pat. 2273521 (1942).
137. Lampitt, L. H. u. Mitarbeiter, J. Soc. Chem. Ind. **66**, 121—124 u. 157—160 (1947).
138. Nanji u. Chinoy, Biochem. J. **28**, 456 (1934).
139. Mehlitz, A., Vorratspflege u. Lebensmittelforschung, **4**, 572 (1941).
140. Charley, V. L. S., Burroughs, L. F., Kieser, M. E. u. Steedman, J., Ann. Report Agr. Hort. Research Sta., Long Ashton, Bristol, 1942, S. 89.
141. Burroughs, L. F., Kieser, M. E., Pollard, A. u. Steedman, J., Fruit Products J. **24**, 4 (1944).
142. Morris, T. N., Report Food Invest. Board, Dept. Sci. Ind. Res. (Gt. Britain) 180—182 (1935).
143. Baker, G. L., Fruit Prod. J. **14**, 110 (1934).
144. Pomosinwerke K.-G., Fischer & Co., DRP. 730898 v. 11. 9. 1941 (C. 1943 I. 1834).
145. Fischer, W., Frankfurt a. M., Belg. Pat. 444896 v. 19. 3. 1942 (C. 1943 I. 2547).
146. Pomosinwerke K.-G., Fischer & Co., Belg. Pat. 445603 v. 16. 5. 1942 u. Pomosinwerke K.-G., Fischer & Co., F. P. 882842 v. 3. 6. 1942 (C. 1943 I. 2547 u. 1944 I. 967).
147. Otto, R. u. Winkler, G., DRP. 729667 v. 26. 11. 1942.
148. Ausführungsverordnung zum Lebensmittelgesetz 15. 7. 1933, RGBl. I S. 495, Runderlaß d. Reichsinnenministeriums v. 29. 12. 1938 u. 26. 8. 1940.
149. Pektinwerke Liebenwalde, P. Hußmann, DRP. 742702 v. 6. 5. 1942 (C. 1944 I. 903).
   Siehe auch: Pektinwerke Liebenwalde, P. Hußmann, DRP. 743532 v. 23. 7. 1938 (C. 1944, I. 903).

150. Pomosinwerke K.-G., Fischer & Co., Belg. Pat. 447825 v. 3. 11. 1942 (C. 1944 I. 397) u. F. P. 887098 v. 23. 10. 1942 (C. 1944 II. 377).
151. Myers, P. B. u. Rouse, A. H., US.-Pat. 2323483 v. 6. 7. 1944.
152. Beohner, H. L. u. Mindler, A. B., Ind. Eng. Chem. Vol. 41, No. 3, 448 (1949).
153. Joseph, G. H., Economic Botany, Vol. 1, No. 4, 424 (1947).
154. Joseph, G. H. u. Mitarbeiter, Fruit Prod. J., July 1948, S. 318/319.
155. Woodmansee, C. W. u. Baker, G. L., Food Technology, Vol. 3, No. 3, 82 (1949).
156. McCready, R. M., Owens, H. S., Shepherd, A. D. u. Maclay, W. D., Ind. Eng. Chem., Vol. 38, 1254 (1946).
157. Owens, H. S., McCready, R. M. u. Maclay, W. D., Food Technology, Vol. 3, No. 3, 77 (1949).
158. Mehlitz, A., Biochem. Z. 256, 145 (1932).
159. Owens, H. S., McCready, R. M. u. Maclay, W. D., Ind. Eng. Chem. Ind. Ed., Vol. 36, 936 (1944).
160. Joseph, G. H., Kieser, A. H. u. Bryant, E. F., Food Technology, Vol. 3, No. 3, 85—90 (1949).
161. Hills, C. H., Mottern, H. H., Nutting, G. C. u. Speiser, R., 108th Meeting of the Am. Chem. Soc., New York, Sept. 1944.
162. Hills, C. H., Mottern, H. H., Nutting, G. C. u. Speiser, R., Food Technology, Vol. 3, No. 3, 90 (1949).
163. Hills, C. H. u. Speiser, R., Science 103, 166 (1946).
164. Speiser, R. u. Eddy, C. R., J. Am. Chem. Soc. 68, 287 (1946).
165. Jansen, E. F. u. MacDonnell, L. R., Arch. Biochem. 8, 97 (1945).
166. Baier, W. E. u. Wilson, C. W., Ind. Eng. Chem., Vol. 33, 287 (1941).
167. Bryant, E. F., Ind. Eng. Chem. Anal. Ed., Vol. 13, 103 (1941).
168. Pringsheim, H. u. Leibowitz, J., in G. Klein, Handbuch d. Pflanzenanalyse, Band II, S. 775, Springer, Wien 1932.
169. Pringsheim, H. u. Leibowitz, J., in G. Klein, Handbuch d. Pflanzenanalyse, Band II, S. 807, Springer, Wien 1932.
170. Strohecker, R., Methoden der Lebensmittelchemie, W. de Gruyter, Berlin, 1943, S. 161.
171. Griebel, C., Zeitschr. f. Unters. d. Lebensm. 63, 296 (1932).
172. Morris, T. N., „Principles of Fruit Preservation", Chapman and Hall, London 1946.
173. Carré, M. H. u. Haynes D., Biochem. J. 16, 60 (1922). (C. 1922 IV, 615.)
174. Täufel u. Just, Z. Unters. Lebensm. 82, (1941).
175. Griebel, C. u. Weiß, F., Zeitschr. Unters. Lebensmitt. 54, 175 (1927) u. 58, 197 (1929).
176. Mehlitz, A., in Bamann-Myrbäck „Methoden der Fermentforschung", Bd. 3, S. 2865 (1941).
176a. Mehlitz, A., „Pektin", Appelhans & Co., Braunschweig (1934).
177. Mehlitz, A., „Pektin", Appelhans & Co., Braunschweig (1944).
178. Serger-Hempel, „Konserventechn. Taschenbuch", Braunschweig, 1943, S. 261.
179. Lüers, H., Obst- u. Gemüseverwertungs-Ind., A. 33, 399 (1940).
180. Fellers, C. R. u. Griffiths, F. P., Massachusetts Agr. Expt. Sta. Contribution No. 78 (1928).
181. Baker, G. L., Ind. Eng. Chem. 18, 89—93 (1926).
182. Baker, G. L., Fruit Prod. J. 17, 329—330 (1938).
183. Owens, H. S., Porter, O. u. Maclay, W. D., Food Ind., Vol. 19, 606—608; 746, 748 u. 750 (1947).
184. National Bureau of Standards (Washington 25, D. C.), Bull. ES—1092 (1947).
185. Goldberg, H. u. Sandvik, O., Anal. Chem. 19, 123 (1947).
186. Campbell, L. E., J. Soc. Chem. Ind. 57, 412 (1928).
187. Joseph, G. H. u. Baier, W. E., Food Techn., Vol. 3, No. 1, 18 (1949).
188. Mehlitz, A., Vorratspflege u. Lebensmittelforschung, 2, Heft 9/10, 541 (1939).
189. Schachinger, L., Zeitschr. Lebensmitt.-Unters. u. -Forsch. 89, 26 (1949).
190. Browne, A. C., Pa. Dept. Agr. Bull. No. 58 (1899).
191. Eckart, H., Chemie der Zelle u. Gewebe 12, 241 (1925).
192. Eckart, H. u. Diem, A., Zeitschr. Untersuchg. Lebensmitt. 51, 272 (1926).
193. Henglein, F. A., Die Makromol. Chem., Bd. 1, Heft 1—2, 70 (1947).
194. Deuel, H., Mitt. Lebensmittelunters. u. Hyg. 34, 41 (1943).
195. Deschreider, A. R. u. van den Driessche, S., Food Manuf. 23, 77—83 (1948).
196. Eichenberger, E., Mitt. Lebensmittelunters. u. Hyg. 34, 33, 1943.
197. Olsen, A. G., Stuewer, R. F., Fehlberg, E. R. u. Beach, N. M., Ind. Eng. Chem., Vol. 31, 1015 (1939).
198. Meyer, H., „Nachweis u. Bestimmung organ. Verbindungen", Berlin, Jul. Springer, 1933.

197

199. Gattermann-Wieland, „Die Praxis des organischen Chemikers", W. de Gruyter & Co., Berlin u. Leipzig (1947).
200. v. Fellenberg,,Th., Biochem. Z. **85**, 110 (1918).
201. Lefèvre, K. U. u. Tollens, B., Ber. **40**, 4513 (1907).
202. McCready, R. M., Swenson, H. A. u. Maclay, W. D., Ind. Eng. Chem., Vol. **18**, 290 (1946).
203. Vollmert, B., Zeitschr. Lebensmittel-Unters. u. Forsch. **89**, 347 (1949).
204. Willstätter, R. u. Schudel, G., Ber. **51**, 780 (1918).
204a. Goebel, W. F., J. Biol. Chem. **72**, 801 (1927).
205. Staudinger, H., „Die hochmolekularen Verbindungen", J. Springer, Berlin 1932.
206. Schneider, G. G. u. Bock, H., Z. Angew. Chem. **51**, 94 (1938).
207. Heen, E., Koll. Z. **83**, 204 (1938).
208. McIlvaine, J. Biol. Chem. **49**, 183 (1921).
209. Kertesz, Z. I., Ergebn. d. Enzymforsch. **5**, 233 (1936).
210. Phaff, H. J. u. Joslyn, M. A., „The Newer Knowledge of Pectic Enzymes", Wallerstein Lab. Comm., Vol. **10**, No. 30, 133 (1947).
211. Harter, L. L. u. Weimer, J. L., J. Agr. Research **21**, 609, **22**, 371 (1921), **24**, 861, **25**, 155 (1923).
212. Fabian, F. W. u. Johnson, E. A., Mich. Agr. Expt. Sta., Techn. Bull. No. 157 (1938).
213. Jones, D. R., Nature (London), **158**, 625 (1946).
214. Oxford, A. E., Nature (London), **154**, 271 (1944).
215. Barinowa, S. A., Microbiol. (russ). **15**, 313 (1946), C. 1947, I. 339.
216. Werch, S. C., Jung, R. W., Day, A. A., Friedemann, T. E. u. Ivy, A. C., J. Infect Diseases **70**, 231 (1942).
217. Kertesz, Z. I., Journal of Nutrition, Vol. **20**, No. 3, 289 (1940).
218. McColloch, R. J. u. Kertesz, Z. I., J. Biol. Chem. **160**, 149 (1945).
219a. Horovitz-Vlasova, L. M. u. Rodinova, E. A., Proc. Inst. Sci. Res. Food Indus. USSR. (Leningrad) **3**, 80; 96 (1935).
219b. Rodinova, E. A. u. Barkovskaya, R. I., daselbst 117 (1935).
219c. Novotelnov, N. V. u. Barkovskaya, R. I., daselbst, **3**, 5 (1935).
220. Luh, P. S. u. Phaff, H. J., Fruit Prod. J. u. Am. Food. Manuf., Nr. **4**, 118 (1948).
221. Bernhauer, K. u. Knobloch, H., in Bamann-Myrbäck, Meth. Fermentforsch., Bd. 2, Seite 1323 (1941).
222. Pitman, G. A. u. Cruess, W. V., Ind. Eng. Chem. **21**, 1292 (1929).
223. Davison, F. R. u. Willaman, J. J., Botan. Gaz. **83**, 329, (1927).
224. Bourquelot, E. u. Hérissey, H., C. r. **127**, 191 (1898).
225. Ehrlich, F., Enzymologia (Nd.) **3**, 185 (1937), Neuberg Festschrift.
226. Bock, H., Polyuronidasen, in Bamann-Myrbäck, Methoden der Fermentforsch., Bd. 2, 1914 (1941).
227. Kertesz, Z. I., J. Am. Chem. Soc. **61**, 2544 (1939).
228. Proskurjakow, N. u. Ossipow, F. M., Biochimija (Rußl.) **4**, 50 (1939) u. C. 1939 II, 1086.
229. Phaff, H. J., „The Biochemistry of the Exocellular Pectinase of Penicillium chrysogenum", Dissertation Univ. of California (1943).
229a. Phaff, H. J., Arch. Biochem., Vol. **13**, No. 1, 67 (1947).
230. Fernando, M., Ann. Botany (N. S.) **1**, 727 (1937).
231. Jansen, E. F., MacDonnell, L. R. u. Jang, R., Arch. Biochem. **8**, 113 (1945).
232. Mehlitz, A. u. Maaß, H., Biochem. Z. **276**, 86 (1935).
233. Kertesz, Z. I., Food Research, Vol. **3**, No. 5, 481 (1938).
234. McColloch, R. J. u. Kertesz, Z. I., Arch. Biochem., Vol. **13**, No. 2, 217 (1947).
235. McColloch, R. J. u. Kertesz, Z. I., Arch. Biochem., Vol. **17**, 197 (1948).
236. McColloch, R. J. u. Kertesz, Z. I., Food Technology, Vol. **3**, No. 3, 94 (1949).
237. Frémy, E., J. Pharm. Chimie **26**, 292 (1840), J. prakt. Chem. **21**, 1.
238. Bertrand, G. u. Mallèvre, A., C. r., Acad. Sci. **121**, 726 (1895).
239. MacDonnell, L. R., Jansen, E. F. u. Lineweaver, H., Arch. Biochem. Vol. **6**, No. 3, 389 (1945).
240. Joslyn, M. A. u. Sedky, A., Plant Physiol. **15**, 675—687 (1940).
241. Holden, M., Biochem. J. **40**, 103 (1946).
242. Holden, M., Biochem. J. **39**, 172 (1945).
243. Willaman, J. J. u. Hills, C. H., US.-Pat. 2358429, Patented Sept. 19, 1944.
244. McColloch, R. J., Moyer, J. C. u. Kertesz, Z. I., Arch. Biochem., Vol. **10**, No. 3, 479 (1946).
245. Pithawala, H. R., Savur, G. R. u. Sreenivasan, A., Arch. Biochem. **17**, 235 (1948).

198

246. Mehlitz, A., Biochem. Z. **221,** 217 (1930).
247. Lineweaver, H. u. Ballou, G. A., Arch. Biochem. **6,** 373 (1945).
248. Neuberg, C. u. Ostendorf, Cl., Biochem. Z. **229,** 464 (1930).
249. Lineweaver, H. u. Ballou, G. A., Federation Proceedings **2,** 66 (1943).
250. Kertesz, Z. I., Food Research **4,** 113 (1939).
251. Hills, C. H. u. Mottern, H. H., J. Biol. Chem., Vol. **168,** No. 2, 651 (1947).
252. Fish, V. B. u. Dustman, R. B., J. Am. Chem. Soc. **67,** 1155 (1945) (C. 1945 II. 509).
253. Sloep, A. C., siehe unter Nr. 26.
254. Kiermeier, F. Ann. Bd. **551,** No. 3, 232 (1949).
255. Hills, C. H., White, J. W. Jr. u. Baker, G. L., Proc. Inst. Food. Techn. 47 (1942).
256. Willaman, J. J., Mottern, H. H., Hills, C. H. u. Baker, G. L., US.-Pat. 2358430, Sept. 19, 1944.
257. Kertesz, Z. I., New York State Agr. Expt. Sta. Bull. **589,** 1 (1930).
258. Willaman, J. J. u. Kertesz, Z. I., New York State Agr. Expt. Sta. Techn. Bull. **178,** 1 (1931).
259. Besone, J. u. Cruess, W. V., Fruit Prod. J. **20,** 365 (1941).
260. Mehlitz, A. u. Scheuer, Biochem. Z. **268,** 345 (1934) u. **276,** 66 (1935).
261. Mehlitz, A., „Süßmost", Dr. Serger u. Hempel, Braunschweig, 1940.
262. Kilbuck, J. J., Nussbaum, F. u. Cruess, W. V., Fruit Prod. J., Vol. **28,** No. 9, 274 (1949).
263. Tserevitinov, S. F. u. Rosanova, O. J., Schriften zentral. biochem. Forschungsinst. Nahr.- u. Genußmittelind. **3,** 251 (1933).
263a. Maaß, H., Milchwissenschaft, Jg. 2, Heft 6, 286 (1947).
264. Mottern, H. H., Neubert, A. M. u. Eddy, C. W., Fruit Prod. J. **20,** 36 (1940).
265. Marshall, R. E., Fruit Prod. J. **23,** 40 (1943).
     Marshall, R. E., Food Packer **17,** Nr. 9, 49 (1946).
266. Weber, F. u. Deuel, H., Mitt. Lebensmitt. u. Hyg., Vol. **36,** Fasc. 6, 368 (1945).
267. Jirak, L. u. Niederle, M., Vorratspflege u. Lebensmittelforsch. **4,** 513 (1941).
268. Joslyn, M. A. u. Sedky, A., Food Research, Vol. **5,** No. 3, 223 (1940).
269. Loeffler, H. J., Proc. Inst. Food Technologists 29 (1941).
270. Perrier, A., C. r. **193,** 547 (1931).
271. Neuberg, C. u. Kobel, M., Biochem. Z. **179,** 459 (1926) u. **190,** 232 (1927).
272. Neuberg, C. u. Ottenstein, B., Biochem. Z. **188,** 217 (1927).
273. Andreadis, Th., Biochem. Z. **211,** 378 (1929).
274. Ruschmann, G., „Grundlagen der Röste", Leipzig, 1923.
275. Bock, H. u. Einsele, R., J. prakt. Chem. N. F. **155,** 225 (1940) u. Angew. Chem. **53,** 432 (1940).
276. Prescott, S. C. u. Dunn, C. G., „Industrial Microbiology", McGraw-Hill, New York, 1940.
277. Bonnet, L., Teintex **8,** 175 (1943), (C. 1943 II, 2121).
278. Nature **157,** 829 (1946).
279. Mottern, H. H. u. Cole, H. L., J. Am. Chem. Soc. **61,** 2701 (1939).
280. Pigman, W. W., J. Research Natl. Bur. Standards **25,** 301 (1940).
281. Rietz, E. u. Maclay, W. D., J. Am. Chem. Soc. **65,** 1242 (1943).
282. Isbell, H. S. u. Frush, H. L., J. Research Natl. Bur. Stand. **33,** 389 (1944).
283. Frush, H. L. u. Isbell, H. S., J. Research Natl. Bur. Stand. **33,** 401 (1944).
284. Letzig, E., Zeitschr. Untersuch. Lebensm. **84,** 289 (1942).
285. Meade, R. C. u. Mitarbeiter, Plant Physiol. **23,** 98—111 (1948) durch: Chem. Abstr. 42, Nr. 11, Juni 1948, S. 3872.
285a. Reich, G. T., Food Techn. Vol **3,** No. 12, 383 (1949).
286. Cameron, J., Food Manufacture, London **23,** 455 (1948).
286a. Berlingozzi u. Testoni, V., Ann. Chem. applicata **26,** 366 (C. 1937 I, 743)
287. Johnson, G. u. Boggs, M. M., Food Industries, Vol. **19,** 1491 (1947).
     Boggs, M. M. u. Johnson, G., Food Industries, Vol. **19,** 1067 (1947).
288. Kertesz, Z. I., Canner **88,** No. 7, 26, No. 24, 14 (1939).
289. Kertesz, Z. I. u. Loconti, J. D., Canner **92,** No. 10, 11 (1941).
290. Loconti, J. D. u. Kertesz, Z. I., Food Research, **6,** 499 (1941).
291. Personius, C. J. u. Sharp, P. F., Food Research **4,** 299 (1939).
292. Esselen W. B., Hart, W. J. u. Fellers, C. R., Fruit Prod. J. **27,** No. 1, 8 (1947).
     Baker, G. L., Fruit Prod. J., Vol. **26,** No. 7, 197 (1947).
     Hills, H. H., Nevin, C. S. u. Heller, M. E., Fruit Prod. J., Vol. **26,** No. 12, 356 (1947).
293. Ripa, R., „Die Pektinstoffe", Braunschweig, 1937, S. 182.

294. Firmenanschriften, siehe S. 71—72.
295. Pomosinwerke K.-G., Fischer & Co., DRP. 514296.
296. Cruess, W. V. u. Mitarbeiter, Fruit Prod. Journal, Vol. **29,** 15 (1949).
297. Friar, H. F., Shearing, T. u. Cruess, W. V., Candy Industry, 27. April u. 11. Mai (1946).
298. Rezeptbuch der Opekta-Gesellschaft, Köln-Riehl.
299. Cruess, W. V., Fruit Prod. J. **28,** 39, 59 (1948).
300. Yang, R. u. Cruess, W. V., Fruit Prod. J., Vol. **26,** No. 8, 229—31 u. 248 (1949).
301. Cruess, W. V. u. Mitarbeiter, Fruit Prod. J., Vol. **28,** No. 11, 324, 347 (1947).
302. Kieferle, F., Dtsch. Molkereizeitg. **1,** (1934).
303. Ziegelmayer, W., Molkereizeitg. **20,** (1934).
304. Drewes, Molkereizeitg., Hildesheim **17** (1935).
305. Ziegelmayer, W., Kolloid-Z. **70,** 211 (1935).
306. Pomosinwerke K.-G., Fischer & Co., Dän.-Pat. 62048 v. 20. 11. 1941, ausg. 20. 3. 1944 (C. 1945 II. 197).
307. Heisler, A., Klin. Wochenschr. **9,** 408 (1930).
308. Malyoth, G., Klin. Wochenschr. **13,** 51—54 (1934).
309. Joseph, G. H., in Bulletin of the National Formulary Committee, Vol. **9,** No. 1, Seite 2 (1940).
310. Kertesz, Z. I, Walker, M. S. u. McCay, C. M., Am. Journ. Digestive Diseases, Vol. **8,** No. 4, 124—128 (1941).
311. Ziegelmayer, W., Klin. Wochenschr. **15,** 19—21 (1936). (Siehe auch Literaturstelle 122, S. 513.)
312. Ohl, G., Dtsch. Gesundheitswesen **1,** 480—482 (1946).
313. Ziegelmayer, W., Kolloid Z. **71,** 214 (1935).
314. Gohrbandt, E., Dtsch. med. Wochenschr. **62,** 1625 (1936).
315. Riesser, O., Klin. Wochenschr. **14,** 958 (1935).
316. „Sangostop", hergestellt von der Turon-Gesellsch., Frankfurt/Main.
317. Barth, H. u. Rumpelt, H., Pharmazie **2,** 504—509 (1947). (C. 1948 I. 1084.)
318. Römer, H., Klin. Wochenschr. **20,** 686 (1941).
319. Thomson, J. E. M., Industrial Medicine **7,** 441 (1938).
320. Brunthaler, E., Monatsschrift f. Kinderheilkunde **88,** 53 (1941).
321. Hartmann, F. W. u. Mitarbeiter, C. 1945 II. 684.
322. Kobren, A., Fellers, C. R. u. Esselen, Jr., Wm. B., Proc. Soc. Experimental Biol. and Med. **41,** 117 (1939).
323. Gopak, C. 1936 I. 2644.
324. Kuteischtschikow, F. A., C. 1935 II. 620.
325. Siehe Literaturstelle 293 S. 183 u. Literaturstelle 29 S. 77.
326. Siehe Literaturstelle 29 S. 77.
327. Wittka, F., Seifensieder-Ztg. **67,** 397 (1940).
328. DRP. 129463.
329. Ingelman, Svedberg-Festschrift 154 (1945). van Hook, Ind. Eng. Chem. **38,** 50 (1946).
330. Ehrlich, Z. Anorgan. Chem. **203,** 26 (1931).
331. Kaufman, C. W., Fehlberg, E. R. u. Olsen, A. G., Food Industries, Vol. **14,** 57 (1942), Vol. **15,** 58 (1943).
332. Hall, H. H. u. Fahs, F. J., The Confectioner, October 1946.
333. Buck, R. E., Baker, G. L. u. Mottern, H. H., Food Industries, February, 1944 S. 113—115 u. 147—148.
334. Maclay, W. D. u. Owens, H. S., Ref. in Modern Packaging, Sept. 1948, S. 157—159.
335. Baier, W. E., C. 1948 I, 922, A. P. 2436086.
336. Grossmann, M. A. u. Asimow, M., Iron Age **145,** No. 17, 25; No. 18, 39 (1940).
337. Chemiker Ztg. **66,** 438 (1942).
338. Henglein, F. A. u. Vollmert, B., Makromol. Chem. **2,** 77 (1948), siehe auch C. 1949 I, E 167.
339. Howard, L. B., Fiat Final Report No. 416.
340. Hinton, C. L., Fiat Final Report No. 388.
341. Kertesz Z. I., Fiat Final Report No. 567.
342. Matus, J., ETH Zürich (Promotionsarbeit) 1948.
343. Weber, F., Matus, J. u. Schubert, E., Schweiz. landw. Monatsh. **25,** 209 (1947)
344. Joslyn, M. A. u. Phaff, H. J., Wallerstein Lab. Comm., Vol. **10,** No. 29, 39 (1947).
345. Henglein, F. A., Z. Lebensmittel-Unters. u. -Forsch. **90,** Heft 6, 417 (1950).
346. Gudjons, H., Z. Lebensmittel-Unters. u. -Forsch. **90,** Heft 6, 426 (1950).
347. Deuel, H. u. Eggenberger, W., Kolloid Z. **117,** Heft 2, 97 (1950).

Autorenverzeichnis

Die Zahlen geben die Seiten an, auf denen die Autoren mit Namen oder durch Angabe einer Literaturstelle zitiert sind. Die eingeklammerten Zahlen beziehen sich auf die Nummern im Literaturverzeichnis.

Einsele, R. 38 (65)
Esselen, W. B., Hart, W. J.,
u. Fellers, C. R. 172 (292)

Fabian, F. W., u. Johnson,
E. A. 144 (212)
Fellenberg, Th. v. 28, 128
(42, 200)
Fellers, C. R., u. Griffiths,
F. P. 113 (180)
Fernando, M. 148 (230)
Fischer, W. 74 (145) siehe
auch Pomosin-Werke
Fish, V. B., u. Dustman, R.
B. 156, 160 (252)
Franken, H. 14 (4)
Frémy, E. 26, 27, 151 (34,
237)
Fresenius 27 (37)
Friar, H. F., Shearing, T.,
u. Cruess, W. V. 174 (297)
Frush, H. L., u. Isbell, H. S.
162, 163 (283)

Gaddum, L. W. 24 (unter
26)
Gaponenkow, T. K. 33 (58)
Gattermann, L., u. Wie-
land, H. 128 (199)
Gay-Lussac 26
Goebel, W. F. 132, 150
(204a)
Gohrbandt, E. 179 (314)
Goldberg, H., u. Sandvik,
O. 116 (185)
Gopak 180 (323)
Graham 18
Griebel, C. 102, 104 (171)
–, u. Weiß, F. 106, 191 (175)
Grossmann, M. A., u. Asi-
mow, M. 186 (336)
Gudjons, H. 112 (346)

Hall, H. H., u. Fahs, F.
184 (332)
Harter, L. L., u. Weimer
J. L. 144 (211)
Hartmann, F. W., u. Mit-
arbeiter 180 (321)
Heen, E. 137 (207)
Heisler, A. 178 (307)

Henglein, F. A. 23, 32, 33,
35, 39, 111, 112, 122, 123,
131, 132, 138 (23, 193, 72,
345)
–, u. Schneider, G. G. 32,
39, 59 (55)
–, u. Vollmert 132 (338)
Hermans, J. J. 38 (unter 65)
Hill, R. 20 (9)
Hills, C. H., u. Mottern, H.
H. 155, 156, 157, 158
(251)
–, –, Nutting, G. C., u. Speiser, R. 93, 148, 155 (161,
162)
–, Nevin, C. S., u. Heller,
M. E. 172 (unter 292)
–, u. Speiser, R. 94 (163)
–, White, J. W. Jr., u. Baker, G. L. 157, 181 (255)
Hinton, C. L. 49, 53, 54, 60,
76, 103, 104 (87b, 97,
112e, 340)
Hirsch, P. 65, 80 (136)
Hirst, E. L. 34
–, u. Jones, J. K. N. 38, 60
(62, 113)
–, u. Peat, S. 14, 15, 16, 24
(6)
Holden, M. 151, 152, 154,
156, 157 (241, 242)
Hook, van 181 (unter 329)
Horovitz-Vlasova, L. M., u.
Rodinova, E. A. 144
219a)
Howard, L. B. 73 (339)
Hußmann, P., siehe Pektin-
werke Liebenwalde 77
Husemann 15 (7a)

Ingelman 181 (329)
Isbell, H. S. 14, 162 (4a)
–, u. Frush, H. L. 145, 162
(282)
Iterson, G. van (L. Corbeau
u. W. Burgers) 32 (53)

Jansen, E. F., u. Jang, R.
60 (114)
–, u. MacDonnell, L. R. 93,
145, 147, 148, 150, 151
(165)
–, –, u. Jang, R. 149, 157,
160 (231)
Jirak, L., u. Niederle, M.
161 (267)

Johnson, G., u. Boggs, M.
M. 169 (287)
Jones, D. R. 144, 161 (213)
Joseph, G. H. 49, 80, 97,
133, 178, 186 (87a, 153,
309)
–, u. Baier, W. E. 116, 117
(187)
–, Kieser, A. H., u. Bryant,
E. F. 37, 72, 82, 92, 93,
95, 125, 184 (61, 160)
–, u. Mitarbeiter 82 (154)
Joslyn, M. A., u. Phaff, H.
J. 60 (344)
–, u. Sedky, A. 151, 161
(240, 268)

Kaufman, C. W., Fehlberg,
E. R., u. Olsen, A. G. 181
(331)
Kertesz, Z. I. 49, 60, 77,
143, 144, 145, 147, 149,
152, 153, 155, 156, 157,
158, 159, 163, 172 (82,
112b, 209, 217, 227, 233,
250, 257, 288, 341)
–, u. Loconti, J. D. 172
(289)
–, Walker, M. S., u. McCay,
C. M. 178 (310)
Kieferle, F. 177 (302)
Kiermeier, F. 157 (254)
Kilbuck, J. J., Nussbaum,
F., u. Cruess, W. V. 160
(262)
Kobren, A., Fellers, C. R.,
u. Esselen, W. B., Jr. 180
(322)
König u. Usteri 59 (108)
Kuteischtschikow, F. A. 180
(324)

Lampitt, L. H., Money, R.
W., Judge, B. E., u.
Urie, A. 49, 59, 66 (86,
106)
–, u. Mitarbeiter 65 (137)
Lefèvre, K. U., u. Tollens,
B. 128 (201)
Letzig, E. 162 (284)
Levene, P. A., Meyer, G. A.,
u. Kuna, M. 34, 38 (unter
63a)
Lineweaver, H., u. Ballou,
G. A. 155, 156, 157 (247,
249)

Sachregister

www.ingramcontent.com/pod-product-compliance
Lightning Source LLC
Chambersburg PA
CBHW081540190326
41458CB00015B/5610